Physik
für
Mediziner und Pharmazeuten

Grundlagen und Übungen

Ein Kompendium

von

Manfred Stockhausen

1974

Walter de Gruyter · Berlin · New York

SAMMLUNG GÖSCHEN 9005

Prof. Dr. *Manfred Stockhausen*
Universität Mainz
Fachbereich Physik

ISBN 3 11 004904 X

Vorbemerkung

Das Physik-Kompendium möchte einem von den Studenten oft geäußerten Bedürfnis nach einem Buch, das zwischen Lehrbuch und Praktikumsanleitung steht, entgegenkommen. Es werden daher einerseits die wichtigsten physikalischen Grundlagen zusammenfassend dargestellt und andererseits meßtechnische Fragestellungen und praktische Aufgaben behandelt.

Das Kompendium richtet sich vorzugsweise an Studierende der Medizin und Pharmazie. Der im „*Gegenstandskatalog für die Fächer der ärztlichen Vorprüfung*" und in der „*Approbationsordnung für Apotheker*" aufgeführte Wissens- und Prüfungsstoff ist berücksichtigt. Vorausgesetzt werden ein durchschnittliches physikalisches Allgemeinwissen und elementare mathematische Kenntnisse. Einer knappen Darstellung zuliebe wird auf biophysikalische Beispiele meist nicht eigens hingewiesen. Da insofern nur die „reine Physik" behandelt wird, dürfte das Physik-Kompendium auch für Studenten anderer Fachrichtungen (z. B. für „Physik-Nebenfächler") interessant und nützlich sein.

Inhalt

A. Allgemeiner Teil 9

A 1 **Struktur der Materie** 9
a) Atombau 9
b) Atomkern, Radioaktivität 15
c) Moleküle 21
d) Ordnungszustände 24

A 2 **Energie** 30
a) Energiesatz („1. Hauptsatz") 30
b) Leistung 30
c) Energieformen 31
d) Energetische Gesichtspunkte in physikalischen Zusammenhängen 39

A 3 **Statistik und Wärme** 44
a) Mikroskopische Bewegungsvorgänge 44
b) Kinetische Theorie der Gase 46
c) Diffusion, 2. Hauptsatz 51
d) Wärmeleitung 54
e) Osmotische Erscheinungen 55
f) Stromleitung 58
g) Boltzmannsche Energieverteilung und dynamische Gleichgewichte 59
h) Massenwirkungsgesetz 62
i) Viskoser Fluß 63
k) Phasengleichgewichte 64
l) Elektrische Grenzflächenerscheinungen 68

A 4 **Mechanik** 71
a) Bewegung von Körpern 71
b) Starre Körper 77
c) Flüssigkeiten und Gase 80

A 5 **Elektrisches und magnetisches Feld** 87
a) Felder und Kräfte 87
b) Erzeugung von statischen Feldern 97
c) Materie im Feld 101
d) Verknüpfung elektrischer und magnetischer Felder . 104

A 6 **Spannung und Strom** 108
a) Spannung und Strom in Netzwerken 108
b) Zeitlich veränderliche Spannungen und Ströme . . . 115

c) Spannungsquellen 121
d) Strom in verschiedenen Medien 126

A 7 **Schwingungen und Wellen** 140
a) Beschreibung der Zeitabhängigkeit physikalischer Wechselgrößen 140
b) Freie und erzwungene Schwingungen 148
c) Wellenausbreitung 153
d) Überlagerung von Wellen 156
e) Energie- und Signalübertragung durch Wellen . . . 169

A 8 **Schallwellen (Akustik)** 172
a) Charakteristika von Schallwellen 172
b) Erzeugung und Nachweis 175
c) Schallempfindung 176

A 9 **Elektromagnetische Wellen (Optik)** 178
a) Erzeugung 179
b) Nachweis 185
c) Ausbreitung in Materie 187
d) Übergang von einem Medium ins andere (Brechung und Reflexion) 194
e) Übersicht über das elektromagnetische Spektrum . . 198
f) Optische Abbildungen 198
g) Lichtempfindung 208

A 10 **Regelung** 209
a) Rückkopplung, Regelkreis 210
b) Charakterisierung von Regler und Regelstrecke . . . 213
c) Rückkopplung und Schwingungserregung 217

B. Meßtechnischer Teil 220

B 1 **Zeit** 220
a) Mechanische Uhren 220
b) Synchronuhren 222
c) Quarzuhren 222

B 2 **Masse** 223

B 3 **Dichte** 225
a) Dichtebestimmung durch Wägung 225
b) Hydrostatische Waage 226
c) Aräometer 228
d) Schwebemethode 229

B 4 **Kraft und Drehmoment** 229

B 5 **Druck** 231
a) Flüssigkeitsmanometer 232

	b) Membranmanometer	234
	c) Elektrische Druckaufnehmer	235
B 6	**Oberflächenspannung**	237
	a) Abreißmethode	238
	b) Tropfenmethode	238
	c) Steighöhenmethode	240
B 7	**Viskosität**	241
	a) Rotationsviskosimeter	242
	b) Kapillarviskosimeter	245
	c) Kugelfallviskosimeter	246
B 8	**Temperatur**	248
	a) Ausdehnungsthermometer	248
	b) Widerstandsthermometer	249
	c) Thermoelemente	250
B 9	**Wärmeenergie**	251
B 10	**Elektrischer Strom**	253
	a) Coulombmeter	254
	b) Drehspulamperemeter	256
	c) Dreheisenamperemeter	258
	d) Bemerkungen zu Drehspul- und Dreheisenamperemetern	258
	e) Strommessung mit Spannungsmeßgeräten	260
B 11	**Elektrische Spannung**	260
	a) Drehspul- und Dreheisenvoltmeter	261
	b) Kompensationsmethode	262
	c) Elektronische Zeiger-Voltmeter	263
	d) Elektronische Digital-Voltmeter	265
	e) Oszillograph	266
	f) Abschirmung und Erdung beim Gebrauch elektronischer Geräte	273
B 12	**Widerstand und Leitfähigkeit**	275
	a) Widerstand aus Strom-Spannungs-Messung	275
	b) Widerstandsmessung in der Brückenschaltung	276
	c) Leitfähigkeitsmessung	278
B 13	**Frequenz**	279
	a) Frequenzzähler	280
	b) Oszillographische Messung	280
	c) Vergleich mit Sender bekannter Frequenz	280
	d) Frequenzmessung mit Filter	282
B 14	**Wellenlänge des Lichts**	283

B 15 **Brechzahl** 289
a) Brechzahl aus dem Grenzwinkel der Totalreflexion . 289
b) Interferometrische Messung von Brechzahl-Differenzen 293

B 16 **Optische Abbildungen** 294
a) Kamera 294
b) Mikroskop 297

B 17 **Photometrie** 304
a) Thermische Empfänger 305
b) Photoelektrische Empfänger 306
c) Photochemischer Nachweis 308

B 18 **Lichtabsorption** 309
a) Herstellung monochromatischen Lichts 310
b) Absorptionsmessung 310

B 19 **Polarisiertes Licht** 312
a) Polarisatoren 315
b) Optische Aktivität 316

B 20 **Ionisierende Strahlung, Dosimetrie** 319
a) Ionisationskammern 320
b) Photochemische Dosismessung 323
c) Zählmethoden 323

C. Auswertung und Darstellung von Meßergebnissen . . 325

C 1 **Fehlerabschätzung** 325
a) Genauigkeitsangaben 325
b) Fehlerrechnung 326
c) Herkunft der Fehler 327

C 2 **Beziehungen, die kleine Größen enthalten** 329

C 3 **Graphische Darstellungen** 330

D. Tabellen

D 1 **Einheitenzeichen** 334

D 2 **Zehnerpotenzen von Einheiten** 335

D 3 **Naturkonstanten** 335

D 4 **Umrechnungsfaktoren** 336

D 5 **Elementarteilchen** 336

D 6 **Halbwertsdicken für Röntgen- und γ-Strahlung** 337

D 7 **Elektronenstrahlen** 337

D 8 **Abstände in Molekülen und Kristallen** 338

D 9 Bindungsenergien von Molekülen 338
D 10 Photoeffekt 339
D 11 Elastizitäts- und Schermoduln 339
D 12 Schallgeschwindigkeiten 340
D 13 Dichten 340
D 14 Viskositäten 341
D 15 Temperaturabhängigkeit der Dichte und Viskosität von Wasser 341
D 16 Oberflächenspannungen 342
D 17 Spezifische Wärmekapazitäten und Wärmeleitfähigkeiten . 342
D 18 Barometrische Höhenformel und Dampfdruck des Wassers 343
D 19 Luftfeuchtigkeit bei Sättigung 344
D 20 Schmelz- und Siedetemperaturen und kritische Temperaturen 344
D 21 Siedepunktserhöhung und Gefrierpunkterniedrigung von Lösungen 345
D 22 Löslichkeit von Gasen in Flüssigkeiten 345
D 23 Konzentrationsmaße 346
D 24 Spezifische elektrische Widerstände 347
D 25 Dielektrizitätszahlen 348
D 26 Elektrochemische Spannungen 349
D 27 Thermospannungen 350
D 28 Wellenlängen einiger Fraunhoferscher Linien 350
D 29 Wellenlängen im sichtbaren Spektrum einiger Elemente . 351
D 30 Brechzahl und Dispersion 352
D 31 Optische Aktivitäten 352
D 32 Erdbeschleunigung 353
D 33 Fehler durch den Auftrieb bei Wägung in Luft 353
Sachverzeichnis 354

A. Allgemeiner Teil

A 1 Struktur der Materie

a) Atombau

Atome bestehen aus Kern (positiv elektrisch geladen) und Elektronenhülle (negativ elektrisch geladen). Die Ladungen von Kern und Hülle sind ganze Vielfache der Elementarladung, Ze. Z ist die *Ordnungszahl* oder Kernladungszahl. Im neutralen Atom kompensieren sich die Ladungen. Sind in der Hülle mehr oder weniger als Z Elektronen, liegt ein negativ resp. positiv geladenes *Ion* vor.

Atomradien sind von der Größenordnung 10^{-10} m (= 1 Å, Ångström). Die Kerne sind viel kleiner, sie haben Radien von der Größenordnung 10^{-15} m (= 1 fm, Fermi), können also im Vergleich zum ganzen Atom als punktförmig angesehen werden. Die Atomphysik befaßt sich mit den Eigenschaften der Hülle.

Dualismus Teilchen-Welle

Die Beschreibung der Atomhülle ist nicht möglich mit der anschaulichen Vorstellung der Elektronen als Teilchen (Korpuskeln). Das liegt daran, daß dem Elektron, wie jedem Körper, auch Welleneigenschaften zuteil sind. Beide Beschreibungsweisen sind gleichwertig. Ein bewegtes Elektron z. B. ist, als Teilchen aufgefaßt, durch Energie E und Impuls p charakterisiert. Als Welle wird es durch Frequenz ν und Wellenlänge λ charakterisiert. Zwischen diesen Größen bestehen die Beziehungen

$$E = h\nu \,, \qquad \text{(A 1, 1)}$$

$$p = h/\lambda \,. \qquad \text{(A 1, 2)}$$

Darin ist h eine Naturkonstante (*Plancksche Konstante, Wirkungsquantum,* → Tab. D 3).

Die bewegten Teilchen entsprechenden Wellen werden *Materiewellen (de Broglie-Wellen)* genannt. Ihre Amplitude hat keine unmittelbare physikalische Bedeutung; das Amplituden*quadrat* gibt die *Wahrscheinlichkeit* an, das Teilchen bei einer Messung an der betreffenden Stelle vorzufinden. Beispiel: Eine ebene Materiewelle (entsprechend dem Parallelbündel der Optik), die also überall gleiche Amplitude und damit gleiche Wahrscheinlichkeit, ein Teilchen zu finden, hat, ist realisierbar durch einen Strahl (paralleler) Elektronen. Darin könnten alle Elektronen genau die gleiche Geschwindigkeit, also gleichen Impuls und damit nach Gl. (A 1, 2) gleiche Wellenlänge haben; aber es ist dann unmöglich, den Ort anzugeben, an dem sich ein spezielles Elektron „wirklich" gerade befindet. Von den beiden Größen Impuls p und Ort x kann immer nur eine genau angegeben werden, beide zugleich nur mit Unsicherheiten Δp resp. Δx, für die

$$\Delta p \, \Delta x \approx h \tag{A 1, 3}$$

gilt *(Heisenbergsche Unschärferelation)*. Beispiel: Es ist $p = m v$, also entspricht $\Delta p = m \Delta v$ einer Unsicherheit der Geschwindigkeitsangabe. Für einen makroskopischen Körper von 1 kg Masse ist $\Delta v \cdot \Delta x \approx 6 \cdot 10^{-34} \frac{m}{s}$ m; sowohl v wie auch x lassen sich ungeheuer genau (mit sehr kleinen absoluten Unsicherheiten Δv und Δx) angeben. Bei einem mikroskopischen Teilchen wie einem Elektron ist dagegen $m \approx 10^{-30}$ kg, also $\Delta v \cdot \Delta x \approx 6 \cdot 10^{-4} \frac{m}{s}$ m. Wenn man weiß, daß das Elektron sich in einem Atom befindet, ist $\Delta x \approx$ Atomradius $\approx$ $\approx 10^{-10}$ m. Seine Geschwindigkeit ist dann nur mit einer Unsicherheit $\Delta v \approx 6 \cdot 10^{6}$ m/s angebbar, und daher kann die Bahn eines Elektrons nicht wie die eines Planeten verfolgt werden. Die anschaulichen mechanischen Vorstellungen sind auf den mikroskopischen Bereich (von der Größenordnung der Materiewellenlänge) grundsätzlich nicht übertragbar. Deshalb kann auch das *Bohr-Rutherfordsche Atommodell*, das die Elektronen auf festgelegten Bahnen um den Atomkern kreisen läßt, kein zutreffendes Bild des Atombaus vermitteln.

Die skizzierten Fragen sind Gegenstand der *Quantenphysik*. Physikalische Erscheinungen, in deren Gesetzen – vereinfachend gesagt – das Wirkungsquantum h nicht vorkommt, pflegt man im Unterschied dazu der *klassischen Physik* zuzuordnen.

Elektronenhülle

Einfachster Fall: Wasserstoff (Z = 1). Das eine Elektron wird durch die Amplitude der zugehörigen Materiewelle charakterisiert, die sich in der Umgebung des Kerns als *stehende Welle* ausbildet. Man kann die Amplitude zeichnerisch durch den Schwärzungsgrad darstellen und bekommt so einen Eindruck von der „Elektronenwolke" (dem *Orbital*) als der Wahrscheinlichkeit, das Elektron an einer bestimmten Stelle der Kernumgebung zu finden. Das Elektron kann verschiedene Zustände annehmen, die sich durch die Energie und die Form des Orbitals unterscheiden. Die Energie ist *quantisiert*, d.h. es kommen nur Zustände ganz bestimmter Energien vor, die man, vom Zustand mit der geringsten Energie *(Grundzustand)* beginnend, durch die Quantenzahl n numeriert.

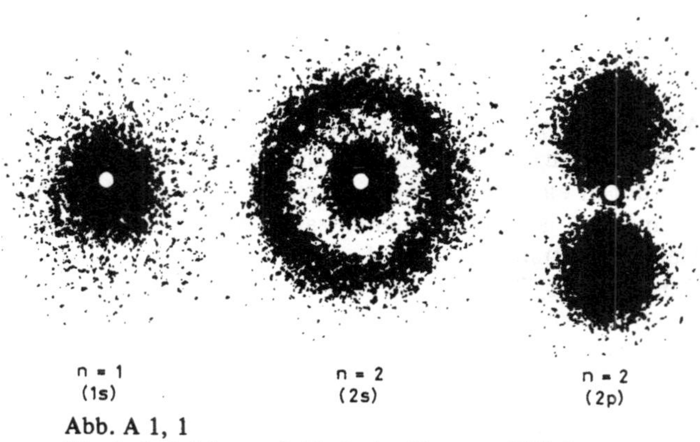

Abb. A 1, 1
Die drei niedrigsten Orbitale des Wasserstoff-Elektrons

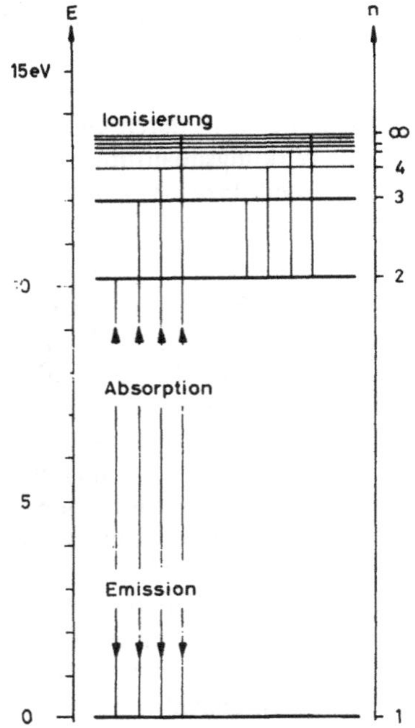

Abb. A 1, 2
Niveauschema des Wasserstoffs. E: Energie der verschiedenen Elektronenzustände; n: ihre Hauptquantenzahl

Abb. A 1, 1 zeigt einige Orbitale. Wenn $n > 1$ ist, gibt es außer den kugelsymmetrischen auch hantelförmige Orbitale, von denen eines in der Abb. gezeigt ist. Die verschiedenen Formen bei gegebener Quantenzahl n werden weiter durch kleine Buchstaben (s, p, d, f . . .) unterschieden (Schreibweise: 1s, 2s, 2p . . .). Die von n abhängenden Energien der Elektronenzustände sind in Abb. A 1, 2 in eindimensionaler Darstellung aufgetragen *(Termschema, Niveauschema).*

Atome mit mehreren Elektronen $(Z > 1)$. Jedes von mehreren Elektronen kann in ähnlichen Zuständen wie beim Wasserstoff vorliegen. Im allgemeinen können aber nicht alle Elektronen die gleiche Quantenzahl n haben. Bei genauer Untersuchung zeigt sich, daß jeder Zustand durch insgesamt 4 Quantenzahlen (darunter n, das in diesem Zusammenhang auch Hauptquantenzahl genannt wird) zu kennzeichnen ist. In einem Atom mit mehreren Elektronen kann jeder dieser Zustände nur von einem einzigen Elektron eingenommen werden *(Pauli-Prinzip)*. Unterscheidet man die Zustände allerdings nur nach der Haupt quantenzahl n, so können maximal folgende Elektronenzahlen vorkommen:

n =	1 (K-Schale):	2 Elektronen
	2 (L-Schale):	8 Elektronen
	3 (M-Schale):	18 Elektronen
	4 (N-Schale):	32 Elektronen
	5 (O-Schale):	50 Elektronen

Zumindest bei kleineren Ordnungszahlen sind im Grundzustand die inneren „Schalen" immer mit der maximal möglichen Elektronenzahl besetzt (vollständig abgeschlossen). Für das chemische Verhalten sind die Elektronen der äußeren, nicht abgeschloßenen Schalen maßgebend *(Valenzelektronen)* Edelgase haben kein, Alkalien 1 Valenzelektron, usw. *(Periodensystem)*.

Die *Edelgaskonfiguration* zeichnet sich durch vollständig oder teilweise abgeschlossene Außenschalen aus, die zumindest alle s- und p-Elektronen enthalten. Wie aber an den Ordnungszahlen

$$_{2}\mathrm{He},\ _{10}\mathrm{Ne},\ _{18}\mathrm{Ar},\ _{36}\mathrm{Kr},\ _{54}\mathrm{Xe}$$

abgezählt werden kann, ist das nicht immer die maximal mögliche Elektronenzahl (man denke sich die Niveaus der Abb. A 1, 2 mit der entsprechenden Elektronenzahl belegt). Z. B. wird die M-Schale zunächst nur mit 8 Elektronen (zwei s- und sechs p-Elektronen) besetzt ($_{18}$Ar) und erst in der folgenden Periode auf 18 Elektronen aufgefüllt. In ihr enthält wiederum die N-Schale zunächst nur 8 Elektronen ($_{36}$Kr). Auf diese Weise stellt sich immer der Grundzustand mit der geringsten Energie ein.

Die Elektronenschale der Edelgasatome ist besonders stabil, was sich in der hohen Ionisierungsenergie (→ Tab. D 10) widerspiegelt. Diese Atome üben auf andere nur sehr schwache van der Waals-Kräfte (→ Kap. A 1, d) aus; sie bleiben daher monatomar in der Gasphase und gehen kaum chemische Verbindungen ein.

Strahlung der Hülle. Zum Übergang von einem niederen zu einem höheren Orbital, z. B. von $n = 1$ nach $n = 2$, muß einem Elektron Energie zugeführt werden (etwa durch Stoß zweier Atome); ebenso bei weiteren Schritten (*Anregung* des Elektrons). Bei genügender Energie entfernt es sich ganz vom Kern (Ionisierungsenergie). Die zur Anregung eines Zustandes oder zur Ionisierung benötigte Energie entnimmt man dem Niveauschema als Abstand zwischen den Niveaulinien. Diese liegen zur Ionisierungsgrenze hin immer dichter zusammen.

Von einem angeregten Zustand aus kehrt das Elektron von selbst (spontan) wieder in den Grundzustand zurück. Die Energiedifferenz gibt es als *elektromagnetische Strahlung* ab *(spontane Emission).* Die Frequenz ν der Strahlung hängt entsprechend Gl. (A 1, 1) von der Energiedifferenz $E_2 - E_1$ zwischen angeregtem und Grundzustand ab:

$$h\nu = E_2 - E_1 . \qquad \text{(A 1, 4)}$$

Das ist die *Quantenenergie* der Strahlung: Das Strahlungsquant *(Photon)* $h\nu$ ist das einer elektromagnetischen Welle entsprechende „Teilchen". Die Rückkehr in den Grundzustand kann auch verursacht sein durch elektromagnetische Strahlung der passenden Frequenz ν; in diesem Fall spricht man von *induzierter Emission.*

Nur die *äußeren* (Valenz-)Elektronen können ohne weiteres durch Energiezufuhr in höhere Zustände angeregt werden. Bei der Rückkehr emittieren sie Strahlung im UV- oder sichtbaren Bereich (daher *Leuchtelektronen*). Da sie nur ganz bestimmte, für das Element charakteristische Frequenzen enthält, beobachtet man ein *Linienspektrum.* Aus seiner Messung wird, umgekehrt, das Termschema bestimmt.

Elektronen in den *inneren* Schalen lassen sich nicht ohne weiteres in einen höheren Zustand bringen, weil dieser möglicherweise schon mit der maximalen Elektronenzahl besetzt ist. Durch genügend starke Energiezufuhr können sie aber in ein sehr hohes, unbesetztes Niveau gehoben oder vom Atom abgetrennt werden. In die entstandene Lücke fallen dann Elektronen aus höheren Niveaus, die dabei Strahlung nach Gl. (A 1, 4) emittieren. Da die Energiedifferenzen der inneren Niveaus größer sind, ist auch die Frequenz höher als die der von den Leuchtelektronen emittierten Strahlung: Sie liegt im Röntgen-Gebiet. Auch das Röntgen-Linienspektrum ist kennzeichnend für ein Element (*charakteristische Röntgenstrahlung*, im Gegensatz zur Bremsstrahlung, → Kap. A 9 a; Abb. A 9, 3).

b) Atomkern, Radioaktivität

Aufbau des Kerns

Der Atomkern setzt sich aus *Nukleonen* zusammen, von denen es zwei Arten gibt: Das *Proton* (p) mit einer positiven Elementarladung und das ungeladene *Neutron* (n). Beide haben etwa die 2000fache Masse eines Elektrons (→ Tab. D 5). Daher ist praktisch die ganze Masse eines Atoms im Kern konzentriert. Das Proton ist auch als *freies* Teilchen stabil, das Neutron nicht.

Der Kern enthält Z Protonen (Kernladungszahl = Ordnungszahl) und N Neutronen. Es ist

$$A = Z + N \qquad (A\,1, 5)$$

die Nukleonenzahl oder (wegen der praktisch gleichen Masse von p und n) *Massenzahl*. Jede Kernart *(Nuklid)* ist durch die Angabe von Z und A (oder auch Z und N) zu charakterisieren. Die verschiedenen Nuklide mit jeweils gleichem Z gehören zu den *Isotopen* eines chemischen Elementes. Nuklide mit gleichem A werden *Isobare* genannt.

Die Massenzahl A ist eine ganze Zahl, die zugleich ungefähr die Atommasse in Vielfachen der Protonen- oder Neutronenmasse angibt. Bei genaueren Angaben der *relativen Atommasse*

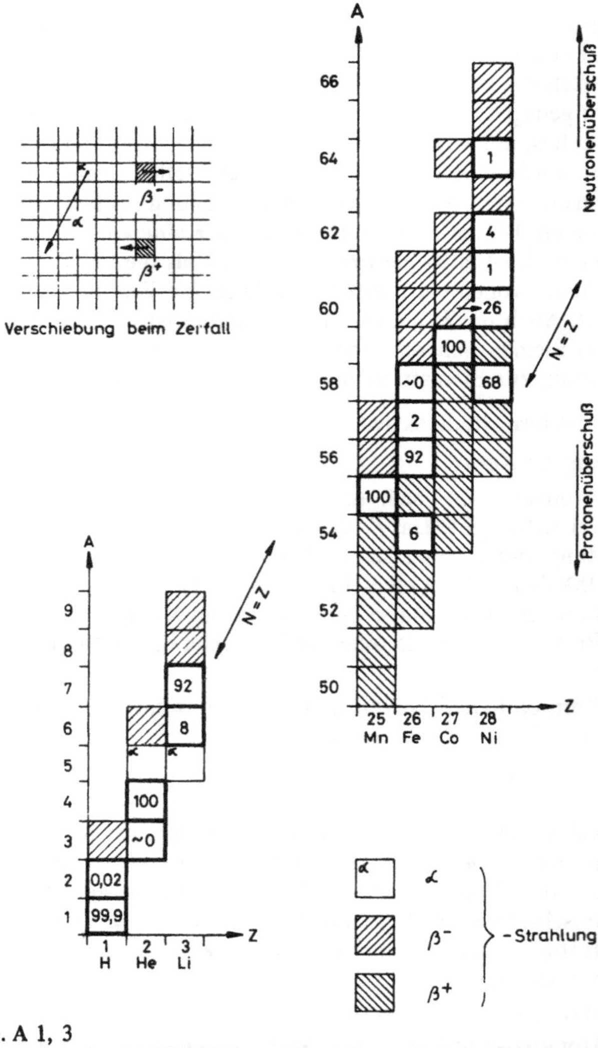

Abb. A 1, 3
Ausschnitte aus der Nuklidkarte. Die stark umrandeten Isotope sind stabil, die Zahlen geben ihre natürliche Häufigkeit in Prozent an

(„Atomgewicht") bezieht man sich auf das Isotop ^{12}C, dessen Atomgewicht zu 12,000 festgesetzt wurde. – In der Natur kommen von einem Element oft verschiedene stabile Isotope vor. Das Atomgewicht ist dann ein gewichteter Mittelwert, der die natürliche Häufigkeit berücksichtigt.

Die bekannten Isotope werden in einer *Nuklidkarte* dargestellt, das ist ein Schema mit A (oder N) und Z als Koordinatenachsen (Abb. A 1, 3). Bei den natürlichen Nukliden ist ungefähr $N \approx Z$. Nuklide mit davon abweichender Zusammensetzung (Neutronen- oder Protonenüberschuß) sind instabil und lassen sich überwiegend nur künstlich durch Kernreaktionen erzeugen, z. B. durch Beschuß stabiler Isotope mit Neutronen im Kernreaktor.

Bezeichnungsweise: Dem chemischen Symbol wird die Ordnungszahl Z unten und die Massenzahl A oben vorangestellt.

Kernstrahlung

Instabile Nuklide *(Radionuklide)* gehen durch Emission von Teilchen (Korpuskularstrahlung) in stabile über (natürliche oder künstliche Radioaktivität). Dabei können Teilchen freiwerden, die zuvor scheinbar gar nicht im Kern enthalten waren, denn die Nukleonen können sich ineinander umwandeln, wenn andere Elementarteilchen an der Reaktion beteiligt sind. Es gibt eine große Zahl von Elementarteilchen, die bei Kernreaktionen beobachtet werden können (die wichtigsten → Tab. D 5). Bei radioaktiven Kernumwandlungen werden *Elektronen* oder *Positronen* (positiv geladene Elektronen) als β^- resp. β^+-Strahlung frei, und insbesondere bei schwereren Nukliden auch *α-Teilchen* (2fach positiv geladene He-Kerne aus 2 p und 2 n). Zugleich können kurzwellige elektromagnetische *γ-Strahlen* emittiert werden.

Als *Aktivität* einer radioaktiven Probe bezeichnet man die Zahl der pro Sekunde emittierten α- oder β-Teilchen. Die Aktivität $3{,}7 \cdot 10^{10}$ 1/s heißt auch 1 Ci (Curie).

α-Strahlung. Nach Emission eines α-Teilchens nimmt A um 4 und Z um 2 Einheiten ab, das Folgenuklid ist in der Nuklidkarte entsprechend verschoben (→ Abb. A 1, 3). Mit α-Zerfall beginnt z.B. die natürliche Zerfallsreihe des Urans, dessen Folgenuklid wieder nicht stabil ist und in weiteren Stufen bis zu einem stabilen Bleiisotop zerfällt.

β-Strahlung. Ist das Nuklid infolge Neutronenüberschuß instabil, so vermindert es seine Neutronenzahl, indem sich ein Neutron unter Emission eines Elektrons und eines Antineutrinos in ein Proton umwandelt:

$$n \rightarrow p + e^- + \bar{\nu} \,. \qquad \text{(A 1, 6)}$$

Das Folgenuklid ist in der Nuklidkarte zur nächst größeren Ordnungszahl verschoben. Die Massenzahl A bleibt unverändert, der Kern ist also nicht eigentlich zerfallen. Rührt die Instabilität des Nuklids vom Protonenüberschuß her, so wandelt sich umgekehrt ein Proton in ein Neutron um:

$$p \rightarrow n + e^+ + \nu \,. \qquad \text{(A 1, 7)}$$

Das Folgenuklid ist zur nächst kleineren Ordnungszahl verschoben.

Die bei der β-Umwandlung freiwerdende Energie verteilt sich auf Elektron (oder Positron) und das nicht direkt nachweisbare Neutrino. Die β-Strahlung hat daher ein kontinuierliches Energiespektrum.

γ-*Strahlung.* Sie unterscheidet sich nur durch ihre wesentlich höhere Frequenz (kürzere Wellenlänge) von Röntgenstrahlung. Entstehung: Der Atomkern hat, genau wie die Elektronenhülle, angeregte Zustände, die durch ein Niveauschema wie Abb. A 1, 2 dargestellt werden können. Beim Übergang von einem höheren zu einem niederen Niveau wird elektromagnetische Strahlung emittiert. Da die Energiedifferenzen der Kernzustände wesentlich größer als die der Hülle sind, hat die Strahlung nach Gl. (A 1, 4) entsprechend höhere Frequenz. Jedes Nuklid hat charakteristische Frequenzen; das γ-Spektrum ist, im Gegensatz zum β-Spektrum, ein diskretes Linienspektrum wie die Spektren der Atomhülle. – Angeregte Zustände des Kerns lassen sich experimentell allerdings nicht so einfach wie bei der Hülle herstellen. Folgenuklide radioaktiver Umwandlungen entstehen aber oft angeregt und gehen dann nach Emission von γ-Strahlung in den Grundzustand über. Beispiel: $^{60}_{27}Co$ (Abb. A 1, 3) ist ein instabiles, künstlich hergestelltes Isotop. Es emittiert β-Strahlung (Halbwertszeit $T_{1/2}$ = = 1940 Tage) und geht in das angeregte Nuklid $^{60}_{28}Ni$ über. Dieses erreicht seinen Grundzustand nach der Emission von γ-Strahlung mit einer Quantenenergie von 1,17 und 1,33 MeV, entsprechend den Wellenlängen 1,06 und 0,93 pm.

Zerfallsgesetz

Eine mit Strahlung verbundene Kernumwandlung ist ein nur statistisch erfaßbares, zufälliges Ereignis. Von N Kernen wandelt sich pro Zeiteinheit immer derselbe relative Anteil p um; in einem Zeitintervall d t vermindert sich daher N um

$$dN = -p N dt .$$

Integration ergibt

$$N = N_0 e^{-pt} . \quad (A\,1, 8)$$

Das ist das Gesetz des natürlichen Zerfalls. (Natürliches Wachstum – Zunahme pro Zeiteinheit um einen bestimmten relativen Anteil (Prozentsatz) der vorhandenen Zahl – ergibt eine zunehmende Exponentialfunktion: $N = N_0 e^{pt}$.)

Gemäß Gl. (A 1, 8) ist nach jeweils der *Halbwertszeit*

$$T_{1/2} = \frac{1}{p} \ln 2 = \frac{0{,}69}{p} \quad (A\,1, 9)$$

N auf die Hälfte des Anfangswertes N_0 gesunken, gleichgültig, wie groß N_0 zu dem Zeitpunkt ist, an welchem man die Zeitmessung beginnt. – Statt $T_{1/2}$ kann man auch die *mittlere Lebensdauer* $\tau = 1/p = 1{,}44\,T_{1/2}$ angegeben werden.

Wirkungen der Kernstrahlung

Die Kernstrahlung ist so energiereich, daß sie bei Absorption in Stoffen nicht lediglich Wärme produziert, sondern auch

Atome *ionisiert.* Deswegen ist sie biologisch besonders wirksam. *Elektromagnetische Strahlung* (γ- und Röntgenstrahlung) kann hervorrufen:

I. *Photoeffekt.* Ein Elektron kann aus der Hülle eines Atoms herausgeschlagen werden, wenn die Quantenenergie der Strahlung (→ Tab. D 6) größer als die Ionisationsenergie (→ Tab. D 10) ist. Das Strahlungsquant verschwindet dabei. Die über die Ionisationsenergie hinausgehende Energie übernimmt das Elektron als kinetische Energie. Der Photoeffekt durch γ- und Röntgenstrahlung (hohe Quantenenergie!) liefert daher schnelle Elektronen als Sekundärstrahlung.

II. Die Strahlungsquanten können wegen ihres Teilchencharakters gegen ein Elektron stoßen *(Compton-Effekt),* wobei das Elektron einen Rückstoß-Impuls erhält. Auch dadurch wird Strahlungsenergie absorbiert und es entstehen sekundär schnelle Elektronen.

Die Absorption nimmt stark zu mit wachsender Wellenlänge (*harte* = kurzwellige, durchdringende Strahlung; *weiche* = langwellige Strahlung) sowie mit steigender Ordnungszahl der Elemente im absorbierenden Material ($_{53}$J als Kontrastmittel, $_{82}$Pb als Abschirmung). – Halbwertsdicken → Tab. D 6.

Strahlung geladener Teilchen (α, β und die Sekundärelektronen der elektromagnetischen Strahlung) wird ebenfalls absorbiert, indem ihre Energie für die Ionisation aufgewandt wird. Der Absorptionskoeffizient hängt ab vom Verhältnis E_{kin}/E_I der kinetischen Energie des geladenen Teilchens zur Ionisationsenergie und ist außerdem proportional zur Kernladungszahl des Atoms (Atome höherer Ordnungszahl absorbieren stärker, → Tab. D 7). Dabei ist es gleichgültig, ob die Atome in einem Molekül gebunden sind oder nicht. Außerdem ionisieren Teilchen größerer Ladung (α-Strahlung) stärker als einfach geladene (β-Strahlung).

Technisch erzeugte Elektronenstrahlen (z. B. in Vakuumröhren, → Kap. A 6, d, oder aus Teilchenbeschleunigern, z. B. dem Betatron) sind natürlichen β-Strahlen physikalisch gleich.

c) Moleküle

Bindungen

Zur Molekülbildung können zwei Arten der chemischen Bindung führen:

I. *Heteropolare* (elektrovalente, Ionen-)Bindung. Jedes der beteiligten Atome bildet, indem es Valenzelektronen an das andere abgibt oder von ihm aufnimmt, nach Möglichkeit eine

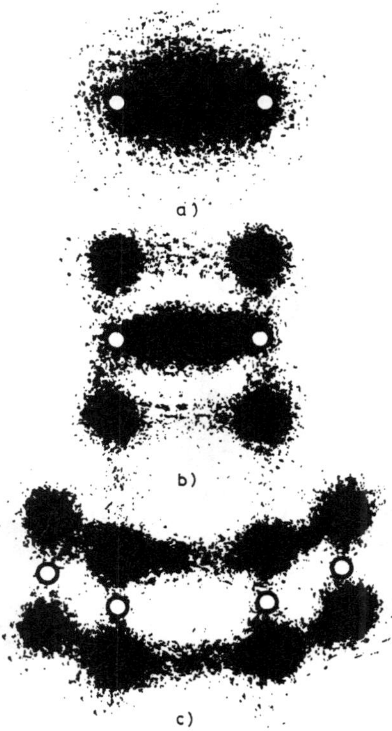

Abb. A 1, 4
Molekülorbitale. a) H_2-Molekül, b) C=C-Doppelbindung: σ-Orbital längs der Bindungsachse, π-Orbital beiderseits, c) Ausschnitt aus dem π-Elektronensystem des Benzolrings

abgeschlossene, edelgasähnliche Schale. Es entstehen entgegengesetzt geladene Ionen, die infolge der elektrischen Coulomb-Kräfte (→ Gl. (A 5, 10)) zusammenhalten. Beispiel: Na^+Cl^-.

II. *Homöopolare* (kovalente, Atom-)Bindung. Zwei Valenzelektronen der beteiligten Atome vereinigen sich zu einer gemeinsamen Elektronenhülle. Es entstehen Orbitale ähnlich Abb. A 1, 1, die aber nicht nur einen, sondern beide Atomrümpfe umschließen *(bindendes Elektronenpaar)*. Beispiel: H_2-Molekül, Abb. A 1, 4 a. Das Molekül-Orbital entsteht aus der *Überlappung* (Durchdringung) der Atom-Orbitale. Die Bindungen weisen in Richtungen, die eine möglichst starke Überlappung gewährleisten *(Prinzip der maximalen Überlappung)*. Auch beim Molekül gibt es unterschiedliche Formen der Elektronenwolke, die in Analogie zum Atom als σ,

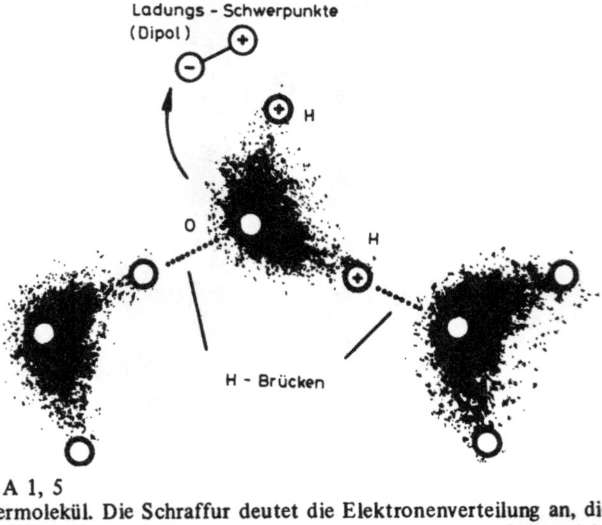

Abb. A 1, 5
Wassermolekül. Die Schraffur deutet die Elektronenverteilung an, die Schwerpunkte der negativen und der positiven Ladungen fallen nicht zusammen. Lose Bindungen zu Nachbarmolekülen durch Wasserstoffbrücken

π . . . Orbitale (σ, π . . . Bindungen) bezeichnet werden.
σ-Bindungen sind rotationssymmetrisch, die gebundenen Atomgruppen um die Bindungsachse drehbar (C-C-Bindungen der organischen Chemie). *π-Bindungen* verhindern wegen ihrer Hantelform die freie Drehbarkeit. Organische C=C-Doppelbindungen enthalten eine σ- und eine π-Bindung (Abb. 4).

Die Energie des Moleküls ist geringer als die der Einzelatome, andernfalls wäre es nicht stabil. Umgekehrt ist also zur Trennung des Moleküls Energie aufzuwenden (*Bindungs-, Trennungsenergie*, → Tab. D 9).

Heteropolare und homöopolare Bindungsanteile können zusammen auftreten. Viele Moleküle sind trotz überwiegend homöopolarer Bindung *elektrisch polar*, die positiven und negativen Ladungen sind in verschiedenen Bereichen konzentriert. Beispiel: Wasser (Abb. A 1, 5): Die positiven Kernladungen sind nicht verschieblich, während sich die Elektronenwolke weitgehend um den Sauerstoffrumpf konzentriert (elektrischer *Dipol*).

Eine labilere Bindungsart (mit etwa um eine Zehnerpotenz geringerer Bindungsenergie) ist die *Wasserstoffbrückenbindung*, die sich zwischen (positiven) Protonen eines Moleküls und negativ geladenen Bereichen eines anderen Moleküls (insbesondere O-Atomen) ausbildet. Sie ist für die *Assoziation* OH-haltiger Moleküle verantwortlich (Alkohole, Wasser: Abb. A 1, 5).

Molekülspektren

Ein Molekül hat – im Gegensatz zum einzelnen Atom – die Möglichkeit, Energie in Form von *Schwingungen* der Atome gegeneinander oder *Rotation* des ganzen Moleküls aufzunehmen (→ Kap. A 3, a). Diese Energien sind (ebenso wie die Zustände des Atomkerns und der Elektronenhülle) gequantelt, ihre Abstände im Niveauschema sind aber verhältnismäßig gering. Die Gl. (A 1, 4) entsprechenden Frequenzen gehören daher in das Gebiet der Infrarot- und Mikrowellenstrahlung. Die Molekülspektroskopie untersucht die Absorptionsspektren und damit die Schwingungs- und Rotationsmöglichkeiten. Bei einfachen Molekülen erhält man daraus präzise Aussagen über ihren geometrischen Aufbau: Atomabstände (typischerweise einige Å = 10^{-10} m, → Tab. D 8) und Bindungswinkel.

Bei *Makromolekülen* liegt häufig gar keine einheitliche geometrische Form vor (Kettenmoleküle, Hochpolymere), oder aber die Form ist zwar bestimmt, aber so verwickelt, daß sie nur mit komplizierteren Methoden aufgeklärt werden kann (Proteine).

d) Ordnungszustände

Struktur in den Aggregatzuständen

Die verschiedenen Aggregatzustände unterscheiden sich durch die gegenseitige Anordnung der Moleküle (oder Atome oder Ionen) und die von ihnen wahrgenommenen Bewegungsmöglichkeiten. Man veranschaulicht sie am besten vom Standpunkt *eines* Moleküls, indem man die Wahrscheinlichkeit, in seiner Umgebung ein anderes Molekül anzutreffen, graphisch darstellt. Dabei ist zu beachten, daß Moleküle – anders als Elektronen infolge der Unschärferelation – sehr wohl lokalisierbar sind; die Verteilung der Wahrscheinlichkeit rührt von der *thermischen Bewegung* her (→ Kap. A 3, a). In Abb. A 1, 6 stellt der Kreis das herausgegriffene Molekül dar.

Im festen, *kristallinen* Zustand (a) besteht über sehr lange Strecken eine strenge Ordnung; weitere Moleküle findet man nur an bestimmten Plätzen mit immer wiederkehrenden, regelmäßigen Abständen: *Gitterstruktur*. Im flüssigen Zustand (b) besteht eine solche Regelmäßigkeit noch in unmittelbarer Umgebung des Moleküls *(Nahordnung)*; obwohl die Moleküle gegeneinander beweglich sind, bevorzugen sie eine bestimmte Konfiguration. Die weiter entfernten Moleküle aber sind demgegenüber im zeitlichen Mittel auf allen Plätzen mit gleicher Wahrscheinlichkeit anzutreffen. Im Gaszustand (c) sind alle Moleküle frei beweglich; im Mittel halten sie sich an jeder Stelle, auch in unmittelbarer Nachbarschaft des herausgegriffenen Moleküls, mit gleicher Wahrscheinlichkeit auf. In der Flüssigkeit sind die Moleküle ähnlich dicht gepackt wie im Festkörper, im Gas haben sie große Abstände (bei Normal-

Abb. A 1, 6
Ordnungszustände: Wahrscheinlichkeit, in der Umgebung eines herausgegriffenen Moleküls ein anderes zu finden

druck und -temperatur typischerweise 100 nm, also etwa das 1000fache des Durchmessers einfacher Moleküle).

Aus den Bewegungsmöglichkeiten in den verschiedenen Ordnungszuständen erklären sich die thermischen Eigenschaften (→ Kap. A 3).

Gläser sind erstarrte Flüssigkeiten ohne Gitterstruktur (amorphe Stoffe). *Festkörper* im engeren Sinne sind kristallin. Die einfachsten Kristallgitter sind kubisch aufgebaut (NaCl-Typ): Die Verbindungslinien der Ionen stehen senkrecht aufeinander, in allen drei Koordinatenrichtungen sind die Abstände gleich. Es gibt andere Kristallisationsformen (Kristallsysteme), bei denen die Verbindungslinien schief zueinander stehen oder die Abstände verschieden sind. Makroskopisch resultiert daraus *Anisotropie,* d. h. viele physikalische Eigenschaften (wie Elastizitätsmodul, Wärmeleitfähigkeit, Brechzahl) sind richtungsabhängig.

Elastizität

Der Abstand der Gitterbausteine (Moleküle, Atome oder Ionen) im Kristall *(Gitterkonstante)* bestimmt sich aus dem Gleichgewicht anziehender und abstoßender Kräfte. Anziehend wirken – wie in elektrovalent gebundenen Molekülen – elektrische Bindungskräfte z. B. zwischen Ionen (*Coulombkräfte,* → Gl. (A 5, 10)); viele Kristalle, wie NaCl, können in diesem Zusammenhang als Riesenmoleküle aufgefaßt werden). Anziehend wirken ferner – wie in kovalent gebundenen Molekülen – andere, nur quantenmechanisch erklärbare Kräfte, die zusammenfassend auch als *van der Waals-Kräfte* bezeichnet werden. Starke abstoßende Kräfte treten auf, wenn sich die Bausteine zu nahe kommen. Die resultierende Kraft ändert sich bei *geringen* Änderungen der Gitterkonstante ($g \to g + \Delta g$) linear mit Δg (Abb. A 1, 7). Das spiegelt sich im makroskopischen Verhalten des Körpers wider: Proportionalität zwischen Spannung oder Druck p (= $F_\perp$ /A, Kraft $F_\perp$ *senkrecht* zur Angriffsfläche A) und dadurch bewirkter Längenänderung Δl (*Hookesches Gesetz,* Abb. A 1, 8):

$$\frac{\Delta l}{l} = \frac{1}{E} p \qquad \text{(A 1, 10)}$$

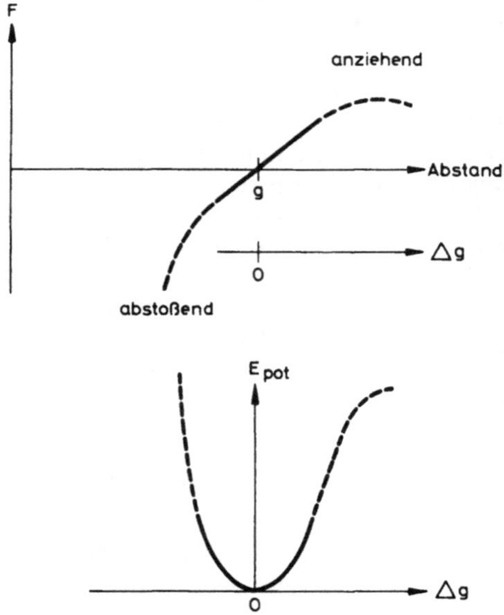

Abb. A 1, 7
Kraft F zwischen den Bausteinen eines Kristallgitters und potentielle Energie E_{pot} bei Änderung der Gitterkonstanten g

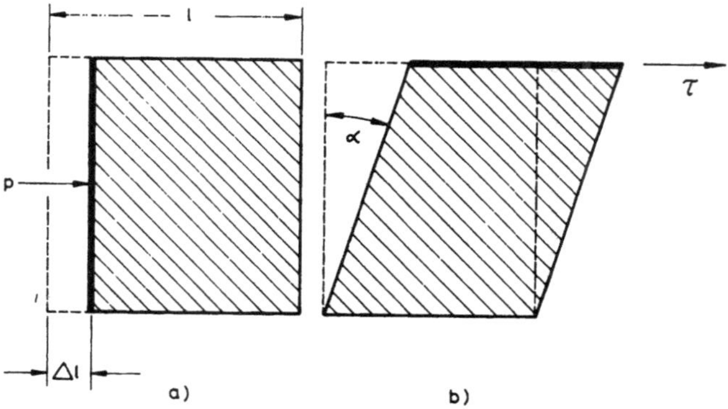

Abb. A 1, 8
Elastische Grundverformungen a) Zusammendrücken oder Dehnen, b) Scheren

(E: Elastizitätsmodul). Wie die Proportionalität im Mikroskopischen, so gilt auch das Hookesche Gesetz nur für kleine Längenänderungen (d.h. $\Delta l \ll l$). Größere Spannungen lassen bleibende (plastische) Verformungen zurück oder führen zum Bruch (Abb. A 1, 9).

Im *Festkörper* treten formerhaltende Kräfte auch auf, wenn die *Winkel* zwischen den Gitterbausteinen verändert werden (Scherung, Abb. A 1, 8b). Makroskopisch muß dazu eine Schubspannung τ (= $F_{\parallel}/A$, Kraft $F_{\parallel}$ *parallel* zur Angriffsfläche A) wirken. Für kleine α gilt ebenfalls Proportionalität:

$$\alpha = \frac{1}{G}\tau \qquad \text{(A 1, 11)}$$

(G: Schermodul, Torsionsmodul). Werte von E und G → Tab. D 11.

In *ruhenden Flüssigkeiten* und *Gasen* kommen wegen der Beweglichkeit der Moleküle Schubspannungen nicht vor; sie treten nur in Strömungen infolge der inneren Reibung auf (→ Gl. (A 4, 20)). Flüssigkeiten und Gase sind also lediglich volumen-, aber nicht formelastisch.

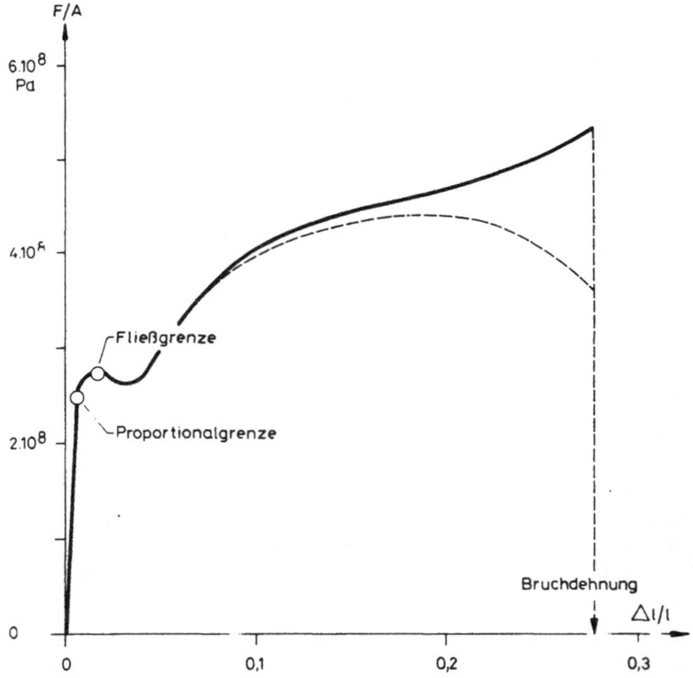

Abb. A 1, 9
Spannungs-Dehnungs-Diagramm von weichem Stahl. Bei starker Dehnung schnürt sich die Probe ein. Daher sind zwei Kurven eingezeichnet: Ausgezogen: A = jeweils geringste Querschnittsfläche; gestrichelt: A = ursprüngliche Querschnittsfläche

Festkörper mit nicht idealer Struktur

Gewöhnlich sind Festkörper aus vielen kleinen Bereichen mit jeweils einheitlicher, regelmäßiger Kristallstruktur aufgebaut (kristalline Stoffe). Von der mikrokristallinen Struktur hängen die Eigenschaften wichtiger technischer Werkstoffe ab (Eisen und Stahl: Verformbarkeit, Härte). Auch Gesteine und Mineralien sind mikrokristallin. Hochpolymere enthalten sowohl kristalline als auch amorphe Bereiche. Ein durchgängig regelmäßig aufgebauter Kristall *(Einkristall)* muß langsam aus Schmelze oder Lösung von einem Kristallisationskeim aus wachsen.

Auch Einkristalle sind nie ideal aufgebaut, sondern zeigen *Fehlordnungen:* Gitterbausteine sind nicht regelmäßig angeordnet (Fehlstellen) oder durch Fremdatome ersetzt (chemische Verunreinigungen). Kristalle mit kontrolliert eingebauten Fremdatomen spielen als *Halbleiter* eine wichtige Rolle. Sie bestehen häufig aus einem Element der 4. Gruppe des Periodensystems (Si, Ge) und sind mit geringen Mengen eines Elementes aus der 3. oder 5. Gruppe *dotiert* (z. B. Ga, In resp. As, Sb). Durch die geringere resp. größere Zahl von Valenzelektronen tritt ein Überschuß positiver resp. negativer elektrischer Ladung auf, der durch den Kristall wandern kann. Die dadurch bedingte, steuerbare Leitfähigkeit wird technisch ausgenutzt (→ Kap. A 6, d).

Besondere Strukturen in Flüssigkeiten

Gewisse Moleküle länglicher Form ordnen sich im flüssigen Zustand nicht in statistischem Durcheinander an, sondern lagern sich parallel. Die Flüssigkeit bekommt dadurch anisotrope Eigenschaften wie ein Kristall (daher *flüssiger Kristall*). Oberhalb einer gewissen Umwandlungstemperatur geht der kristallin-flüssige in den normalen flüssigen Zustand über.

Ähnliche ausgerichtete Strukturen zeigen auch manche Moleküle in Lösungen, insbesondere solche oberflächenaktiver Substanzen (Tenside, Seife).

Eine spezielle Struktur des Lösungs*mittels* findet sich in Elektrolytlösungen in der Umgebung der Ionen. Es lagern sich elektrisch polare Lösungsmittelmoleküle mit dem Molekülteil geeigneter Polarität an das Ion an, und es entstehen regelmäßig gebaute Ion-Dipol-Komplexe. Beispiel: *Hydratation* durch Wassermoleküle. Die Hydratstruktur ähnelt Abb. 6b, die man sich, mit dem Ion im Zentrum, räumlich ergänzt zu denken hat. – Die Hydratation (allgemein: Solvatation) größerer gelöster Teilchen spielt eine Rolle bei der Stabilisierung von Kolloiden.

A 2 Energie

a) Energiesatz („1. Hauptsatz")

Die Erfahrung zeigt: *In einem abgeschlossenen System ist die Gesamt-Energie konstant.* Durch Vorgänge innerhalb des Systems kann sie nur von einer Form in eine andere umgewandelt werden. Als abgeschlossenes System wird ganz allgemein jede abgegrenzte Anordnung verstanden, die keine Energie und Materie mit der übrigen Umgebung austauscht.

b) Leistung

Als *Leistung* P wird die pro Zeiteinheit umgesetzte oder transportierte Energie W bezeichnet:

$$P = dW/dt \; . \qquad \text{(A 2, 1)}$$

Ist P in seinem zeitlichen Verlauf bekannt, so erhält man die während einer Zeitspanne von 0 bis t umgesetzte Energie W als Integral

$$W = \int_0^t P\,dt \; . \qquad \text{(A 2, 2)}$$

W ist graphisch durch die Fläche zwischen 0 und t unter der P-t-Kurve gegeben (Abb. A 2, 1). Nur wenn P *zeitlich konstant* ist, gilt

$$W = P\,t \; . \qquad \text{(A 2, 3)}$$

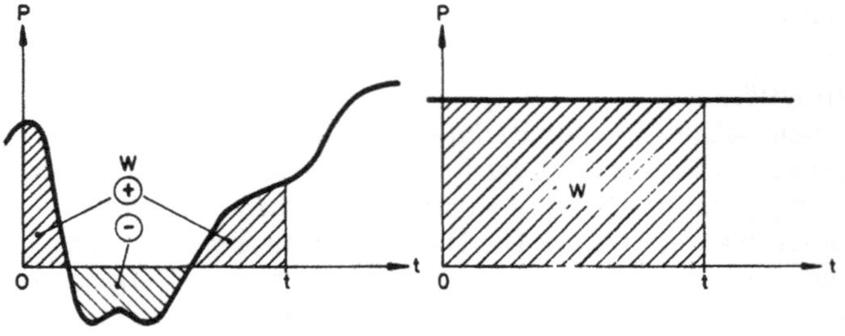

Abb. A 2, 1
Die Energie W als Integral über die Leistung P

c) Energieformen

(Umrechnung der Einheiten → Tab. D 4)

Mechanische Arbeit

Beim Verschieben eines Körpers um d s gegen eine Kraft $F_{\parallel}$ ist die *Arbeit*

$$dW = F_{\parallel}\, ds \qquad \text{(A 2, 4)}$$

(Kraftkomponente $F_{\parallel}$ parallel zur Verschiebungsstrecke d s) aufzuwenden. Die Arbeit ist für differentielle Verschiebungen (d W, d s) definiert! Bei Verschiebung um eine makroskopische Strecke s gilt für die insgesamt aufgewandte Arbeit

$$W = \int_0^s F_{\parallel}\, ds\,. \qquad \text{(A 2, 5)}$$

Das Integral ist graphisch durch die Fläche zwischen 0 und s unter der Kurve gegeben, die den Zusammenhang von $F_{\parallel}$ mit s darstellt (Abb. A 2, 2). Nur wenn $F_{\parallel}$ ***unabhängig*** von s ist ($F_{\parallel}$ = const.), gilt

$$W = F_{\parallel}\, s\,. \qquad \text{(A 2, 6)}$$

Bei umgekehrter Verschiebung (s → 0), also *in* Richtung der Kraft, ist die Fläche und damit W negativ zu rechnen; es wird Energie gewonnen.

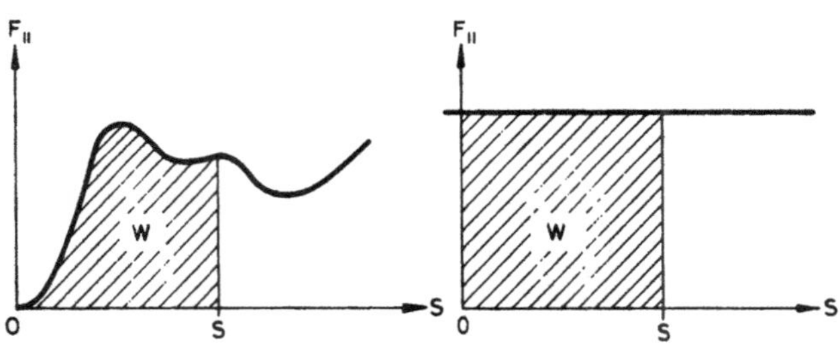

Abb. A 2, 2
Mechanische Arbeit bei Verschiebung von 0 bis s gegen die Kraft $F_{\parallel}$

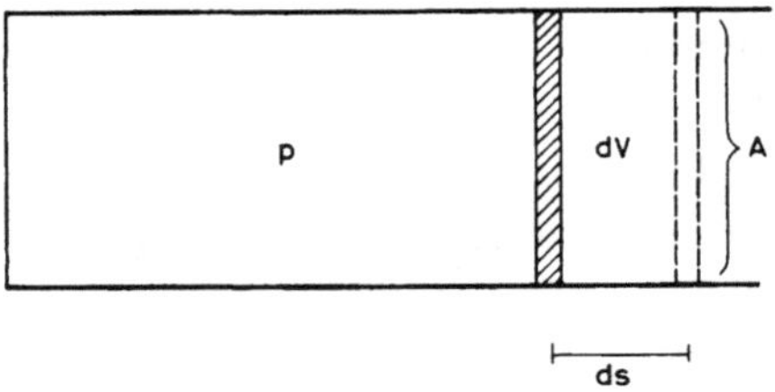

Abb. A 2, 3
Zur Volumenarbeit bei der Kompression eines Gases, Gl. (A 2, 7)

Ein spezieller Fall ist die Kompression oder Ausdehnung eines Gases (Abb. A 2, 3). Da der Druck $p = F/A$ ist, ergibt Gl. (A 2, 4)

$$dW = p\,A\,ds\,,$$

also

$$dW = p\,dV \qquad (A\,2,\,7)$$

(Volumenarbeit).

Potentielle Energie

Die beim Verschieben aufgewandte Arbeit kann z. B. in Wärmeenergie übergehen (wenn F Reibungskraft) oder als potentielle Energie gespeichert werden (wenn F elastische Kraft beim Spannen einer Feder, oder Schwerkraft beim Heben eines Gewichtes). Daher ist die potentielle Energie E_{pot} auch nach Gln. (A 2, 4) und (A 2, 5) zu berechnen. Speziell beim Heben eines Gewichtes $G = m\,g$ um die Höhe Δh schreibt sich Gl. (A 2, 6)

$$\Delta E_{pot} = G\,\Delta h\,. \qquad (A\,2,\,8)$$

Der Nullpunkt der E_{pot}-Skala kann beliebig gewählt werden; es hat nur Sinn, Änderungen (ΔE_{pot}) anzugeben.

Wegen Gl. (A 2, 8) kann man sich eine Abhängigkeit der potentiellen Energie von einer anderen Größe (x) immer als Höhenprofil veranschaulichen. Beispiel: Feder, für die das Hookesche Gesetz gilt (Abb. A 2, 4). Bei Verschiebung um x aus der Ruhe-

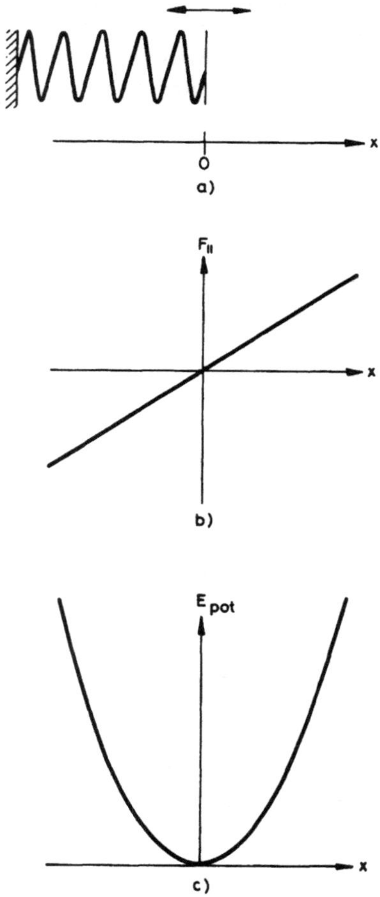

Abb. A 2, 4
Kraft $F_{||}$ und potentielle Energie E_{pot} beim Zusammendrücken oder Dehnen einer Feder

lage ist die rücktreibende Kraft $F_{||} = k\,x$ (k: Federkonstante), also $E_{pot} = \frac{1}{2} k\,x^2$ (wenn man willkürlich $E_{pot} = 0$ für $x = 0$ setzt). Abb. A 2, 4c kann bildlich als Mulde aufgefaßt werden; wie eine Kugel in ihr dem tiefsten Punkt, so strebt auch die Feder dem Minimum der potentiellen Energie als Gleichgewichtszustand zu. Ein analoges Beispiel: Abb. A 1, 7.

Allgemein gilt im *statischen Gleichgewicht:*

$$E_{pot} \rightarrow \text{Minimum} . \qquad \text{(A 2, 9)}$$

Kinetische Energie

Sie ist bei einem bewegten Körper (Masse m, Geschwindigkeit v) gleich der Arbeit, die zu seiner Beschleunigung aufgewandt wurde:

$$E_{kin} = \frac{1}{2} m\,v^2 . \qquad \text{(A 2, 10)}$$

Beim freien Fall ist z.B. E_{kin} gleich der Abnahme ΔE_{pot} der potentiellen Energie. Das gleiche gilt bei Beschleunigung eines *geladenen Teilchens* durch ein elektrisches Feld. Durchläuft ein Teilchen der Ladung Q die beschleunigende Spannung U, so gewinnt es dadurch die kinetische Energie

$$E_{kin} = Q\,U . \qquad \text{(A 2, 11)}$$

Die entsprechende Energieeinheit heißt *Elektronvolt* (eV); sie ergibt sich nach Gl. (A 2, 11), wenn Q die Elektronenladung (Elementarladung e) ist und U in Volt gemessen wird.

Aus der Dimension (Kraft mal Länge) ergibt sich für die mechanischen Energieformen im SI-System die Einheit Nm = J (Joule).

Innere Energie

Wärmeenergie ist in einem Körper als kinetische Energie der *ungeordneten* Molekularbewegung enthalten; ein Maß dafür ist seine Temperatur (→ Kap. A 3). Eine weitere Form innerer Energie ist in den Molekülbindungen und Ordnungszuständen gespeichert, z.B. als potentielle Energie zweier entgegengesetzt geladener Ionen in einem Molekül oder Kristallgitter (*Bindungsenergie*, → Kap. A 1). Bei einer chemischen Reaktion ist die Differenz zwischen den Bindungsenergien der End- und Ausgangsmoleküle als *Reaktionsenergie* meßbar. Bei einer Änderung des Ordnungszustandes (Lösen, Schmelzen, Verdampfen) ist die Differenz der entsprechenden Energien als *Umwandlungsenergie* (Lösungs-, Schmelz-, Verdampfungswärme) meßbar. Wird dem System die Energie d Q von außen zugeführt, so kann also entweder die Temperatur um d T steigen:

$$dQ = m\,c\,dT\ , \qquad \text{(A 2, 12)}$$

oder die Substanzmenge d m reagieren oder sich umwandeln:

$$dQ = q\,dm\ . \qquad \text{(A 2, 13)}$$

Die Koeffizienten c *(spezifische Wärmekapazität)* resp. q *(spez. Reaktions- oder Umwandlungswärme)* sind Stoffeigenschaften. Wenn die Substanzmenge m statt in Gramm in Mol angegeben wird, spricht man von molarer Wärmekapazität resp. molarer Umwandlungswärme.

Findet kein Wärmeaustausch mit der Umgebung statt (d Q = 0, adiabatisches System) und ändert sich das Volumen nicht (d V = 0, keine Volumenarbeit), so kann sich die gesamte innere Energie des Systems nicht ändern.

Feldenergie

Zum Aufladen eines Kondensators sind entgegengesetzte Ladungen gegen ihre Anziehungskraft zu trennen. Die dabei aufgewandte Arbeit wird als Energie des *elektrischen* Kondensator*feldes* gespeichert. Ein Kondensator der Kapazität C, der auf die Spannung U aufgeladen wird, speichert

$$W_{el} = \frac{1}{2}\,C\,U^2\ . \qquad \text{(A 2, 14)}$$

Die Energie ist über den vom Feld erfüllten Raum verteilt. Ist die elektrische Feldstärke an einer Stelle des Raumes E, so ist (im Vakuum) in der Volumeneinheit die Energie

$$\frac{d\,W_{el}}{d\,V} = \frac{1}{2}\,\epsilon_0\,E^2 \qquad \text{(A 2, 15)}$$

enthalten (ϵ_0: elektrische Feldkonstante, → Tab. D 3).

In entsprechender Weise enthält ein *Magnetfeld* Energie. Eine Spule der Induktivität L, die vom Strom I durchflossen wird, speichert

$$W_{magn} = \frac{1}{2}\,L\,I^2\,. \qquad \text{(A 2, 16)}$$

Die magnetische Feldenergie pro Volumeneinheit ist (im Vakuum)

$$\frac{d\,W_{magn}}{d\,V} = \frac{1}{2}\,\mu_0\,H^2 \qquad \text{(A 2, 17)}$$

(μ_0: Magnetische Feldkonstante, → Tab. D 3; H: Magn. Feldstärke).

Energietransport

Energietransport durch Wärmeleitung (→ Kap. A 3, d), elektrischen Strom, Strahlung ist ein zeitlich andauernder Vorgang und ist daher durch die Energie, die pro Zeiteinheit eine Meßstelle passiert oder den Verbraucher erreicht, also die Leistung P, zu beschreiben. Einheit: J/s = W.

Elektrischer Strom. Bei der Stromstärke I und der Spannung U ist die dem Verbraucher zugeführte *Leistung*

$$P = U\,I\,. \qquad \text{(A 2, 18)}$$

Wirken während der Zeit t eine *Gleich*spannung und ein *Gleich*strom, so ist die gesamte *Energie*

$$W = U_{=}\,I_{=}\,t\,. \qquad \text{(A 2, 19)}$$

Daraus ergibt sich im SI-System die gleiche Einheit wie für die mechanische Energie, weil Nm = VAs = J.

Bei sinusförmigem *Wechsel*strom $I_{\sim} = \hat{I}\cos\omega t$ und dazu um $\Delta\varphi$ phasenverschobener *Wechsel*spannung $U_{\sim} = \hat{U}\cos(\omega t + \Delta\varphi)$ hängt W von der Phasendifferenz $\Delta\varphi$ ab (Abb. A 2, 5).

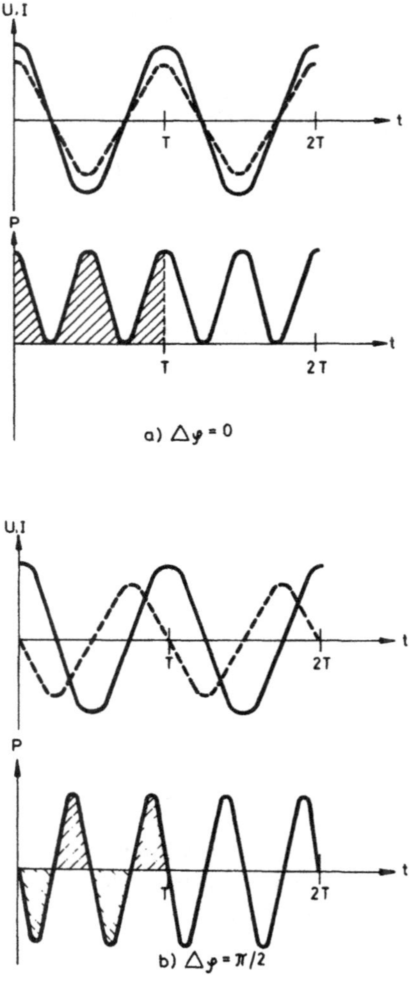

Abb. A 2, 5
Elektrische Leistung P bei verschiedener Phasenverschiebung zwischen Strom I und Spannung U. – Schraffiert ist die elektrische Energie während einer Periode. Im Fall b) ist sie Null, → Abb. A 2, 1

Das *Mittel* über eine Periodendauer oder viele Perioden während der Zeit t ist

$$\bar{W} = \frac{1}{2}\,\hat{U}\,\hat{I}\,t\,\cos\Delta\varphi\,. \qquad \text{(A 2, 20)}$$

Für $\Delta\varphi = 0$ ist $\cos\Delta\varphi = 1$. Mit *Effektivwerten* $U_{eff} = \hat{U}/\sqrt{2}$ und $I_{eff} = \hat{I}/\sqrt{2}$ geschrieben, ist also

$$\bar{W} = U_{eff}\,I_{eff}\,t$$

und somit

$$\bar{P} = U_{eff}\,I_{eff} \qquad (\Delta\varphi = 0)\,. \qquad \text{(A 2, 21 a)}$$

Durch diese Beziehung, die eine formale Übereinstimmung mit der für Gleichstrom, Gl. (A 2, 18), herstellt, sind die Effektivwerte zu definieren, und zwar auch für nicht-sinusförmige Spannungen und Ströme (→ Gl. (A 7, 2)).

Falls das Ohmsche Gesetz gilt, ist $U_{eff} = R\,I_{eff}$ und man kann statt Gl. (A 2, 21 a) auch schreiben

$$\bar{P} = \frac{U_{eff}^2}{R} = R\,I_{eff}^2 \qquad (\Delta\varphi = 0)\,. \qquad \text{(A 2, 21 b)}$$

Die Leistung ist also proportional zum *Quadrat* der Spannung oder des Stromes.

Für $\Delta\varphi = \pi/2$ (= 90°) ist

$$\bar{W} = \bar{P} = 0 \qquad (\Delta\varphi = \pi/2)\,. \qquad \text{(A 2, 22)}$$

Diese Phasenverschiebung stellt sich ein, wenn der Strom keine Energie zu transportieren braucht *(Blindstrom)*, weil im Verbraucher *(Blindwiderstand)* keine Energieumsetzung (z. B. in Wärme oder mechanische Energie) stattfinden kann.

Strahlung. Eine elektromagnetische Welle, z. B. Licht, transportiert elektrische *und* magnetische Feldenergie. Wegen der räumlichen Ausdehnung wird die Strahlungsleistung auf die Flächeneinheit bezogen: *Bestrahlungsstärke* ist die auf die

Flächeneinheit treffende Strahlungsleistung $\frac{dP}{dA}$ (z. B. in W/m^2).

Von realen Flächen kann die Welle absorbiert (z. B. Umsetzung in Wärme; Ionisation), reflektiert oder durchgelassen werden.

Wegen Gln. (A 2, 15), (A 2, 17) ist die Bestrahlungsstärke („Intensität") dem *Quadrat* der Amplitude proportional.

Äquivalenz von Energie und Masse

Die Lichtgeschwindigkeit ist die höchste mögliche Geschwindigkeit, so daß sich die kinetische Energie, Gl. (A 2, 10), nicht durch Erhöhung der Geschwindigkeit v weiter steigern läßt: Gl. (A 2, 10) gilt nur für Geschwindigkeiten, die klein im Vergleich zur Lichtgeschwindigkeit sind ($v \ll c$). Bei der Beschleunigung von Teilchen, z. B. Elektronen, ist $v \approx c$ erreichbar (→ Tab. D 7). Weitere Energiezufuhr erhöht dann nicht v, sondern die Masse m des Elektrons. Energiezufuhr ΔE und Massenzunahme Δm sind einander äquivalent:

$$\Delta m = \Delta E/c^2 \qquad \text{(A 2, 23)}$$

(Einsteinsche Beziehung).

Die Äquivalenz von Masse und Energie spielt insbesondere in der Kernphysik eine Rolle, wo die vorkommenden Energien sehr viel größer als im täglichen Erfahrungsbereich sind. Die Bindungs*energie* der Nukleonen im Atomkern zeigt sich z. B. darin, daß die Kern*masse* etwas kleiner ist als die Summe der Nukleonenmassen *(Massendefekt).*

d) Energetische Gesichtspunkte in physikalischen Zusammenhängen

Der Energiesatz ist ein sehr allgemeines Prinzip. Mit seiner Hilfe können manche physikalischen Beziehungen einfach hergeleitet werden; überhaupt wird das Verständnis vieler Sachverhalte durch energetische Betrachtungen erleichtert. Dazu im folgenden einige Beispiele aus verschiedenen Gebieten.

I. *Reflexion und Transmission.* An der Grenzfläche zweier *nicht absorbierender* Medien wird einfallendes Licht teilweise reflektiert. Wegen des Energiesatzes ist die Summe aus reflektierter und transmittierter Strahlungsleistung gleich der einfallenden (→ Kap. A 9, d). – Dünne Schichten (Öl auf Wasser, Luftschicht zwischen zwei Glasplatten, Interferenzfilter) stellen *zwei* dicht benachbarte Reflexionsebenen dar. Aus der Interferenz der Teilwellen resultiert Reflexion nur für bestimmte Wellenlängen (→ Gl. (A 7, 16)), andere werden durchgelassen, was zu Farberscheinungen wie z. B. den Newtonschen Ringen führt. Aus dem Energiesatz folgt nun, daß (bei nicht absorbierenden Medien) im durchtretenden und im reflektierten Licht komplementäre Helligkeits- und Farberscheinungen beobachtet werden.

II. *Transformator.* Auf der Primärseite eines Transformators besteht eine Phasendifferenz zwischen Strom und Spannung, die sich – im Idealfall eines verlustlosen Transformators – gemäß Gl. (A 2, 20) so einstellt, daß die auf dieser Seite aufgenommene Leistung gleich der sekundärseitig an den Verbraucher abgegebenen ist. Es läßt sich daher ohne weitere Überlegung sagen, daß z. B. diese Phasendifferenz $\Delta\varphi = \pi/2$ ist, falls kein Verbraucher angeschlossen ist (→ Gl. (A 2, 22)).

III. *Oberflächenspannung.* Auf Moleküle im Inneren einer Flüssigkeit wirken von allen Seiten gleiche Kräfte, die sich insgesamt kompensieren. Auf Moleküle an der freien Oberfläche dagegen wirken resultierende Kräfte, die ins Innere der Flüssigkeit gerichtet sind. Die potentielle Energie von Oberflächenmolekülen ist deshalb größer als die von Molekülen im Inneren, und die freie Oberfläche eines gegebenen Flüssigkeitsvolumens läßt sich nur durch Aufwendung einer Energie $\mathrm{d}\,E_{ob}$ um $\mathrm{d}\,A$ vergrößern. Man nennt die auf die Flächeneinheit bezogene Größe

$$\sigma = \mathrm{d}\,E_{ob}/\mathrm{d}\,A \qquad \text{(A 2, 24 a)}$$

spezifische Oberflächenenergie. Unterliegt die Flüssigkeit keinen äußeren Einwirkungen (z. B. frei, d. h. „schwerelos" fallender Tropfen), so nimmt sie wegen Gl. (A 2, 9) Kugelform an, weil so die Oberfläche und damit die Energie ein Minimum

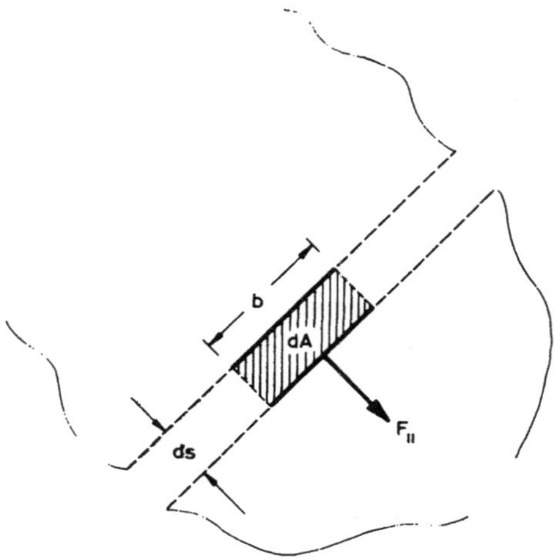

Abb. A 2, 6
Vergrößerung eines Flüssigkeits-Oberflächenstücks der Breite b durch eine parallel zur Oberfläche wirkende Kraft $F_{\parallel}$

erreicht. – Soll nun die Oberfläche durch eine parallel zu ihr wirkende Kraft $F_{\parallel}$ gedehnt werden, so ist nach dem Energiesatz die dabei aufzuwendende Arbeit gleich der Zunahme der Oberflächenenergie:

$$d W = d E_{ob} ;$$

also ist nach Gln. (A 2, 4) und (A 2, 24 a)

$$F_{\parallel} \, d s = \sigma \, d A .$$

Da $d A/d s = b$ die Breite des gedehnten Oberflächenstücks ist, an dem $F_{\parallel}$ angreift (Abb. A 2, 6), ist eine zu Gl. (A 2, 24 a) gleichwertige Definition durch die mechanische Spannung

$$\sigma = F_{\parallel}/b \qquad \text{(A 2, 24 b)}$$

gegeben: Die spezifische *Oberflächenenergie,* Gl. (A 2, 24 a), ist also gleich der *Oberflächenspannung,* Gl. (A 2, 24 b). – Einheit: N/m.

IV. *Auftrieb.* Die Auftriebskraft auf einen Körper läßt sich aus energetischen Betrachtungen leicht herleiten. Angenommen, der Körper des Volumens V_k werde um ein kleines Stück d h nach oben gerückt (Abb. A 2, 7). Dabei erhöht sich seine potentielle Energie um d E_{pot}. Kennt man diese Änderung, so ergibt sich die auf den Körper wirkende Kraft F nach Gl. (A 2, 4): $F = d\,E_{pot}/d\,h$. Nun werden zwei Verrückungen verglichen: a) Körper im leeren Raum (dann wirkt nur sein Gewicht G_k); b) Körper untergetaucht in einer Flüssigkeit der Dichte ρ_{fl}. Im zweiten Fall ist zusätzlich das oben verdrängte kleine Flüssigkeitsvolumen um l nach unten zu transportieren, wobei potentielle Energie wieder frei wird. Andere Energieformen sind nicht beteiligt. Die resultierende Änderung d E_{pot} ist deshalb im Fall b kleiner als im Fall a. Folglich ist auch die auf den Körper in der Flüssigkeit wirkende Kraft kleiner als

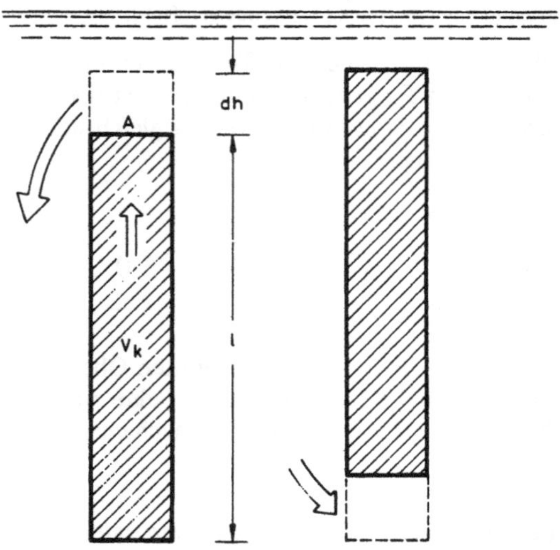

Abb. A 2, 7
Zur Herleitung des Archimedischen Prinzips, Gl. (A 2, 25)

sein Gewicht G_k im leeren Raum, und zwar ergibt sich

$$F = G_k - F_A \qquad \text{(A 2, 25)}$$

mit $$F_A = \rho_{fl}\, g\, V_k \; .$$

F_A, das Gewicht einer Flüssigkeitsmenge vom gleichen Volumen wie der Körper, ist die *Auftriebskraft (Archimedisches Prinzip).* – Der Auftrieb wirkt auch auf Körper in Luft (statischer Auftrieb von Luftfahrzeugen – Ballonen –, im Gegensatz zum dynamischen, → Kap. A 4, c). Bei genauen Wägungen ist er als Korrektur zu berücksichtigen (→ Tab. D 33).

V. *Mechanische Maschinen.* Viele Maschinen nutzen aus, daß eine erforderliche mechanische Arbeit nach Gl. (A 2, 5) statt mit einer großen Kraft auch mit einer kleineren Kraft bei entsprechend vergrößerter Verschiebung aufgebracht werden kann (schiefe Ebene, Getriebe, hydraulische Kraftübertragung → Gl. (A 4, 19)).

VI. *Meßtechnische Aspekte:* Zur Messung einer Energie ist es oft zweckmäßig, sie zunächst in eine leicht meßbare Form umzuwandeln, was nach dem Energiesatz am Ergebnis nichts ändert. Beispiel: Ergometer. (Die von einer Person aufgebrachte Leistung wird erst in elektrische und dann in Wärmeleistung umgesetzt, indem z. B. durch Pedale ein Dynamo angetrieben wird. Gemessen wird die von ihm abgegebene elektrische Leistung, also U und I, was mit einfachen Instrumenten möglich ist.)

Bei der Messung anderer physikalischer Größen ist es zur Beurteilung der Meßgenauigkeit gelegentlich wichtig, an den Energiebedarf der Meßgeräte zu denken. Beispiel: Ein Thermometer tauscht, um sich der Temperatur der Meßstelle anzupassen, mit dem Meßobjekt Energie aus. Das kann die zu messende Temperatur verfälschen, falls das Thermometer im Vergleich zum Meßobjekt nicht eine genügend kleine *Wärmekapazität* (= mc, vgl. Gl. (A 2, 12)) hat.

A 3 Statistik und Wärme

a) Mikroskopische Bewegungsvorgänge

Die Moleküle oder Atome eines jeden Stoffes bewegen sich ungeordnet und beeinflussen sich dabei gegenseitig. Es ist sinnlos, die Bewegung eines einzelnen Moleküls verfolgen zu wollen; nur statistische Aussagen sind möglich. In Anbetracht der ungeheuer großen Zahl von Teilchen (1 mol $\hat{\approx}$ 10^{23} Teilchen) gibt aber die Statistik praktisch exakte Ergebnisse.

Die *Wärmeenergie* ist die Summe der kinetischen Energien aller *ungeordneten* mikroskopischen Bewegungen (innere Energie, → Kap. A 2, c).

Es gibt verschiedene Möglichkeiten der mikroskopischen Bewegung: Translation (Verschiebung) und Rotation von Molekülen, Schwingungen von Atomen um feste Ruhelagen im Kristall-Gitter und Deformationsschwingungen (Streckung, Knickung) von Molekülen. Nicht alle Bewegungen werden immer zugleich ausgeführt. Grenzfälle: Im einatomigen Gas kommt nur die Translation, im kristallinen Festkörper nur die Schwingung um feste Gitterplätze in Frage (vgl. Abb. A 1, 6). Die Bewegungsmöglichkeiten heißen auch *Freiheitsgrade.* Bewegungsmöglichkeiten in verschiedenen Koordinatenrichtungen werden als einzelne Freiheitsgrade gezählt. Beispiel: Die Translation im Raum (3 Koordinatenrichtungen) entspricht 3 Freiheitsgraden.

Die gegenseitige Beeinflussung (Wechselwirkung) der Moleküle untereinander sorgt dafür, daß sich – jedenfalls nach einer gewissen Zeit – ein *thermisches Gleichgewicht* einstellt, bei dem sich gleichartige Moleküle mit gleicher *mittlerer* Energie statistisch bewegen.

Gleichverteilungssatz

Im thermischen Gleichgewicht entfällt auf jeden Freiheitsgrad der ungeordneten mikroskopischen Bewegung im Mittel die gleiche Energie $\bar{E}$:

$$\bar{E} = \frac{1}{2} R T \qquad \text{pro Mol Substanz} \qquad \text{(A 3, 1 a)}$$

(R: Gaskonstante, → Tab. D 3), oder da 1 mol definitionsgemäß N_A Moleküle enthält:

$$\bar{E} = \frac{1}{2} kT \qquad \text{pro Molekül} \qquad \text{(A 3, 1 b)}$$

($k = R/N_A$ heißt Boltzmann-Konstante; N_A: Avogadro-Konstante, → Tab. D 3). T ist die absolute Temperatur.

Der absolute Nullpunkt ist erreicht, wenn $\bar{E} = 0$, also keine ungeordnete mikroskopische Bewegung mehr stattfindet. Tiefere Temperaturen sind daher nicht möglich. Die *absolute Temperaturskala* (Einheit: K, Kelvin) unterscheidet sich von der *Celsius-Skala* (Einheit: °C) nur durch die Verschiebung des Nullpunktes:

$$T\,(\text{in K}) = T\,(\text{in °C}) + 273{,}16\,. \qquad \text{(A 3, 2)}$$

Wärmekapazität

Die Erhöhung der Temperatur eines Stoffes um d T setzt die Zufuhr einer Wärmeenergie d Q voraus. Wegen Gl. (A 3, 1) sind, solange sich die Zahl der Freiheitsgrade nicht ändert, beide einander proportional, $dQ \sim dT$. Der Proportionalitätsfaktor läßt sich meist (von Gasen abgesehen) nicht einfach angeben, weil die Zahl der Freiheitsgrade von Stoff zu Stoff verschieden ist. Man nennt die experimentell zu ermittelnde Wärmeenergie, die 1 g Substanz um 1 K erwärmt, *spezifische Wärmekapazität* c (→ Gl. (A 2, 12)):

$$c = \frac{1}{m}\frac{dQ}{dT} \qquad \text{(A 3, 3)}$$

(auf die Einheit der Masse – g oder kg – bezogen, wird eine Größe als „spezifisch" bezeichnet, auf die Einheit der Stoffmenge – mol – bezogen als „molar"). Die Größe c ist eine Stoffeigenschaft. Sie kann noch von der Temperatur abhängen, bei der sie gemessen wird (→ Tab. D 17).

Man unterscheidet speziell bei *Gasen* zwei verschiedene spezifische Wärmekapazitäten c_p und c_V, je nachdem welche der

Zustandsgrößen Druck p oder Volumen V beim Experiment konstant gehalten wird. Ist p = const., so nimmt bei Erwärmung V zu, und von der zugeführten Energie d Q ist auch noch die Volumenarbeit aufzubringen (→ Gl. (A 2, 7)). Daher ist $c_p > c_V$. – Bei Flüssigkeiten und Festkörpern ist wegen der wesentlich geringeren Wärmeausdehnung kein erheblicher Unterschied zwischen c_p und c_V.

b) Kinetische Theorie der Gase

Überschaubar sind die Folgen der mikroskopischen Bewegungen in Gasen, weil wegen der geringen Dichte viel freier Raum zwischen den einzelnen Molekülen ist. In ihm kann sich jedes Molekül ungestört von den anderen bewegen, bis es (nach einer gewissen *freien Weglänge*) einen Zusammenstoß erleidet, dabei Geschwindigkeit und Richtung ändert und dann bis zum nächsten Zusammenstoß wieder ungestört weiterfliegt. Dieses Modell der nur durch Stöße unterbrochenen ungestörten Bewegung ist eine Idealisierung, der man nahekommt, wenn die Dichte des Gases hinreichend gering ist und wenn keine über größere Abstände wirksamen Anziehungs- oder Abstoßungskräfte (z. B. keine elektrischen Ladungen) vorkommen. Das Modell liefert eine Beziehung zwischen den als *Zustandsgrößen* bezeichneten Eigenschaften Druck, Volumen und Temperatur, die *Zustandsgleichung* Gl. (A 3, 9). Gase, die ihr folgen, heißen *ideal*. Die gemessene Zustandsgleichung *realer* Gase zeigt meist Abweichungen vom idealen Verhalten (insbesondere bei zu geringer Temperatur, → Kap. A 3, k). Darin deutet sich an, daß die Modellvoraussetzungen nicht streng gelten.

Geschwindigkeitsverteilung

Die Geschwindigkeiten der Gasmoleküle sind nicht alle gleich, sondern statistisch um einen Mittelwert verteilt. Als *Verteilungsfunktion* wird angegeben, wieviele Moleküle (d N) innerhalb eines gewissen Intervalls (d v) die Geschwindigkeit v, also Geschwindigkeiten zwischen v und v + d v, haben. Man kann die Geschwindigkeitsverteilung auf zwei Weisen darstellen:

I. *Eine Komponente* der Geschwindigkeit (v_x oder v_y oder v_z) mit Unterscheidung entgegengesetzter Geschwindigkeitsrichtungen durch das Vorzeichen. Beide Richtungen kommen gleich häufig vor. Am häufigsten sind Moleküle, deren eine betrachtete Geschwindigkeitskomponente Null ist (Abb. A 3, 1):

$$\frac{dN}{dv_x} \sim e^{-\frac{m v_x^2}{2kT}} ; \qquad \text{(A 3, 4)}$$

m: Molekülmasse; k: Boltzmann-Konstante; T: absolute Temperatur.

Die Verteilung Gl. (A 3, 4) ist die aus der Statistik bekannte Zufallsverteilung *(Gaußsche Verteilung).* Der Exponent stellt ein Verhältnis von zwei Energien dar, nämlich der kinetischen Energie, die mit der betrachteten Geschwindigkeitskomponente verknüpft ist $\left(\frac{m}{2} v_x^2\right)$, und der (doppelten) mittleren Energie pro Freiheitsgrad, Gl. (A 3, 1b).

II. *Betrag* der Geschwindigkeit ($|v| = \sqrt{v_x^2 + v_y^2 + v_z^2}$). Betragsmäßig sehr geringe und sehr hohe Geschwindigkeiten sind selten; die Verteilungsfunktion Abb. A 3, 2 hat (im Gegensatz

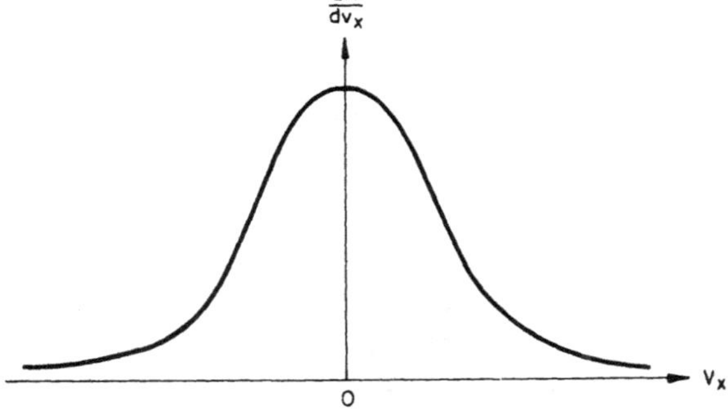

Abb. A 3, 1
Geschwindigkeitsverteilung der Moleküle im Gas: Verteilungsfunktion für eine der drei Geschwindigkeitskomponenten, v_x

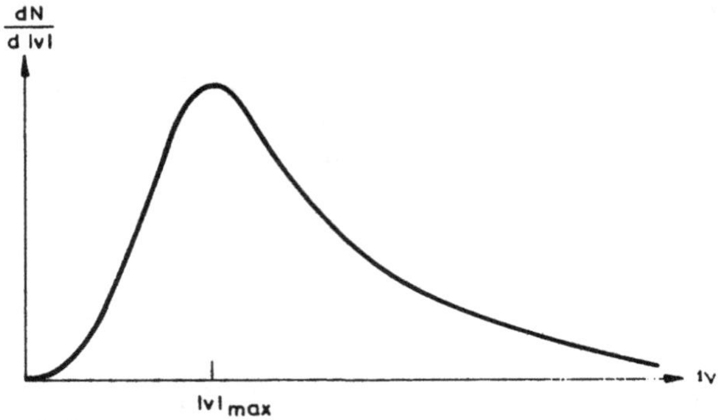

Abb. A 3, 2
Geschwindigkeitsverteilung der Moleküle im Gas: Verteilungsfunktion für den Betrag der Geschwindigkeit, $|v|$

zu Abb. A 3, 1) ein Maximum bei einer von Null verschiedenen Geschwindigkeit $|v|_{max}$, die sich aus

$$\frac{m}{2}|v|^2_{max} = kT \tag{A 3, 5}$$

ergibt. Diese im idealen Gas anzutreffende Verteilung heißt *Maxwell-Boltzmannsche Geschwindigkeitsverteilung.*

Energieverteilung

Statt der Geschwindigkeitsverteilung kann man auch die Energieverteilung der Moleküle untersuchen. Sie interessiert häufig im Zusammenhang mit dynamischen Vorgängen, wobei es aber meist genügt, die Bewegung in *einer* Koordinatenrichtung zu betrachten, entsprechend Fall I und Gl. (A 3, 4) des vorigen Abschnitts. Hier sei speziell die Zahl der Moleküle ins Auge gefaßt, die pro Zeiteinheit durch eine gedachte oder tatsächlich abgegrenzte Fläche A treten (Abb. A3, 3). Im homogenen Gas ist der Strom der von links durch die Fläche wandernden Moleküle natürlich genauso groß wie der Strom von rechts. In anderen Situationen ist das nicht der Fall, z. B. bei der Diffusion ins Vakuum (→ Abb. A 3, 4). Der Teilchenstrom durch die Fläche A hängt nur von *einer* Geschwindigkeitskompo-

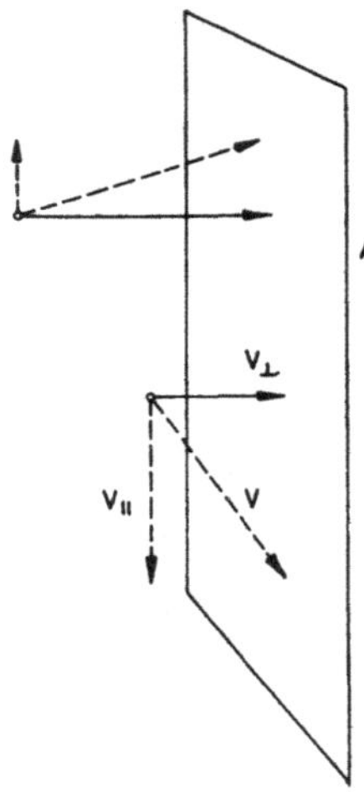

Abb. A 3, 3
Zum Begriff der Teilchenströmung durch eine Fläche A. Nur die Komponente $v_\perp$ der Geschwindigkeit ist zu berücksichtigen

nente, nämlich $v_\perp$ senkrecht zur Fläche, ab und kann deshalb aus Gl. (A 3, 4) abgeleitet werden. Die Zahl der pro Zeit- und Flächeneinheit durch A wandernden Moleküle wird als (Teilchen-)*Stromdichte* $j = \frac{1}{A} \frac{dN}{dt}$ bezeichnet. Als *Verteilungsfunktion* der Energie wird angegeben, welcher Beitrag d j zur Gesamtstromdichte von Molekülen stammt, die innerhalb eines gewissen Intervalls (d E) die Energie E, also Energien zwischen E und E + d E, haben. Es ist

$$\frac{dj}{dE} \sim e^{-\frac{E}{kT}} . \qquad (A\,3, 6)$$

Statt des Beitrages d j im infinitesimal kleinen Intervall d E kann man auch den Beitrag j angeben, der von all den Molekülen stammt, die Energien *oberhalb* einer bestimmten Energie E_0 haben. Man erhält ihn durch Integration von Gl. (A 3, 6) von E_0 bis ∞; die exponentielle Form der Beziehung bleibt dabei unverändert:

$$j = j_0 \, e^{-\frac{E_0}{kT}} \, . \qquad \text{(A 3, 7)}$$

Darin ist j_0 die Gesamtzahl aller Moleküle, die pro Zeit- und Flächeneinheit durch die Fläche strömen, j der Anteil mit Energien größer als E_0. Man nennt $e^{-\frac{E_0}{kT}}$ den *Boltzmann-Faktor.*

Gl. (A 3, 7) ist von großer Bedeutung, weil sie nicht nur im idealen Gas gilt, sondern für sehr viele Prozesse auch in anderen Aggregatzuständen, wofür die folgenden Abschnitte g – l Beispiele bringen.

Zustandsgleichung

Der *Gasdruck* kommt durch die elastischen Stöße der Moleküle gegen die Gefäßwände zustande. Die Fläche in Abb. A 3, 3 hat man sich jetzt als realen Teil der Wand zu denken. Wiederum spielt nur die Geschwindigkeitskomponente senkrecht zur Wand eine Rolle. Ein Molekül habe z. B. vor dem Stoß den Impuls $p_1^* = m v_1$, nach dem Stoß $p_2^* = m v_2 = - m v_1$. Wegen des Impulserhaltungssatzes muß die Differenz $d p^* = 2 m v_1$ während der Stoßdauer d t auf die Wand übertragen worden sein, woraus eine Kraft $F = d p^*/d t$ resultiert*). Der Gasdruck p errechnet sich als statistisches Mittel der von allen Molekülen auf die Flächeneinheit ausgeübten Kraft. Er ist proportional der Zahl der Moleküle in der Volumeneinheit (das sind N_A/V_{mol}), proportional der Molekülmasse m und proportional dem Mittelwert des Quadrats der Geschwindigkeiten, $\overline{v^2}$:

$$p = \frac{1}{3} \frac{N_A}{V_{mol}} m \overline{v^2} \, . \qquad \text{(A 3, 8)}$$

*) Zur Unterscheidung ist an dieser Stelle p^* für Impuls und p für Druck geschrieben.

Hierin ist der Faktor $\frac{1}{2} N_A m\overline{v^2}$ enthalten, das ist die mittlere kinetische Translations-Energie der in einem Mol vorhandenen Moleküle. Sie ist nach dem Gleichverteilungssatz, Gl. (A 3, 1a), in Anbetracht der 3 Translationsfreiheitsgrade gleich $\frac{3}{2} R T$. Damit resultiert aus Gl. (A 3, 8) die *Zustandsgleichung des idealen Gases:*

$$p V_{mol} = R T . \qquad \text{(A 3, 9)}$$

Die Zustandsgleichung gestattet, durch Messung von p und V eines idealen Gases die absolute Temperatur zu bestimmen (Gasthermometer als Eichnormal).

Bei *Zustandsänderungen* kann man dafür sorgen, daß eine der drei Zustandsgrößen (T, p oder V) konstant bleibt. In diesen Spezialfällen liefert Gl. (A 3, 9) die als *Isothermen, Isobaren* resp. *Isochoren* bezeichneten Kurvenscharen. Bei isothermen Änderungen muß Wärmeenergie zu- oder abgeführt werden, um die Temperatur konstant zu halten. Unterbindet man diesen Energieaustausch, so nennt man die Zustandsänderung *adiabatisch.* Beispiel: Bei isothermer Kompression eines idealen Gases ist $pV = \text{const}$ *(Boyle-Mariottesches Gesetz),* bei adiabatischer Kompression ist $pV^{\kappa} = \text{const}$ (*Poissonsches Gesetz;* $\kappa = c_p/c_V > 1$ ist das Verhältnis der spezifischen Wärmekapazitäten).

c) Diffusion, 2. Hauptsatz

Diffusion ist die durch die ungeordnete Wärmebewegung bedingte allmähliche Wanderung von Molekülen oder anderen Teilchen. Für das anschauliche Verständnis ist das kinetische Modell der Gastheorie von Nutzen, das zugleich auch ein angenähertes Bild der Diffusionsbewegung in Flüssigkeiten gibt.

Irreversibilität, 2. Hauptsatz

Als einfaches Beispiel kann die Diffusion eines Gases in einen leeren Raum hinein betrachtet werden. Sie sorgt dafür, daß schließlich überall der gleiche Gasdruck herrscht (thermisches Gleichgewicht). Im schematischen Experiment der Abb. A 3, 4

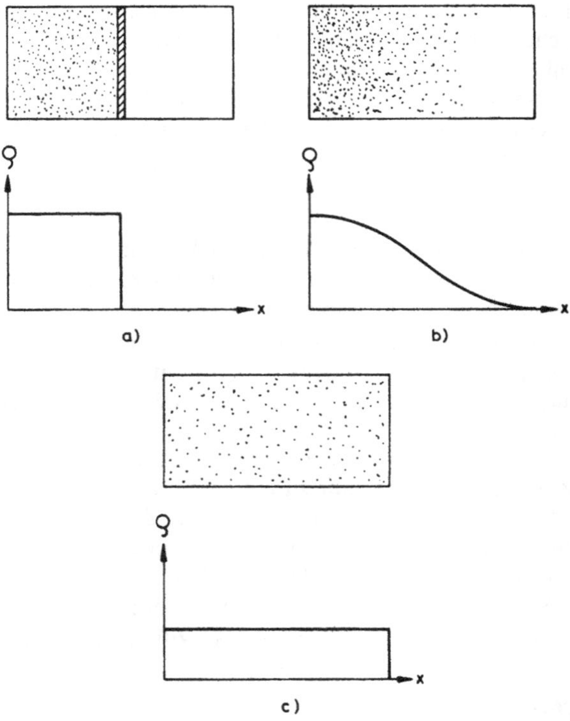

Abb. A 3, 4
Zeitliche Entwicklung der Diffusion eines Gases in ein zuvor leeres Volumen. a) Anfangs-, c) Endzustand

wird das dem Gas zur Verfügung stehende Volumen durch Entfernen einer Trennwand vergrößert. Um vom Anfangszustand a) zum Endzustand c) zu kommen, muß keine Energie aufgewendet werden. Trotzdem ist ein umgekehrter Ablauf des Prozesses (c → a) ohne äußere Einwirkung, also von selbst, nicht möglich: Diffusion ist ein *irreversibler* Vorgang. Irreversible Vorgänge laufen von selbst immer nur in einer Richtung ab, und zwar auf den statistisch wahrscheinlicheren Zustand hin (*2. Hauptsatz* der Thermodynamik). Im Beispiel ist es bei entfernter Trennwand außerordentlich unwahrscheinlich, daß sich die sehr große Zahl von Molekülen zufällig gerade im linken Teil des Volumens sammelt. Zur Formulierung des 2. Hauptsatzes definiert man die *Entropie* als logarithmisches Maß für die Wahrscheinlichkeit eines Zustandes:

Bei von selbst ablaufenden irreversiblen Prozessen nimmt die Entropie stets zu.

Diffusionsgesetz

Der Ablauf des Diffusionsvorganges wird im Gas wie auch bei der Diffusion eines gelösten Stoffes in ein Lösungsmittel hinein vom gleichen Gesetz bestimmt. Die Zahl der pro Zeiteinheit durch eine Fläche A diffundierenden Teilchen heißt Diffusionsstrom. Der Strom pro Flächeneinheit ist die Stromdichte, $j = \frac{1}{A}\frac{dN}{dt}$. Ein Diffusionsstrom tritt zwischen Bereichen verschiedener Moleküldichte (Konzentration $c = N/V$) auf und ist dem Konzentrationsgefälle *(-gradienten)* dc/dx proportional:

$$j = D\frac{dc}{dx} \qquad \text{(A 3, 10)}$$

(1. Ficksches Gesetz). D heißt Diffusionskonstante; sie ist ein Maß für die Schnelligkeit der Wanderung jedes einzelnen Moleküls durch die thermische Bewegung. Zu ihrer Veranschaulichung kann Abb. A 3, 5 dienen: Nach einer Zeit t hat sich jedes Molekül um eine Strecke r von seinem ursprünglichen Platz entfernt. Durch Mittelung über viele Moleküle erhält man die mittlere quadratische Verschiebung $\overline{r^2}$, der die Diffusionskonstante D proportional ist:

$$D = \frac{1}{6}\frac{\overline{r^2}}{t}. \qquad \text{(A 3, 11)}$$

Die Dimension von D ist m^2/s. Typische Größenordnungen: In Gasen $1\,cm^2/s$, in Flüssigkeiten: $1\,cm^2/Tag$.

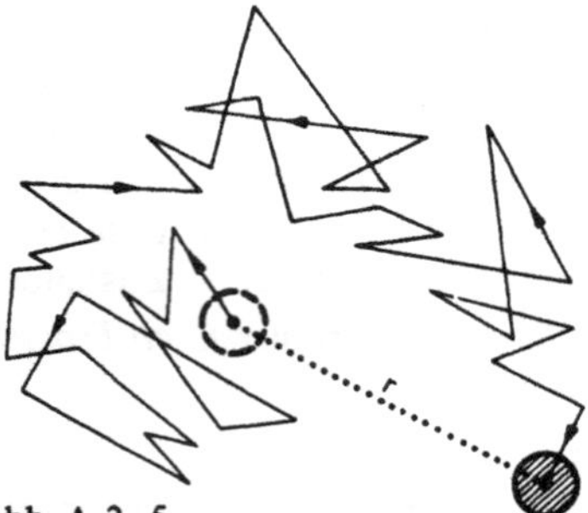

Abb. A 3, 5
Thermische Bewegung eines Teilchens

Wie in Abb. A 3, 5 bewegen sich nicht nur Fremdmoleküle in einer Lösung, sondern auch jedes der Lösungsmittelmoleküle selbst. Man kann daher auch für eine einheitliche Substanz eine *Selbstdiffusions*konstante angeben.

d) Wärmeleitung

Wärmeleitungsgleichung

Dem Diffusionsstrom materieller Teilchen infolge eines Konzentrationsunterschiedes ganz analog ist der nicht materielle Strom von Wärmeenergie infolge eines Temperaturunterschiedes. Man spricht daher auch von Wärmediffusion.

Auch die Wärmediffusion ist ein irreversibler Vorgang. Der *2. Hauptsatz* sagt hierzu allgemein aus, daß Wärmeenergie von selbst nur vom wärmeren zum kälteren Körper strömen kann. Der umgekehrte Prozeß ist nur durch äußere Einwirkungen (Kältemaschinen) realisierbar.

Für die Wärmestromdichte j_W (pro Zeiteinheit durch die Flächeneinheit transportierte Wärmeenergie) gilt eine zu Gl. (A 3, 10) analoge Diffusionsgleichung:

$$j_W = \lambda \frac{dT}{dx} . \qquad \text{(A 3, 12)}$$

T ist die Temperatur, dT/dx das Temperaturgefälle (auch als Temperaturgradient bezeichnet); λ heißt Wärmeleitfähigkeit.

Gase haben eine geringe, Festkörper eine wesentlich höhere Wärmeleitfähigkeit (→ Tab. D 17). Bei letzteren zeigt sich, daß gute Wärmeleitfähigkeit und gute elektrische Leitfähigkeit einander bedingen.

Andere Wärmeübertragungsvorgänge

Der Temperaturausgleich zwischen zwei Körpern erfordert wegen ihrer Wärmekapazität immer den Transport von Wärmeenergie. Dazu bietet Wärmeleitung nicht die einzige Möglichkeit. Die Energie kann auch übertragen werden durch:

I. elektromagnetische *Strahlung* (Temperaturstrahlung, → Kap. A 9, a), also ganz ohne Vermittlung von Materie. Der resultierende Wärmestrom vom wärmeren zum kälteren Körper ist dann proportional zur Differenz der Strahlungsleistungen und daher nach Gl. (A 9, 3) proportional $T_2^4 - T_1^4$, während bei Wärmediffusion, Gl. (A 3, 12), der Wärmestrom proportional $T_2 - T_1$ ist.

II. *Konvektion,* also durch Transport erwärmter Materie in kältere Bereiche, was insbesondere in Flüssigkeiten und Gasen vorkommt.

Um Wärmetransport zu unterbinden, benutzt man Trennschichten aus porösem Material, so daß nur die geringe Wärmeleitfähigkeit der Luft wirksam ist, während Konvektion durch die abgeschlossenen Poren unterbunden wird (z. B. Raumisolation). Noch besser ist es, die Trennschicht zu evakuieren *(Dewar-Gefäße),* so daß sowohl Wärmeleitung als auch Konvektion unmöglich sind, und außerdem die Oberflächen zu verspiegeln, so daß auch keine Strahlung aufgenommen oder abgegeben werden kann (→ Gl. (A 9, 5)).

e) Osmotische Erscheinungen

Die gelösten Moleküle in einer verdünnten Lösung bewegen sich ähnlich wie die Moleküle in einem Gas. In der Flüssigkeit stoßen sie zwar sehr oft mit Lösungsmittelmolekülen zusammen, und ihre freie Weglänge ist sehr gering; trotzdem läßt sich das gleiche kinetische Modell gebrauchen, um die Entstehung des Wanddruckes verständlich zu machen.

Der Druck auf die Gefäßwand setzt sich aus zwei Anteilen zusammen. Der eine ist der gewöhnliche hydrostatische Druck des Lösungsmittels, zu dem noch der äußere Luftdruck hinzuzurechnen ist (p_L). Einen zusätzlichen Anteil (Π), den osmotischen Druck, erzeugen die gelösten Moleküle durch ihre Stöße gegen die Wand. Der Gesamtdruck ist also

$$p = p_L + \Pi \, .$$

Wegen der Verwandtschaft der Bewegungsvorgänge gilt für den osmotischen Druck Π (bei genügender Verdünnung) formal die gleiche Beziehung wie für den Druck eines idealen Gases:

$$\Pi \, V_{mol} = R\,T \qquad \text{(A 3, 13)}$$

(van t'Hoffsches Gesetz). V_{mol} ist das von einem Mol gelöster Moleküle in *diesem* Zustand beanspruchte Volumen.

Der osmotische Druck hat die Tendenz, das den gelösten Molekülen zur Verfügung stehende Volumen – also das Lösungsvolumen – zu vergrößern, in Analogie zur entsprechenden Tendenz eines eingeschlossenen Gases. Die Auswirkungen des

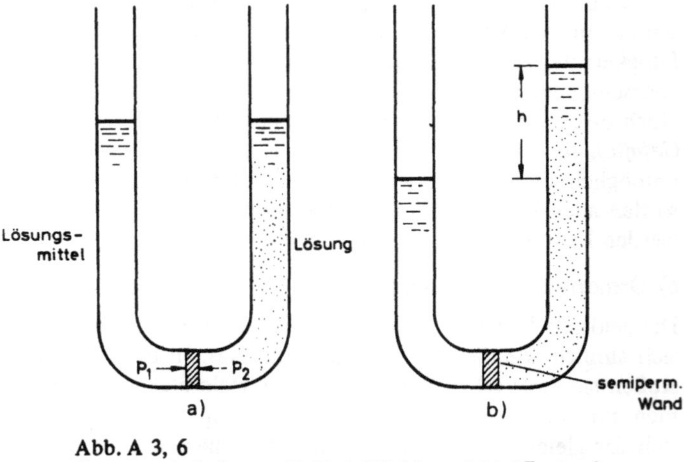

Abb. A 3, 6
Osmose a) Anfangs-, b) End-(Gleichgewichts-)Zustand

osmotischen Drucks sind nur zu beobachten, wenn eine semipermeable Wand vorhanden ist, die nur für die Lösungsmittelmoleküle durchlässig, für die gelösten Moleküle aber undurchlässig ist und deshalb allein deren Druckanteil (Π) aufnimmt. In der Anordnung der Abb. A 3, 6 mögen zunächst Lösungsmittel und Lösung gleich hoch stehen, so daß an der Trennwand $p_1 = p_2 = p$ ist (die Dichten sind auf beiden Seiten praktisch gleich, wenn die Lösung genügend verdünnt ist). Jede Seite der Flüssigkeit drückt gegen die andere mit dem Druckanteil p_L, den die Wand *nicht* aufnimmt, also von links mit $p_{L1} = p$, von rechts mit dem geringeren Druck $p_{L2} = p - \Pi$. Dieser Zustand ist daher gar nicht stabil. Es diffundiert solange Flüssigkeit nach rechts (trotz dem scheinbar in entgegengesetzter Richtung wirkenden osmotischen Druck!), bis der im rechten Schenkel erhöhte hydrostatische Druck ein *Gleichgewicht* $p_{L1} = p_{L2}$ herstellt (Abb. A 3, 6b). Die Steighöhe h gestattet den osmotischen Druck zu messen:

$$\Pi = \rho g h \,. \qquad \text{(A 3, 14)}$$

Das Gleichgewicht ist ein *dynamisches* insofern, als ständig noch *Lösungsmittel*moleküle durch die Wand diffundieren. Ihre Diffusionsströme in beiden Richtungen sind aber gleich stark und kompensieren sich in ihren Wirkungen. Die Diffusionsströme der *gelösten* Moleküle sind in beiden Richtungen Null.

Etwas weiter gefaßt, kann man zu den osmotischen Erscheinungen alle Diffusionsvorgänge rechnen, bei denen *gelöste* Moleküle nur mehr oder weniger gehemmt durch eine Trennwand treten können. Im biologischen Bereich spielen *Membranen* als diffusionshemmende „Wände" eine wichtige Rolle. Der Diffusionsstrom einer Molekülsorte hängt wesentlich von den entsprechenden Membraneigenschaften (anschaulich etwa der Porengröße) ab. Ein Konzentrationsgradient dc/dx besteht nur im Inneren der Membran, während in den beiden durch sie getrennten Gebieten schnellere Diffusionsvorgänge für einheitliche Konzentrationen sorgen. Man charakterisiert die Membran durch ihre *Permeabilität* P für eine bestimmte Molekülsorte, die man in Entsprechung zu Gl. (A 3, 10) so definiert, daß

$$j = P \Delta c \qquad (A\,3,\,15)$$

ist. Δc ist die Differenz der Konzentrationen beiderseits der Membran. Unterscheiden sich die Permeabilitäten für verschiedene gelöste (auch kolloidal gelöste) Molekülsorten genügend, so lassen sie sich auf Grund ihrer unterschiedlichen Diffusionsströme voneinander trennen *(Dialyse)*.

Die skizzierten osmotischen Erscheinungen rühren allein von der thermischen Bewegung (Diffusion) her. Sie können erheblich modifiziert werden, wenn außerdem andere Kräfte wirken, insbesondere wenn die gelösten Teilchen geladen sind, also in Form von Ionen vorliegen (→ Kap. A 3, 1).

f) Stromleitung

Ein Beispiel für mikroskopische Bewegungsvorgänge, denen äußere Einflüsse überlagert sind, ist die elektrische Stromleitung in Elektrolytlösungen. Sie ist immer dann möglich, wenn Ionen (beiderlei Vorzeichens) als Ladungsträger vorhanden sind. Bei geringer Konzentration beeinflussen sich die Ionen nicht gegenseitig und sind in ihrer thermischen Bewegung ungestört. Wird zusätzlich ein äußeres elektrisches Feld wirksam (Spannung an Elektroden), so erfährt jedes Ion – je nach Ladung – eine zusätzliche Kraft, die es zwischen zwei Stößen beschleunigt. Wegen der Häufigkeit der Stöße wird aber die beschleunigte Bewegung immer wieder unterbrochen. Es resultiert lediglich eine der allgemeinen thermischen Bewegung überlagerte *Drift* (Abb. A 3, 7). mit einer zusätzlichen, im Mittel konstanten Driftgeschwindigkeit v_{Drift} parallel zur Feldrichtung, die der elektrischen Feldstärke E proportional ist:

$$v_{Drift} = u\,E\;. \qquad (A\,3,\,16)$$

Der vom Lösungsmittel und der Ionenart abhängige Faktor u heißt *Beweglichkeit* des Ions; sie ist der Diffusionskonstanten D proportional.

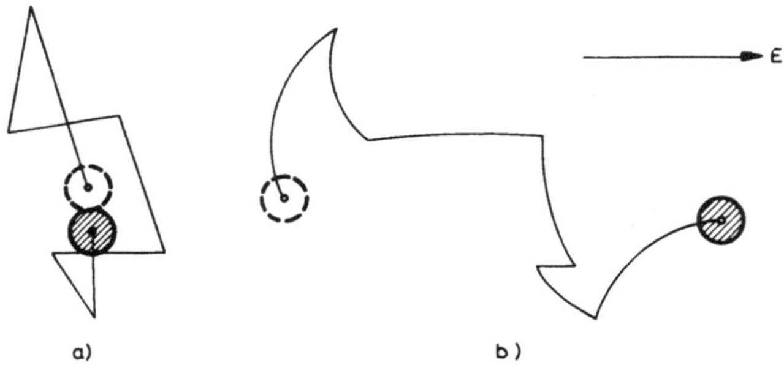

Abb. A 3, 7
Thermische Bewegung eines geladenen Teilchens a) ohne b) mit elektrischem Feld

Gl. (A 3, 16) ist eine spezielle Schreibweise des Ohmschen Gesetzes, denn da der Strom I ~ v_{Drift} und die Spannung U ~ E ist, folgt aus Gl. (A 3, 16) I ~ U *(Ohmsches Gesetz)*. Die Stromleitung in Flüssigkeiten zeigt damit das typische Merkmal verschiedener Leitungsmechanismen, die auf einer bestimmten, unveränderlichen Dichte der Ladungsträger beruhen. Zu ihnen rechnen auch die Leitung in Metallen (durch Elektronen) sowie in Gasen (durch Elektronen und Ionen), solange keine selbständige Gasentladung brennt (→ Kap. A 6, d). Es gibt andere Leitungsmechanismen, für die Gl. (A 3, 16) und damit das Ohmsche Gesetz nicht gelten.

g) Boltzmannsche Energieverteilung und dynamische Gleichgewichte

Die Boltzmannsche Energieverteilung, Gln. (A 3, 6), (A 3, 7), gestattet, viele Erscheinungen, die auf mikroskopische Bewegungsvorgänge zurückgehen, als dynamische Gleichgewichte verständlich zu machen. Einige solche Anwendungen bringen die folgenden Abschnitte. Sie verwenden alle das gleiche Betrachtungsschema, das am Beispiel des atmosphärischen Dichte- oder Druckgleichgewichts näher erläutert sei.

Die thermische Bewegung der Gasmoleküle in der Atmosphäre führt zu Teilchenströmen auch in vertikaler Richtung. Im

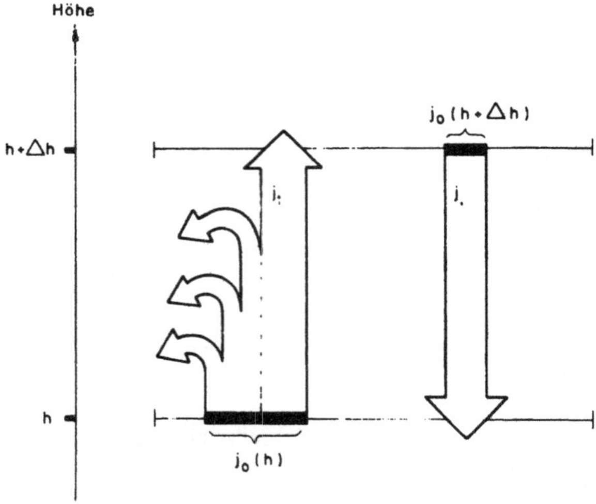

Abb. A 3, 8
Dynamisches Gleichgewicht in der Atmosphäre; zur barometrischen Höhenformel, Gl. (A 3, 17)

Gleichgewicht sind die Stromdichten durch eine beliebige, horizontal gedachte Ebene in Aufwärts- und Abwärtsrichtung gleich. Man kann weitergehend die Ströme betrachten, die von einer Fläche (in der Höhe h) zu einer darüberliegenden (in der Höhe $h + \Delta h$) oder zurück führen (Abb. A 3, 8); die entsprechenden Stromdichten $j_\uparrow$ und $j_\downarrow$ müssen im dynamischen Gleichgewicht ebenfalls gleich sein. Die Bedingung dafür ermittelt man in drei Schritten nach folgendem Betrachtungsschema:

I. Der in der Höhe h durch die untere Ebene tretende Aufwärtsstrom $j_0(h)$ kann nicht vollständig zur oberen Ebene gelangen, weil es für die einzelnen Moleküle eine *Energiebarriere* gibt. Sie müssen nämlich genügend kinetische Energie haben, um die Erhöhung der potentiellen Energie, $\Delta E_{pot} = m\,g\,\Delta h$, aufzubringen, und nach Gl. (A 3, 7) ist das nur der Anteil $j_\uparrow = j_0(h)\,e^{-\frac{E_0}{kT}}$, mit der Barriere $E_0 = \Delta E_{pot}$.

II. Der in der Höhe h + Δ h durch die obere Ebene tretende Abwärtsstrom j_0 (h + Δ h) findet *keine Energiebarriere* vor, und daher ist $j_\downarrow = j_0 (h + \Delta h)$.

III. Aus $j_\downarrow = j_\uparrow$ ergibt sich somit

$$j_0 (h + \Delta h) = j_0 (h)\, e^{-\frac{mg\,\Delta h}{kT}} .$$

Das ist die gesuchte Gleichgewichtsbeziehung. Im vorliegenden Beispiel kann die betrachtete Schicht beliebig gewählt werden (in anderen Fällen hat man sich an eine reale Oberfläche zu halten, z. B. Verdampfung, → Kap. A 3, k). Die Gleichgewichtsbeziehung gilt deshalb auch zwischen j_0 (h) in der Höhe h und j_0 (0) am Boden:

$$j_0 (h) = j_0 (0)\, e^{-\frac{mgh}{kT}} .$$

Die Gesamt-Stromdichte j_0 ist proportional der Teilchendichte (der Teilchenzahl pro Volumeneinheit) und ebenso proportional der (Massen-)Dichte ρ. Deshalb gilt auch für sie:

$$\rho (h) = \rho (0)\, e^{-\frac{mgh}{kT}} . \qquad \text{(A 3, 17)}$$

Das ist die *barometrische Höhenformel:* Die Dichte und damit der Luftdruck nehmen (bei konstanter Temperatur) mit der Höhe exponentiell ab (→ Tab. D 18).

Die Exponentialform des Ergebnisses ist ein Ausdruck des Boltzmann-Faktors in der Energieverteilung, Gl. (A 3, 7). Sie ist typisch für thermische Gleichgewichte (vgl. die Beispiele der folgenden Abschnitte h – l).

Die Gültigkeit der barometrischen Höhenformel beschränkt sich nicht auf Gasmoleküle. Auch große Moleküle (z. B. Eiweiße) in Lösung folgen ihr, ebenso Suspensionen fester Partikeln. Aus der Konzentrationsänderung mit der Höhe (dem *Sedimentationsgleichgewicht*) läßt sich die Molekül- resp. Partikelmasse m bestimmen. Dazu arbeitet man praktisch oft mit wesentlich höheren Beschleunigungen als g, indem man die Gleichgewichtseinstellung in einer Ultrazentrifuge vor sich gehen läßt, → Gl. (A 4, 6b). (Zentrifugen werden auch benutzt, um zu erreichen, daß eine Sedimentation in kurzer Zeit abläuft, z.B. bei der Trennung von Emulsionen, ohne daß das Sedimentationsgleichgewicht im einzelnen untersucht werden soll. Die *Sedimentationsgeschwindigkeit* der anfänglich unbehindert „fallenden" Partikeln hängt außer von ihrer Masse auch von der Viskosität der Flüssigkeit ab, → Gl. (B 7, 4).)

h) Massenwirkungsgesetz

Eine chemische Reaktion

$$A + B \rightleftharpoons C + D$$

kann – molekular betrachtet – von links nach rechts dann ablaufen, wenn sich zwei Teilchen A und B begegnen. Die Zahl N_{A+B} der Begegnungen ist proportional dem Produkt der Einzelwahrscheinlichkeiten, in einem Volumenbereich Teilchen A oder B zu finden. Diese wiederum sind den Konzentrationen c proportional:

$$N_{A+B} = a\, c_A\, c_B\ ,$$

wobei a eine Proportionalitätskonstante ist. Das bloße Zusammentreffen genügt aber noch nicht zur Reaktion. Sie kommt nur zustande, wenn außerdem eine gewisse Mindestenergie *(Aktivierungsenergie)* überschritten wird. Wegen dieser Energiebarriere E_0 reagieren nur

$$\vec{N}_{reakt} = N_{A+B}\, e^{-\frac{\vec{E}_0}{kT}} = a\, c_A\, c_B\, e^{-\frac{\vec{E}_0}{kT}}$$

Teilchen.

Die entsprechende Überlegung für die Rückreaktion ergibt (mit einer Konstanten b)

$$\overleftarrow{N}_{reakt} = N_{C+D}\, e^{-\frac{\overleftarrow{E}_0}{kT}} = b\, c_C\, c_D\, e^{-\frac{\overleftarrow{E}_0}{kT}}\ .$$

Im dynamischen Gleichgewicht ist $N^{\rightarrow}_{\text{reakt}} = N^{\leftarrow}_{\text{reakt}}$, woraus

$$\frac{c_A\, c_B}{c_C\, c_D} = K(T)\ , \qquad \text{(A 3, 18)}$$

mit

$$K(T) = \frac{b}{a}\, e^{\frac{E_0^{\rightarrow} - E_0^{\leftarrow}}{kT}}$$

folgt. Das ist das *Massenwirkungsgesetz.* Seine temperaturabhängige Konstante K(T) enthält die resultierende Aktivierungsenergie $\Delta E_0 = E_0^{\rightarrow} - E_0^{\leftarrow}$.

Die Aktivierungsenergie ΔE_0 kann experimentell bestimmt werden, indem man K(T) bei verschiedenen Temperaturen mißt, um den Faktor b/a eliminieren zu können. Die Auftragung von ln K gegen 1/T ergibt eine Gerade, deren Steigung gleich $\Delta E_0/k$ ist *(Arrhenius-Gerade);* vgl. die analoge Gl. (A 3, 19) und die entsprechende Abb. C 3, 1.

Die Aktivierungsenergien in den Gln. (A 3, 18, 19, 20) beziehen sich auf *ein* Molekül. Wie in Gl. (A 3, 1) erhält man die Aktivierungsenergie pro Mol Substanz, indem man k durch R ersetzt.

i) Viskoser Fluß

In Flüssigkeiten sind – im Gegensatz zu Gasen – die Moleküle so dicht benachbart, daß sie sich in ihrer mikroskopischen Bewegung gegenseitig behindern. Damit ein Molekül (Abb. A 3, 9) an einen neuen Ort gelangen kann, muß es andere Moleküle vorübergehend beiseite drängen oder auch warten, bis ein anderes Molekül einen Platz freigibt (*Platzwechselmodell der Flüssigkeit*). Ein Platzwechsel erfordert eine gewisse Mindestenergie E_0.

Die Viskosität η einer Flüssigkeit ist *umgekehrt* proportional zur Zahl der Moleküle, die (pro Zeiteinheit) einen Platzwechsel über die Energiebarriere E_0 vollziehen können, also

$$\eta \sim e^{\frac{E_0}{kT}}\ . \qquad \text{(A 3, 19)}$$

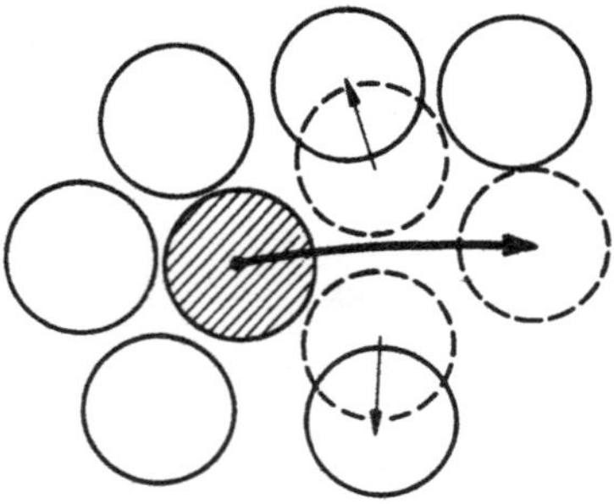

Abb. A 3, 9
Platzwechsel eines Flüssigkeitsmoleküls

Die Viskosität nimmt mit wachsender Temperatur ab. E_0 nennt man Aktivierungsenergie des viskosen Flusses. – Darstellung der Arrhenius-Geraden in Abb. C 3, 1.

k) Phasengleichgewichte

Gleichgewicht zwischen Phasen eines Stoffes

Als Beispiel sei die Phasenumwandlung flüssig–gasförmig betrachtet. Über einer Flüssigkeit stellt sich als Folge des dynamischen Gleichgewichts zwischen Verdampfung und Kondensation der Dampfdruck p_D ein. Der Strom verdampfender Moleküle (Gl. (A 3, 7)) muß eine Energiebarriere E_V, die Verdampfungsenergie pro Molekül (Umwandlungswärme, → Gl. (A 2, 13)), überwinden. Für die kondensierenden Moleküle gibt es keine Energiebarriere. Der Kondensationsstrom ist direkt proportional der Teilchendichte in der Gasphase, also dem Dampfdruck. Daher ist

$$p_D \sim e^{-\frac{E_V}{kT}} \,. \qquad \text{(A 3, 20)}$$

Die Dampfdruckformel beschreibt die Bedingungen des thermischen Gleichgewichts zwischen flüssiger und gasförmiger Phase: Beide Phasen *zugleich* können nur existieren, wenn zur gegebenen Temperatur T ein bestimmter Gleichgewichts-(Sättigungs-)Druck p_D herrscht.

Gl. (A 3, 20) ist nicht mit der Zustandsgleichung eines Gases (Gl. (A 3, 9)) zu verwechseln! Die Anwendungsbereiche beider Gleichungen sind im *Zustandsdiagramm* (Abb. A 3, 10a) ersichtlich.

Die Dampfdruckkurve kann bis zur *kritischen Temperatur* verfolgt werden. Oberhalb der kritischen Temperatur existiert die flüssige Phase nicht mehr; in diesem Bereich läßt sich ein Gas auch durch Druckerhöhung nicht mehr verflüssigen. Vielmehr befolgt es, je weiter T_{krit} überschritten wird, desto genauer die Zustandsgleichung idealer Gase (Abb. A 3, 10b)).

Bei einem Experiment nach Abb. A 3, 11 wäre bei T_{krit} nicht etwa der Flüssigkeitsvorrat erschöpft. Die Dichte der Gasphase wird gleich derjenigen der Flüssigkeit, und damit entfallen alle Unterschiede zwischen ihnen. Insbesondere wird die für den flüssigen Zustand typische Oberflächenspannung Null.

Gleichgewicht bei Anwesenheit anderer Stoffe

Befindet sich die Flüssigkeit nicht, wie in Abb. A 3, 11, in einem abgeschlossenen, sondern in einem *offenen* Gefäß, so wirkt auf ihre Oberfläche nur der konstante Luftdruck p_{Atm}, weil der Dampf entweicht. Der Sättigungs-Dampfdruck p_D kann sich *über* der Flüssigkeit nicht einstellen. Erreicht man die Temperatur der Dampfdruckkurve, bei der $p_D = p_{Atm}$ ist, so bilden sich *im Inneren* der Flüssigkeit mit Dampf des Drukkes p_D gefüllte Blasen: sie siedet (→ Tab. D 18). Die *Siedetemperatur* ist nur vom Luftdruck abhängig; solange Flüssigkeit vorhanden ist, kann sie nicht überschritten werden.

Zum Atmosphärendruck p_{Atm} tragen alle in der Luft enthaltenen Gase ihren *Partialdruck* bei, auch der Wasserdampf (p_{H_2O} allerdings nur einige mbar). Man bezeichnet das Verhältnis p_{H_2O}/p_D zum Sättigungsdampfdruck p_D des Wassers bei der herrschenden Temperatur als *relative Luftfeuchtigkeit* (→ Tab. D 19).

Wenn die Flüssigkeit *nichtflüchtige* Substanzen gelöst enthält, verringert sich ihr Dampfdruck. Zugleich steigt die Siedetemperatur um ΔT_S und sinkt die Gefriertemperatur um ΔT_G.

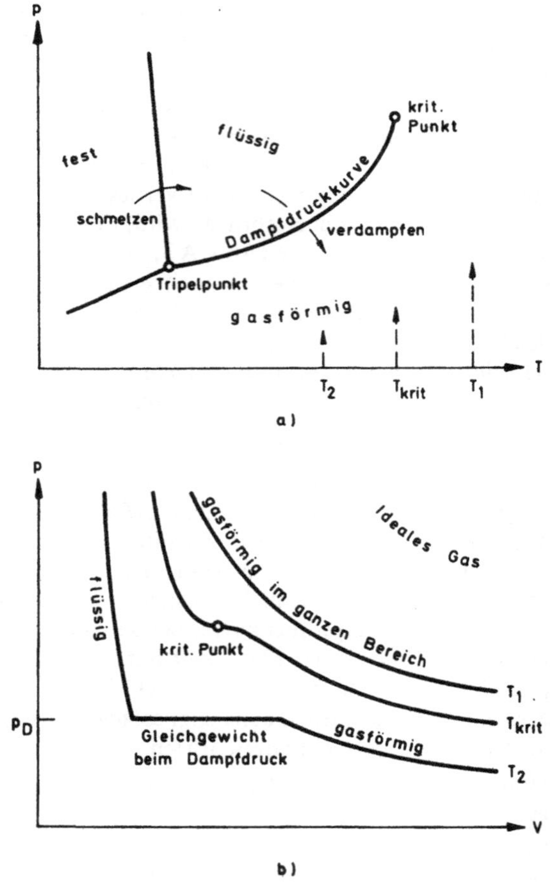

Abb. A 3, 10
a) Zustandsdiagramm eines Stoffes, b) Isothermen bei den drei in a) markierten Temperaturen. Bei $T_1 > T_{krit}$ Verhalten angenähert wie ein ideales Gas, also $p \sim 1/V$ (Boyle-Mariottesches Gesetz), Kondensation ist nicht möglich. Bei $T_2 < T_{krit}$ tritt mit Verringerung des Volumens Kondensation ein, wenn der Dampfdruck p_D erreicht ist

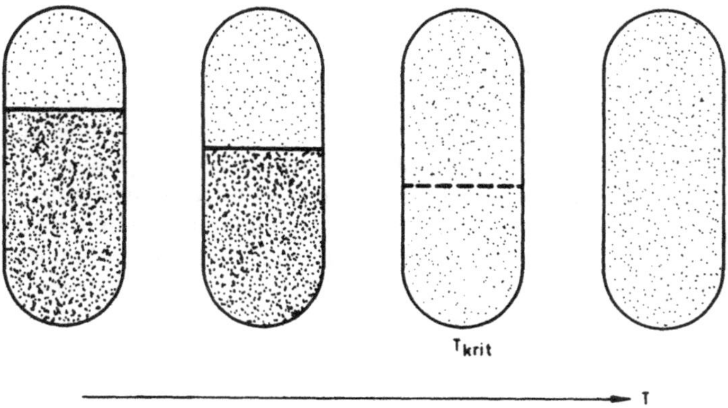

Abb. A 3, 11
Erhitzen einer abgeschlossenen Flüssigkeitsmenge über die kritische Temperatur hinaus. Bei T_{krit} verschwindet der Unterschied zwischen flüssiger und gasförmiger Phase

Beide Änderungen sind nur vom Lösungsmittel und der molaren Konzentration c der Substanz – nicht aber von deren Natur – abhängig:

$$\Delta T_S = S \cdot c \,, \qquad \Delta T_G = G \cdot c \,, \qquad \text{(A 3, 21)}$$

(*Raoultsche Gesetze;* → Tab. D 21). Wenn die Konstanten S und G bekannt sind, können diese Gleichungen zur Molekulargewichtsbestimmung *undissoziierter* Substanzen herangezogen werden. Bei *dissoziierenden* Salzen sind ΔT_S und ΔT_G größer als der Salzkonzentration entspricht, weil die Ionensorten ähnlich wie einzeln gelöste Substanzen wirken.

Wenn die Flüssigkeit *leichtflüchtige* (gasförmige) Substanzen gelöst enthält, so ist deren Konzentration in verdünnter Lösung dem Partialdruck der Substanz in der Gasphase proportional *(Henry-Daltonsches Gesetz).* Der Proportionalitätsfaktor hängt von der Flüssigkeit und dem Gas ab; er nimmt mit steigender Temperatur ab. Die Löslichkeit ist allerdings beschränkt, → Tab. D 22.

l) Elektrische Grenzflächenerscheinungen

Galvanische Spannung

Metalle im Kontakt mit der Lösung eines ihrer Salze haben eine Tendenz, immer weiter in Form von Ionen in Lösung zu gehen (Lösungstension). Dadurch wird die Lösung positiv gegenüber dem Metall aufgeladen, und es bildet sich in einem Bereich sehr geringer Dicke an der Metalloberfläche eine Spannung U aus (Doppelschicht). Austretende Metallionen brauchen nun genügend Energie, um die Barriere $E_0 = q\,U$ (q: Ionen-

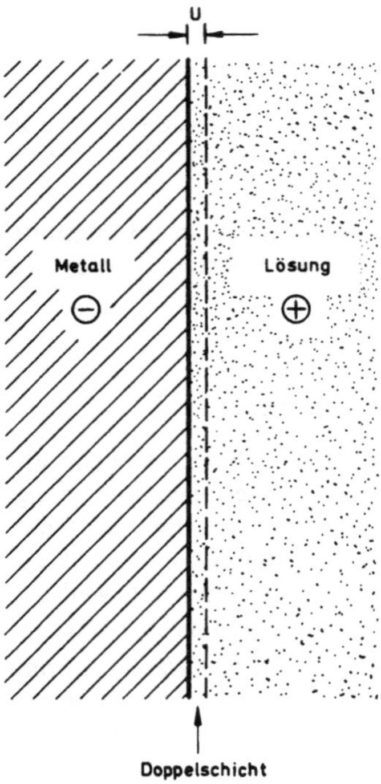

Abb. A 3, 12
Doppelschicht zwischen Metall und Elektrolytlösung als Sitz der galvanischen Spannung

ladung) (→ Gl. (A 2, 11)) zu überwinden. Im übrigen gleicht der Vorgang der Verdampfung einer Flüssigkeit; anstelle des Dampfdrucks erscheint hier der osmotische Druck Π der Ionen in der Lösung. In Analogie zu Gl. (A 3, 20) ist also

$$\Pi \sim e^{-\frac{qU}{kT}}\,.$$

Der osmotische Druck ist der Ionenkonzentration c proportional. Formal läßt sich auch die Lösungstension durch eine für das Metall charakteristische „Konzentration“ Γ beschreiben. Dann läßt sich die Gleichung auflösen zu

$$\frac{qU}{kT} = \ln \frac{\Gamma}{c}\,.$$

Bei einem z-fach geladenen Ion ist $q = z\,e$. Die Spannung U zwischen Metall und Lösung ist somit

$$U = \frac{kT}{ze} \ln \frac{\Gamma}{c} = \frac{RT}{zF} \ln \frac{\Gamma}{c}\,, \qquad \text{(A 3, 22 a)}$$

letzteres, weil $N_A\, k = R$ und $N_A\, e = F$ (Faraday-Konstante) ist. Elektrochemisch wirksam ist nur eine der Ionensorten, nämlich die des Elektrodenmaterials, hier die Kationen. Nur ihre Konzentration (c) und Wertigkeit (z) spielt deshalb eine Rolle.

Die galvanische Spannung zwischen Metall und einer Lösung bestimmter Konzentration *(Elektrodenspannung)* ist für jedes Metall charakteristisch. Meßtechnisch zugänglich ist allerdings immer nur die *Differenz* von Elektrodenspannungen, weil stets eine zweite Elektrode benötigt wird. Praktisch wird deshalb die Elektrodenspannung der Metalle (für gleiche, normale Konzentrationen ihrer Elektrolyte) gegenüber bestimmten Bezugselektroden (Wasserstoff, Kalomel) angegeben. Eine geordnete Darstellung, mit der Wasserstoffelektrode als Bezug, gibt die Voltasche *Spannungsreihe* (→ Tab. D 26).

Als *galvanische Kette* (galv. Element) bezeichnet man allgemein die Kombination zweier verschiedener Elektroden in verschiedenen Lösungen. Die Spannung der Kette läßt sich (für Normalkonzentrationen) aus der Spannungsreihe als Differenz der Normalspannungen entnehmen. – Besonders einfach ist die *Konzentrationskette,* die aus gleichen Elektroden in zwei verschieden konzentrierten, aneinandergrenzenden Lösungen (c_1 und c_2) des gleichen Elektrolyten besteht. Ihre Spannung $\Delta U = U_1 - U_2$ ist nach Gl. (A 3, 22a)

$$\Delta U = \frac{RT}{zF} \ln \frac{c_2}{c_1} \qquad \text{(A 3, 22b)}$$

(Nernstsche Gleichung). Diese Beziehung gilt, wenn an der Grenze zwischen beiden Lösungen keine zusätzliche Spannung (Diffusionsspannung) entsteht; andernfalls addiert sich diese noch hinzu.

Diffusionsspannung

Zwischen zwei verschieden konzentrierten, aneinandergrenzenden Lösungen desselben Elektrolyten wird sich die Konzentration durch Diffusion auszugleichen suchen. Falls dabei nun die beiden Ionensorten verschieden schnell diffundieren ($D_+ \neq D_-$), wird die elektrische Neutralität gestört und es entsteht zwischen den Bereichen verschiedener Konzentration (c_1, c_2) eine Spannung. Der Vorgang gleicht dem bei der Entstehung der galvanischen Spannung zwischen Metall und Lösung, nur daß hier *zwei* Ionensorten beteiligt sind. Die Diffusionsspannung wird so groß, daß im dynamischen Gleichgewicht die unterschiedlichen Diffusionsströme der Ionen durch die zusätzliche Drift im elektrischen Felde ausgeglichen werden. In Analogie zu Gl. (A 3, 22) ist die *Diffusionsspannung*

$$U_D = \frac{D_+ - D_-}{D_+ + D_-} \frac{RT}{zF} \ln \frac{c_1}{c_2} . \qquad \text{(A 3, 23)}$$

Statt der Diffusionskonstanten D kann man auch die entsprechenden Ionenbeweglichkeiten u (→ Gl. (A 3, 16)) einsetzen. Je nach diesen hat die Diffusionsspannung die gleiche oder entgegengesetzte Richtung wie die Spannung der zugehörigen

Konzentrationskette, Gl. (A 3, 22b). Im Grenzfall, daß *nur* die an den Elektroden *aktiven* Ionen beweglich sind (hier also $D_- = u_- = 0$), wäre die Diffusionsspannung entgegengesetzt gleich der Nernst-Spannung, Gl. (A 3, 22b). Eine solche Kette zeigte resultierend gar keine Spannung.

Eine biologisch wichtige Art der Diffusionsspannung entsteht, wenn die Elektrolytlösungen nicht unmittelbar aneinandergrenzen, sondern durch eine dünne Membran getrennt sind, die für die verschiedenen Ionensorten unterschiedliche Permeabilitäten hat. Dann diffundieren verschiedene Ionen wegen der speziellen Membraneigenschaften verschieden schnell. Im Gleichgewicht entsteht zwischen den beiden Oberflächen der Membran eine Spannung, ähnlich wie bei der Doppelschicht Metall–Lösung. Diese *Membranspannung* wäre bei einer Membran, die für alle Ionensorten vollständig permeabel ist, gleich der Diffusionsspannung nach Gl. (A 3, 23); andernfalls hängt sie noch von den einzelnen Permeabilitäten ab. Man spricht dann von einem Donnanschen Gleichgewicht (und der zugehörigen *Donnan-Spannung*) in Unterscheidung vom gewöhnlichen osmotischen Gleichgewicht. Bei letzterem hat man Lösungen *neutraler* Teilchen im Auge, die – im einfachsten Fall – durch eine *nur* für Lösungsmittelmoleküle, nicht aber für Gelöstes durchlässige Membran getrennt sind (→ Kap. A 3, e).

Im Sprachgebrauch der Elektrochemie und Physiologie ist der Ausdruck „Potential“ als Synonym für „Spannung“ üblich.

A 4 Mechanik

a) Bewegung von Körpern

Beschreibung der Bewegung (Kinematik)

Die Bewegung eines Körpers ist durch die Zeitabhängigkeit seiner räumlichen Koordinaten, z. B. der des Schwerpunktes, zu beschreiben, also durch x(t), y(t) und z(t). Das sind die Komponenten des *Ortsvektors* $\vec{r}(t)$ (Abb. A 4, 1). Durch Differenzieren erhält man die *Geschwindigkeit*

$$\vec{v} = \frac{d\vec{r}}{dt} \tag{A 4, 1}$$

und die *Beschleunigung*

$$\vec{a} = \frac{d\vec{v}}{dt} = \frac{d^2\vec{r}}{dt^2}. \tag{A 4, 2}$$

Der *Vektorcharakter* dieser Größen darf nicht außer Acht gelassen werden. Eine Änderung z.B. der Geschwindigkeit ($d\vec{v}$) kann in einer Änderung des *Betrages* oder in einer Änderung der *Richtung* oder beidem zugleich bestehen. Beispiele:

I. Lineare Bewegung (nur eine Koordinate x, *Translation*). Die *Richtungen* der Vektoren sind unveränderlich, es kommt nur auf ihre Beträge x, v, a an. Ihre Zeitabhängigkeit entnimmt man graphisch dem Weg-Zeit-Diagramm (Abb. A 4, 2).

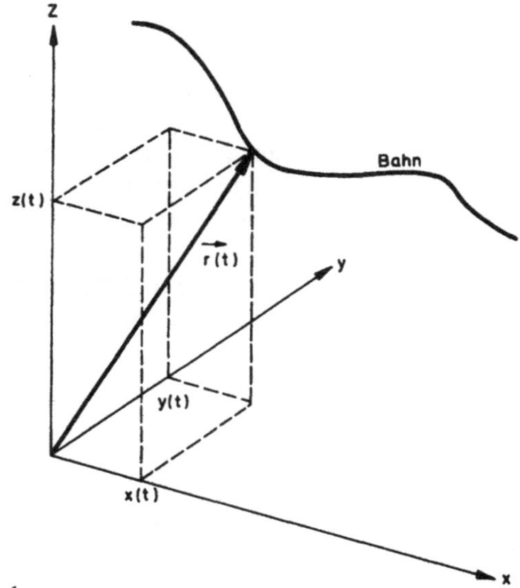

Abb. A 4, 1
Bahn eines bewegten Körpers, gekennzeichnet durch den Ortsvektor $\vec{r}$ mit den Komponenten x, y, z

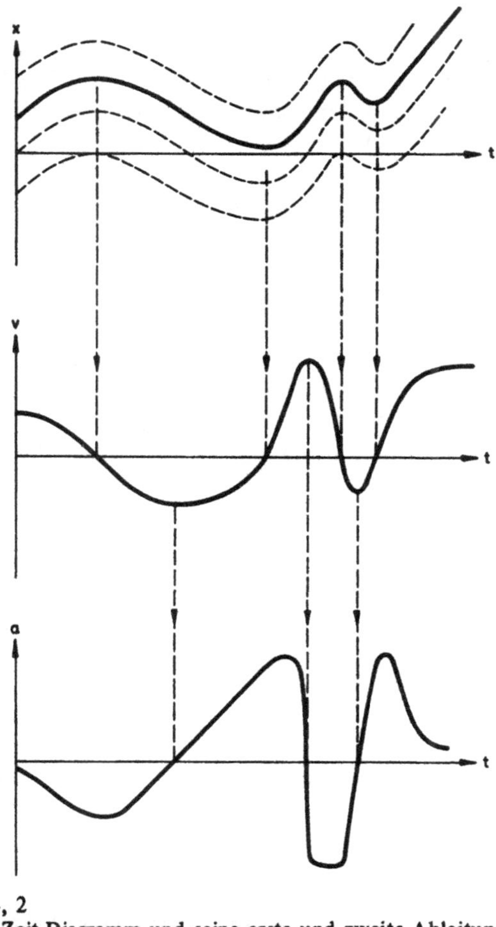

Abb. A 4, 2
Das Weg-Zeit-Diagramm und seine erste und zweite Ableitung (Geschwindigkeit v resp. Beschleunigung a). Die Pfeile weisen auf die Nullstellen der jeweils folgenden Ableitung hin

II. Bewegung auf Kreisbahn mit konstanter Umlaufgeschwindigkeit, *Rotation.* Die *Beträge* der Vektoren sind unveränderlich, es kommt nur auf ihre Richtung an. Da beispielsweise der Betrag v der Geschwindigkeit konstant ist, steht immer $d\vec{v}$ senkrecht auf $\vec{v}$ (Abb. A 4, 3), also ist auch $\vec{a}$ senkrecht zu $\vec{v}$ und damit auf das Zentrum hin gerichtet. Anschaulich: $\vec{a}$ „biegt" die Bahn zum Kreis.

Kraft und Beschleunigung

Ein Körper wird immer dann beschleunigt, wenn eine Kraft F auf ihn wirkt:

$$\vec{a} = \frac{\vec{F}}{m} \qquad \text{(A 4, 3)}$$

(Newtonsches Grundgesetz). Proportionalitätsfaktor ist die Masse m des Körpers. Die Richtung des Beschleunigungsvektors ist gleich der Richtung des Kraftvektors.

Die primär wichtige kinematische Größe ist also die Beschleunigung. Aus ihr lassen sich Geschwindigkeit und Ort durch Integration der Gln. (A 4, 2) und (A 4, 1) ableiten. Die graphische Darstellung der Bewegung (Abb. A 4, 2) ist in der Abfolge Ursache–Wirkung von unten nach oben zu lesen. Die Integration ist – rechnerisch wie graphisch – nur bis auf eine beliebige additive Konstante möglich (Integrationskonstante), die erst festzulegen ist, wenn man Geschwindigkeit ($\vec{v}_0$) und

Abb. A 4, 3
Kreisbewegung mit konstanter Winkelgeschwindigkeit: Vektoren der Bahngeschwindigkeit zu zwei aufeinanderfolgenden Zeitpunkten. Um $d\vec{v}$ zu bestimmen, wären infinitesimale Differenzen zu nehmen, die aber zeichnerisch nicht darzustellen sind. a) Bahn, b) Differenz $d\vec{v} = \vec{v}_2 - \vec{v}_1$

Ort ($\vec{r}_0$) des Körpers zu Anfang (t = 0) kennt. Umgekehrt geben z. B. Weg-Zeit-Kurven gleicher Form, die nur um einen additiven Betrag in x-Richtung verschoben sind (gestrichelt in Abb. A 4, 2), alle die gleiche Geschwindigkeit.

Bezugssystem, Trägheitskräfte

Man kann Gl. (A 4, 3) auch umgekehrt lesen und feststellen: Wird eine Beschleunigung a gemessen, so muß eine Kraft F wirksam sein:

$$\vec{F} = m\vec{a} . \qquad \text{(A 4, 4)}$$

Durch diese Gl. (A 4, 4) wird im *SI-System* (Basisgrößen: m, kg, s, A, K) die Krafteinheit „Newton" definiert: 1 N = = 1 kg m/s^2. (Als *Gewicht* wird speziell die Kraft im Erdfeld bezeichnet: G = m g; Erdbeschleunigung g → Tab. D 32.)

Um die Beschleunigung und damit auch Geschwindigkeit und Ort überhaupt angeben zu können, muß – zumindest gedanklich – ein Koordinatensystem *(Bezugssystem)* festgelegt werden. Je nach Wahl des Bezugssystems fällt die Beschreibung *beschleunigter* Bewegungen verschieden aus. Beispiele:

I. *Translation* mit konstanter Beschleunigung (z. B. bremsendes Fahrzeug, a negativ!). Ein Beobachter auf der Straße *(ruhendes Bezugssystem)* mißt die Beschleunigung a und schließt nach Gl. (A 4, 4) auf eine Kraft F_R in *Rückwärts*richtung (Reibungskraft der Bremsen). Der Fahrer *(mitbewegtes Bezugssystem)* konstatiert eine Kraft F_T in *Vorwärts*richtung; er erführe, in seinem System gemessen, eine Beschleunigung nach Gl. (A 4, 3), falls F_T nicht durch eine gleich große Gegenkraft (z. B. Gurte) kompensiert würde. Diese Gegenkraft ist die auch vom ruhenden Beobachter festgestellte, nämlich F_R. Im *mitbewegten* Bezugssystem wirkt also resultierend (der Fahrer ändert ja seine Position nicht!) die Kraft Null:

$$F_T + F_R = 0 ,$$

also

$$\vec{F}_T = - m\vec{a} . \qquad \text{(A 4, 5)}$$

F_T heißt *Trägheitskraft;* sie hat nicht unmittelbar einen äußeren Ursprung, sondern ist eine Folge des Beharrungsvermögens (der Trägheit) einer Masse. Sie kann daher nur im beschleunigten, nicht im ruhenden Bezugssystem auftreten.

II. *Rotation* mit konstanter Geschwindigkeit (z. B. künstlicher Satellit auf Umlaufbahn). Im ruhenden Bezugssystem wird eine *Zentralkraft,* die Erdanziehung, und demzufolge eine (auf das Zentrum hin beschleunigte) Kreisbewegung beobachtet. Im mitbewegten System wird diese Kraft durch eine gleich große Trägheitskraft kompensiert, die nach außen gerichtet ist. Sie heißt *Zentrifugalkraft* F_Z und ist dem Betrage nach

$$F_Z = \frac{m v^2}{r} = m r \omega^2 \ . \qquad \text{(A 4, 6 a)}$$

Die Masse m unterliegt also der *Zentrifugalbeschleunigung*

$$a_Z = \frac{v^2}{r} = r \omega^2 \ ; \qquad \text{(A 4, 6 b)}$$

r: Bahnradius; $\omega = v/r$: Winkelgeschwindigkeit. Der „schwerelose“ Zustand in einem Raumschiff rührt nicht etwa daher, daß die Erdanziehungskraft (vgl. Gl. (A 4, 7)) nicht mehr wirke! Jede Bewegung *allein* unter dem Einfluß der Erdanziehung (freier Fall ohne Luftreibung) ist schwerelos.

Zentrifugal- und Erdanziehungskraft hängen beide vom Abstand r vom Erdmittelpunkt ab. Die letztere ist

$$F_G = G \frac{M m}{r^2} \qquad \text{(A 4, 7)}$$

(*Gravitationsgesetz;* $G = 6{,}67 \cdot 10^{-11}\ N m^2/kg^2$: Gravitationskonstante, M: Erdmasse, m: Satellitenmasse). Aus der Gleichheit von Gl. (A 4, 6 a) und (A 4, 7) resultiert unabhängig von m:

$$\omega^2 \sim 1/r^3 \ . \qquad \text{(A 4, 8)}$$

Das ist das auch für die Planetenbewegung maßgebende 3. *Keplersche Gesetz.*

Impulssatz

Die vektorielle Größe

$$\vec{p} = m\vec{v} \qquad \text{(A 4, 9)}$$

heißt *Impuls.* Kombination der Gln. (A 4, 2) und (A 4, 4) zeigt, daß man auch

$$\frac{d\vec{p}}{dt} = \vec{F} \qquad \text{(A 4, 10)}$$

schreiben kann: Der Impuls ändert sich durch Wirkung einer äußeren Kraft F während einer Zeitspanne d t. Umgekehrt: Wenn keine äußeren Kräfte wirken, bleibt der Impuls konstant *(Impulssatz).* Das gilt auch für ein abgeschlossenes *System* von Körpern. Beispiel: Rückstoß. Eine Rakete bildet ein abgeschlossenes System aus Flugkörper und Treibgasen. Werden diese ausgestoßen ($m_1 v_1$), so erhält der Flugkörper einen Impuls entgegengesetzter Richtung ($m_2 v_2 = -m_1 v_1$); der Gesamtimpuls bleibt unverändert.

b) Starre Körper

Schwerpunktsbewegung

Die Bewegung ausgedehnter starrer Körper zerlegt man in zwei Anteile: Die Bewegung des Schwerpunktes und Drehungen des Körpers um eigene Achsen. Die Bewegungen des Schwerpunktes (Massenmittelpunktes) folgen, unbeschadet etwaiger Drehungen, den im vorigen Abschnitt behandelten Gesetzen.

Drehbewegung

Die Drehung charakterisiert man durch ihre *Winkelgeschwindigkeit*

$$\omega = \frac{v}{r}. \qquad \text{(A 4, 11)}$$

Die Bahngeschwindigkeit v ist hier eine unzweckmäßige Größe, weil sie für verschiedene Abstände von der Drehachse verschieden ist. Änderungen der Winkelgeschwindigkeit werden durch die *Winkelbeschleunigung* α beschrieben:

$$\alpha = \frac{d\omega}{dt} . \qquad \text{(A 4, 12)}$$

Eine Winkelbeschleunigung wird durch ein Kräfte*paar* hervorgerufen, das sind zwei gleich große Kräfte entgegengesetzter Richtung, deren Wirkungslinien den Abstand l haben (Abb. A 4, 4). Sie erzeugen ein *Drehmoment* M:

$$M = F l . \qquad \text{(A 4, 13)}$$

Wenn eine feste Achse vorhanden ist, genügt *eine* äußere Kraft F, die beanspruchte Achse liefert die zweite. In diesem Fall ist l in Gl. (A 4, 13) der Abstand zwischen Wirkungslinie der Kraft und Achse.

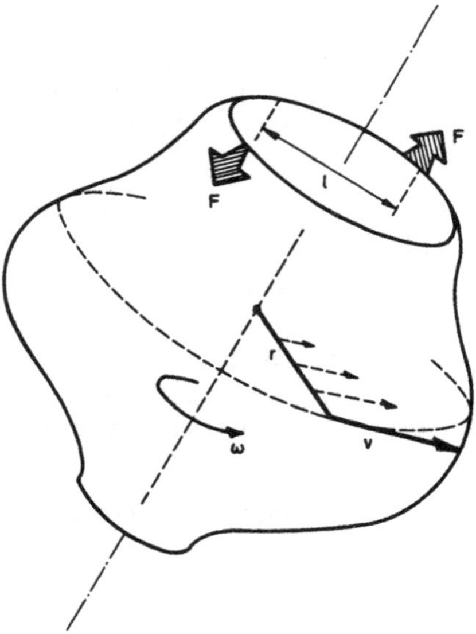

Abb. A 4, 4
Rotation eines starren Körpers unter der Wirkung eines Kräftepaares F. Bahngeschwindigkeit v, Winkelgeschwindigkeit ω = v/r

Wegen des Newtonschen Grundgesetzes Gl. (A 4, 3) ist die Winkelbeschleunigung dem wirkenden Drehmoment proportional. Der Proportionalitätsfaktor heißt *Trägheitsmoment* J:

$$\alpha = \frac{M}{J} . \qquad (A\,4,\ 14)$$

Das Trägheitsmoment hängt von der Form des Körpers ab. Eine Masse d m geringen Volumens („Massenpunkt") im Abstand r von der Drehachse trägt den Anteil

$$dJ = r^2\, dm \qquad (A\,4,\ 15)$$

zum Trägheitsmoment bei. Nur wenn die gesamte Masse m bei einem Abstand r konzentriert ist (Abb. A 4, 5), gilt

$$J = r^2\, m ; \qquad (A\,4,\ 16)$$

andernfalls ist J durch Integration von Gl. (A 4, 15) oder experimentell nach Gl. (A 4, 14) zu bestimmen. Qualitativ können Gln. (A 4, 15), (A 4, 16) zur Abschätzung dienen. Derselbe Körper kann je nach Drehachse verschiedene Trägheitsmomente haben (Abb. A 4, 6).

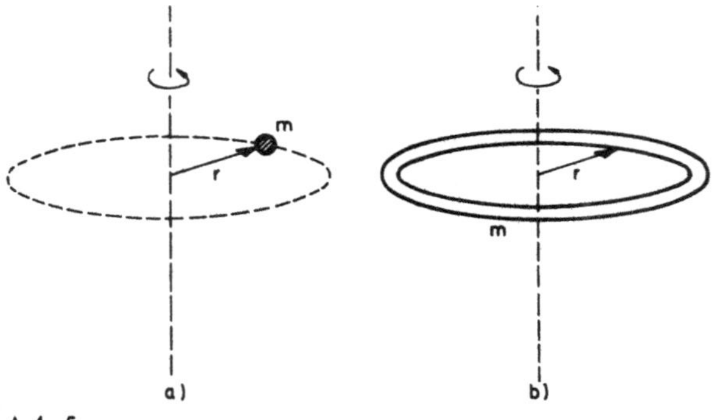

Abb. A 4, 5
Körper mit einfach berechenbaren Trägheitsmomenten: a) Massenpunkt, b) dünner Ring

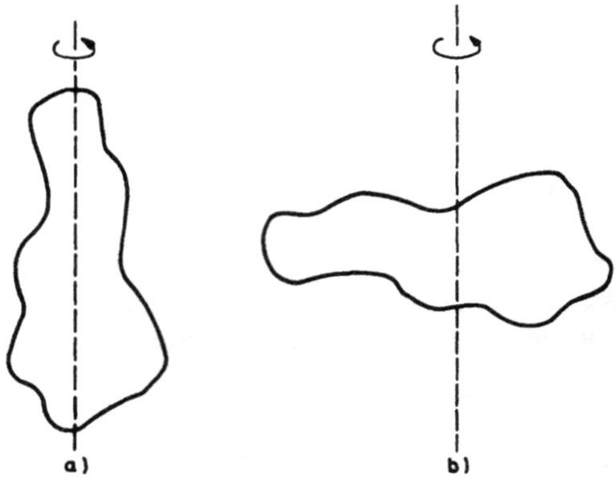

Abb. A 4, 6
Rotation eines starren Körpers um zwei verschiedene Achsen mit a) kleinem, b) großem Trägheitsmoment

Statisches Gleichgewicht

Ein starrer Körper bleibt in Ruhe, wenn sowohl die Summe aller auf ihn wirkenden Kräfte als auch die Summe aller auf ihn wirkenden Drehmomente Null ist:

$$\Sigma F = 0 , \quad \Sigma M = 0 .$$

c) Flüssigkeiten und Gase

Ruhende Flüssigkeiten und Gase

Flüssigkeiten sind praktisch inkompressibel, ihre Dichte ist druckunabhängig. In *offenen* Gefäßen bilden sie unter der Wirkung der Schwerkraft eine ebene Oberfläche. Der Druck nimmt mit dem Abstand Δh von ihr nach unten zu:

$$p = \rho g \Delta h \qquad \text{(A 4, 18)}$$

(hydrostatischer Druck). Offene Gase bilden keine Oberfläche (sie haben keine Oberflächenspannung); Dichte und Druck nehmen mit zunehmender Höhe exponentiell ab (→ Gl. (A 3, 17); Abb. A 4, 7).

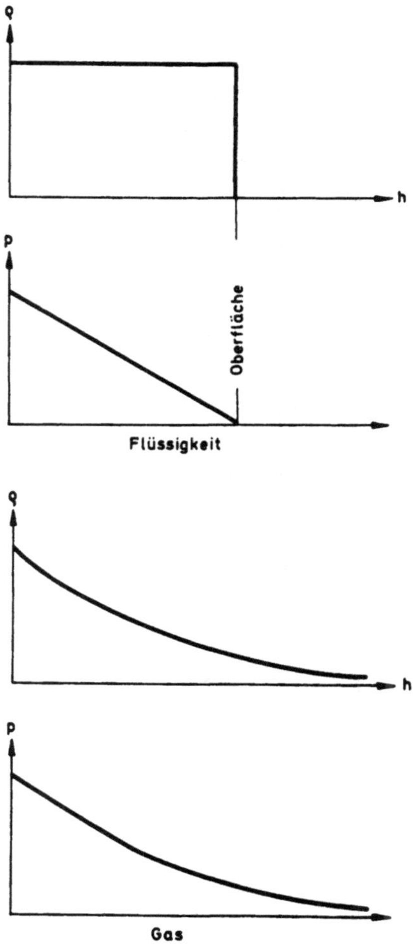

Abb. A 4, 7
Dichte ϱ und Druck p in Abhängigkeit von der Höhe; Flüssigkeit z. B. See, Gas z. B. Atmosphäre

In beiden Fällen ist der Druck im Inneren richtungsunabhängig: Er wirkt immer senkrecht zur Oberfläche eines eingebrachten Körpers.

Auf Flüssigkeiten und Gase, die in Gefäße *eingeschlossen* sind, können außerdem (z.B. durch Kolben) Drucke von außen wirken. Ihnen gegenüber kann man oft den durch die Schwerkraft erzeugten Druckanteil außer Acht lassen. Der durch äußere Kräfte erzeugte Druck ist im ganzen Volumen gleich und ebenfalls richtungsunabhängig. Darauf beruht die *hydraulische* oder *pneumatische Kraftübertragung,* z.B. bei hydraulischen Pressen und Bremsen (Abb. A 4, 8). Die Kolbenkräfte sind der Kolbenfläche A proportional:

$$p = \frac{F_1}{A_1} = \frac{F_2}{A_2} \,. \qquad \text{(A 4, 19)}$$

Strömende Flüssigkeiten und Gase

Bei jeder Strömung bleibt eine Grenzschicht an den Gefäßwänden in Ruhe. Da andere Bereiche der Strömung eine von Null verschiedene Geschwindigkeit haben, gibt es immer räumliche Geschwindigkeitsänderungen. Wesentlich für den Charak-

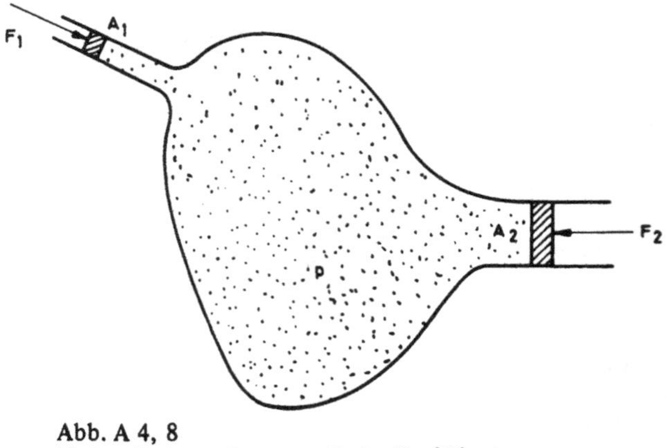

Abb. A 4, 8
Hydraulische und pneumatische Kraftübertragung

ter einer Strömung sind die Kräfte, die verschieden schnell strömende Bereiche aufeinander ausüben. In zweidimensionaler Betrachtung (Abb. A 4, 9) kann man sich auf zwei benachbarte Schichten des Abstandes d y beschränken, die in x-Richtung strömen und deren Geschwindigkeiten sich um $d v_x$ unterscheiden. Um diesen Geschwindigkeitsunterschied aufrecht zu erhalten, muß zwischen ihnen eine Kraft $F_{\parallel}$ wirksam sein, bezogen auf die Fläche A also eine *Schubspannung* $\tau = F_{\parallel}/A$. Bei sehr vielen Substanzen besteht die Proportionalität

$$\tau = \eta \frac{d v_x}{d y} \qquad \text{(A 4, 20)}$$

(Newtonsche Gleichung). Der Faktor η heißt *Viskosität;* er ist ein Maß für die innere Reibung zwischen den strömenden Flüssigkeitsschichten (an der Wand findet keine Reibung statt). Einheit: Ns/m^2, praktisch oft: 1 cP (Centi-Poise) = $10^{-3}\,Ns/m^2$.

Der Charakter der Strömung hängt ab vom Verhältnis der Reibungskräfte, die proportional zur Viskosität η sind, zu den Trägheitskräften, welche dem Produkt aus Dichte ρ und Strömungsgeschwindigkeit v proportional sind. Überwiegen Reibungskräfte (η groß, ρ v klein), so entstehen *laminare Strömungen,* die sich durch parallellaufende Stromfäden auszeichnen. Überwiegen Trägheitskräfte (η klein, ρ v groß), so entstehen *turbulente Strömungen* mit Wirbeln. Eine laminare Strömung

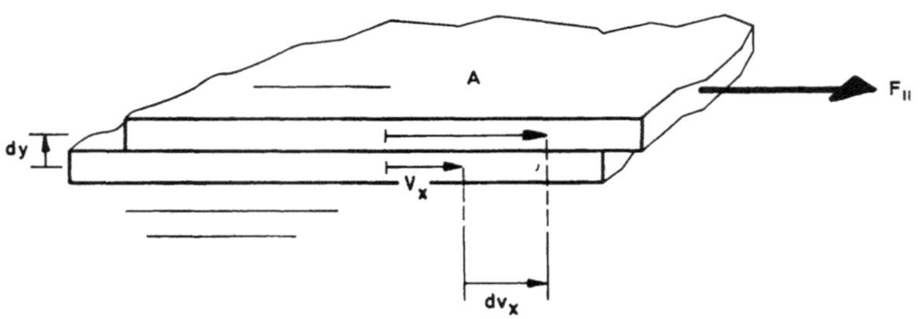

Abb. A 4, 9
Zwei benachbarte Schichten in einer laminaren Strömung. (Beispiel für ein Strömungsprofil → Abb. B 7, 2b)

schlägt bei einer bestimmten, von der Viskosität und den Leitungsabmessungen abhängenden Geschwindigkeit in eine turbulente um.

Der Grenzfall $\eta = 0$ *(ideale Strömung)* ist zwar praktisch nicht zu verwirklichen, doch lassen sich manche nur für diesen Fall streng gültigen Beziehungen qualitativ auch auf reale Strömungen anwenden. Wichtig ist insbesondere die *Bernoullische Gleichung.* Es sei eine reibungsfreie, inkompressible Flüssigkeit betrachtet, die beispielsweise durch ein horizontal liegendes Rohr mit Abschnitten verschiedenen Durchmessers strömt (Abb. A 4, 10). Ein herausgegriffenes Volumen V hat infolge des hydrostatischen Druckes p, unter dem es steht, eine gewisse potentielle Druckenergie $E_{pot}/V = p$ und außerdem eine von der Strömungsgeschwindigkeit v abhängende kinetische Energie $E_{kin}/V = \frac{\rho}{2} v^2$. Da die Flüssigkeit reibungsfrei ist und keine Wärme entstehen kann, ist wegen des Energiesatzes

$$p_1 + \frac{\rho}{2} v_1^2 = p_2 + \frac{\rho}{2} v_2^2 = \text{const} \qquad \text{(A 4, 21)}$$

in Rohrabschnitten verschiedenen Querschnitts (Bernoullische Gleichung). Man nennt $\frac{\rho}{2} v^2$ den *Staudruck.* Allgemein steigt

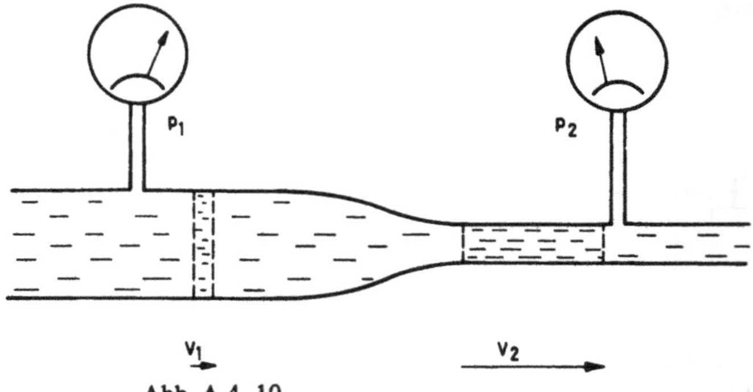

Abb. A 4, 10
Zur Bernoullischen Gleichung, Gl. (A 4, 21)

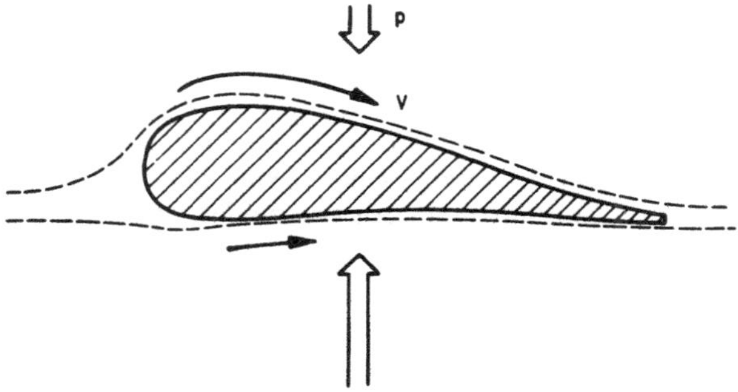

Abb. A 4, 11
Tragflügelprofil

bei schnellerer Strömung der Staudruck, während sich der statische Druck verringert. Das ist technisch von großer Bedeutung. Beispiel: Dynamischer Auftrieb an Flugzeugtragflächen (Abb. A 4, 11). Durch das Profil bedingt, ist die Strömung an der Unterseite langsamer und der statische Druck dort größer als an der Oberseite, woraus die Auftriebskraft resultiert (nicht zu verwechseln mit dem statischen Auftrieb, → Gl. (A 2, 25)!). Meßtechnisch bietet Gl. (A 4, 21) die Möglichkeit, Strömungsgeschwindigkeiten durch Druckmessungen zu bestimmen.

Bei *realen Strömungen* durch Röhren oder andere Leitungen gibt es Druckunterschiede nicht nur bei Querschnittsänderungen, wie bei einer idealen Strömung. Das liegt, je nach Viskosität und Geschwindigkeit, an der inneren Reibung und der Wirbelbildung. Es muß eine Druckdifferenz Δp zwischen verschiedenen Stellen der Leitung hergestellt werden (durch Pumpen, z. B. Herz, oder den hydrostatischen Druck, z. B. Fluß), um die Strömung aufrecht zu erhalten. Das pro Zeiteinheit durch einen Rohrquerschnitt transportierte Volumen nennt man *Stromstärke* I:

$$I = \frac{dV}{dt} . \qquad (A\,4,\,22)$$

Bei *laminarer* Strömung ist I proportional Δ p. Das Verhältnis

$$R = \frac{\Delta p}{I} \tag{A 4, 23}$$

heißt *Strömungswiderstand.* Er hängt von den Rohrabmessungen und der Viskosität η ab. Für ein rundes Rohr (Länge l, Radius r) ist

$$R = \frac{8}{\pi} \frac{l}{r^4} \eta \tag{A 4, 24}$$

(Hagen-Poiseuillesches Gesetz).

Bei *turbulenter* Strömung ist $I \sim \sqrt{\Delta p}$, ein Strömungswiderstand als konstanter Faktor läßt sich nicht definieren. Wegen der geringen inneren Reibung findet man turbulente Strömungen oft in Gasen (Luft in den Atemwegen). In gleicher Weise entstehen Turbulenzen, wenn sich ein Körper durch ein ruhen-

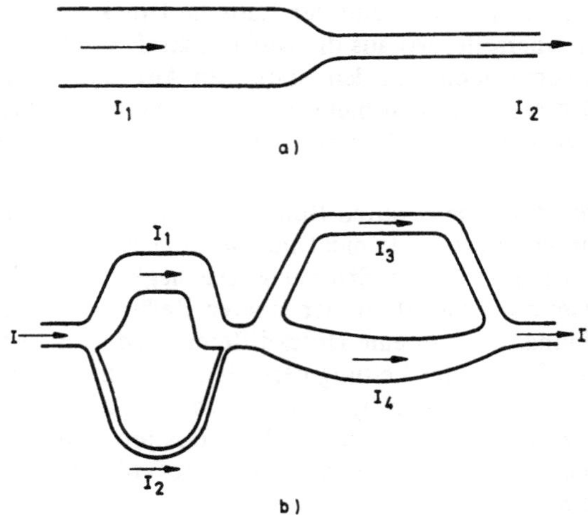

Abb. A 4, 12
Leitungssysteme aus Teilstücken mit verschiedenen Strömungswiderständen a) hintereinander, b) parallel und hintereinander

des Gas bewegt (Luftwiderstand von Fahrzeugen). Anstelle von I ist in diesem Fall die Fahrzeuggeschwindigkeit v, anstelle von Δp die Kraft F_L des Luftwiderstandes zu betrachten: $F_L \sim v^2$. Der Proportionalitätsfaktor hängt von der geometrischen Form des Fahrzeugs ab.

Die Strömungsverhältnisse in *Leitungssystemen* lassen sich besonders leicht übersehen, wenn die strömende Substanz inkompressibel ist, wie Flüssigkeiten. An verschiedenen Stellen einer Leitung muß dann die gleiche Stromstärke herrschen (Abb. A 4, 12 a):

$$I_1 = I_2 \qquad \text{(A 4, 25)}$$

(sog. *Kontinuitätsgleichung*). Verzweigt sich die Leitung, so ist die Summe der einfließenden Ströme gleich der Summe der ausfließenden; in Abb. A 4, 12 b:

$$I_1 + I_2 = I_3 + I_4 = I \, . \qquad \text{(A 4, 26)}$$

Falls ein Strömungswiderstand R definiert werden kann (laminare Strömung), ist ihm die Stromstärke in parallelgeschalteten Leitungen umgekehrt proportional:

$$\frac{I_1}{I_2} = \frac{R_2}{R_1} \, , \qquad \text{(A 4, 27)}$$

in Analogie zu den Kirchhoffschen Regeln für *elektrische* Ströme, → Kap. A 6, a.

A 5 Elektrisches und magnetisches Feld

a) Felder und Kräfte

Feldbegriff

Auf eine elektrische Ladung zwischen den Platten eines aufgeladenen Kondensators (Abb. A 5, 2 c) wirkt eine Kraft. Man könnte diesen Sachverhalt begründen durch die Annahme, die Ladung, die z. B. positiv sei, werde von der negativen Platte angezogen und der positiven abgestoßen. Diese Annahme einer

Fernwirkung von den Platten auf die Ladung ist aber nicht korrekt. Die Kraft auf die Ladung rührt vielmehr vom Zustand ihrer unmittelbaren Umgebung her *(Nahwirkung)*, der gegenüber dem Zustand des leeren Raumes durch die Anwesenheit anderer Ladungen auf den Kondensatorplatten verändert ist. Diese nicht materielle Veränderung heißt *Feld*. Das elektrische Feld wird erzeugt durch elektrische Ladungen *auf* den Platten, und es vermittelt die Kraftwirkung auf die Probeladung *zwischen* den Platten. Es besteht aber auch, wenn sich gar keine Ladung zwischen den Platten befindet.

Die Wechselwirkung zwischen elektrischen Ladungen läßt sich also unter zwei Teilaspekten beschreiben: a) Kraftwirkung auf eine Ladung im *gegebenen* Feld (dieser Abschnitt); b) *Erzeugung* dieses Feldes durch andere Ladungen (folgender Abschnitt). Es ist klar, daß unter a) und b) *verschiedene* Ladungen beteiligt sind; von der Kraft auf eine Ladung durch ihr *eigenes* Feld zu reden, wäre abwegig.

Dem elektrischen Feld eng verwandt ist das magnetische; als Analogon kann auch das Gravitationsfeld betrachtet werden. Jedes Feld ist dadurch charakterisiert, daß es auf Körper mit einer bestimmten, dafür „empfindlichen" Eigenschaft Kräfte ausübt, während es selbst durch einen anderen Körper mit eben dieser Eigenschaft hervorgerufen werden kann.

Feld	Kraftwirkung auf	Feld erzeugt durch
Elektrisches Feld	elektrische Ladungen	elektrische Ladungen oder sich ändernde magnetische Felder
Magnetisches Feld	elektrische Ströme oder magnetische Dipole	elektrische Ströme oder magnetische Dipole oder sich ändernde elektrische Felder
Gravitationsfeld	Massen	Massen

Feldstärke, Feldlinien

Als *Feldstärke* definiert man die Kraft auf einen Probekörper, der die Einheit der betreffenden Eigenschaft aufweist. Im elektrischen Fall:

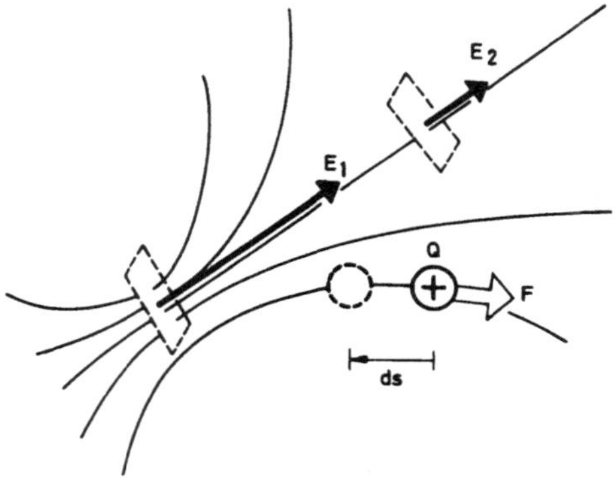

Abb. A 5, 1
Feldlinien und Feldstärkevektor (E) am Beispiel des elektrischen Feldes

$$\vec{E} = \frac{\vec{F}}{Q} . \qquad \text{(A 5, 1)}$$

Im magnetischen Fall (Bezeichnung der Feldstärke: $\vec{H}$) steht anstelle der elektrischen Ladung Q die Stärke *eines* Magnetpoles (vgl. aber Gl. (A 5, 5)!).

Die Feldstärke hat als Vektor die gleiche Richtung wie die wirkende Kraft. Graphisch kann man alle Vektoren aneinanderfügen und bekommt so ein Bild der *Kraftlinien* des Feldes *(Feldlinien)*. An jeder Stelle ist die *Richtung* des Feldstärkevektors durch die Tangentialrichtung gegeben; sein *Betrag* ist proportional der Feldlinien*dichte,* d.h. der Zahl der Feldlinien, die die senkrecht zu ihnen gedachte Flächen*einheit* durchsetzen. Im Beispiel der Abb. A 5, 1 ist $E_1 \approx 4 E_2$.

Kräfte im elektrischen Feld. Potential und Spannung

Die Kraft auf eine Ladung im gegebenen Feld ergibt sich aus Gl. (A 5, 1). Bei positiver Ladung ist die Kraftrichtung gleich der Feldrichtung, bei negativer entgegengesetzt.

Verschiebt man eine positive Ladung Q um die Strecke d s *längs einer Feldlinie* gegen die Feldrichtung (Abb. A 5, 1), so

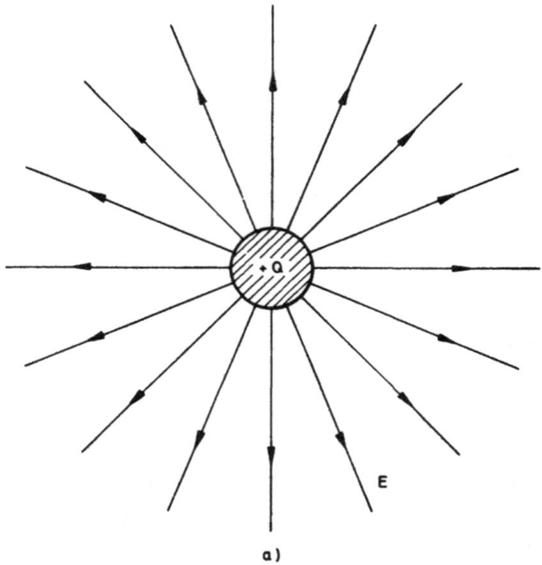

Abb. A 5, 2
Elektrische Felder verschiedener Geometrie
a) Punktladung (die Ladung – Q ist sehr weit entfernt)
b) Zwei unregelmäßig geformte, entgegengesetzt geladene Metallflächen (– – – –: Äquipotentialflächen)
c) Parallelplatten-Kondensator, homogenes elektrisches Feld. F ist die Kraft auf eine positive Probeladung

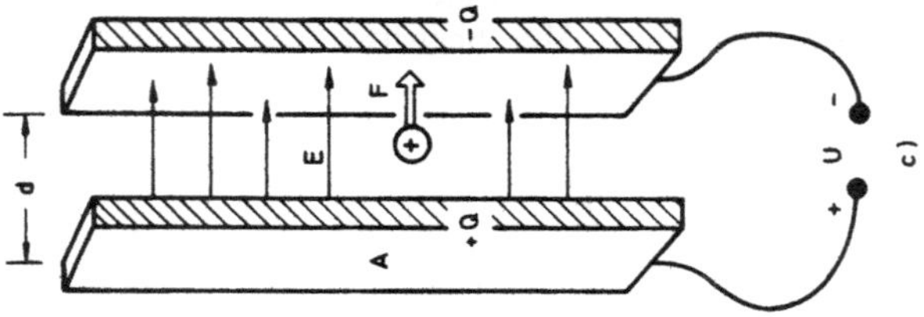

d
−Q
F
E
+Q
A
+ U −
c)

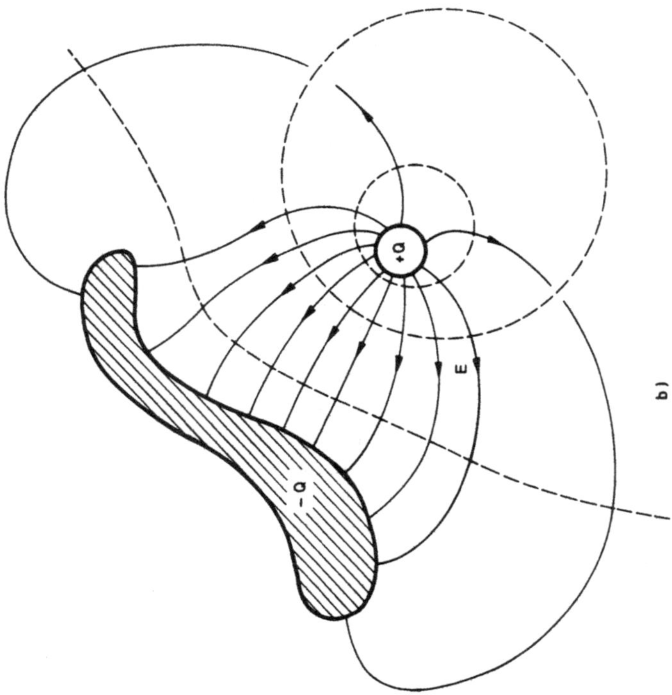

+Q
−Q
E
b)

ist dazu eine Arbeit, nämlich $dW = F\,ds = Q\,E\,ds$, aufzuwenden, welche von der Ladung als potentielle Energie aufgenommen wird: $dE_{pot} = dW$ (ähnlich wie beim Heben eines Gewichtes im Erdfeld). Man bezieht dE_{pot} auf die Ladungseinheit und bezeichnet

$$dU = \frac{dW}{Q} = E\,ds \qquad \text{(A 5, 2)}$$

als *Potentialdifferenz.* Bei einer größeren Verschiebung ist

$$U = \int E\,ds \qquad \text{(A 5, 3)}$$

die Potentialdifferenz oder *elektrische Spannung* zwischen Anfangs- und Endpunkt.

Verschiebt man eine Ladung in beliebiger Richtung um ein kleines Stück *senkrecht zu den Feldlinien,* so ist dazu keine Arbeit aufzuwenden, und die potentielle Energie bleibt gleich. Es findet sich eine ganze Fläche, die den Ausgangspunkt enthält und auf der sich die Probeladung ohne Arbeitsaufwand oder -gewinn bewegen läßt *(Äquipotentialfläche).* Man erreicht andere Äquipotentialflächen, indem man, von der ersten ausgehend, längs beliebiger Feldlinien um jeweils die gleiche Potentialdifferenz dU fortschreitet (Abb. A 5, 2b). Äquipotentialflächen verlaufen immer senkrecht zu den Feldlinien. Um eine (positive) Probeladung von einer Fläche zu einer anderen mit höherem Potential zu bringen, ist unabhängig vom eingeschlagenen Weg die Arbeit $W = Q\,U$ nötig, wenn U die Potentialdifferenz zwischen ihnen ist. Auf dem Rückweg würde die gleiche Energie wieder frei, → Gl. (A 2, 11).

Ein Feld heißt *homogen,* wenn die Feldstärke überall den gleichen Betrag und die gleiche Richtung hat. Dann sind die Feldlinien einander parallel, und die Äquipotentialflächen sind Ebenen senkrecht dazu. Die Potentialdifferenz (Spannung) zwischen zwei Äquipotentialflächen, die den Abstand d voneinander haben, ist in diesem Fall nach Gl. (A 5, 3) einfach

$$U = E\,d\,. \qquad \text{(A 5, 4)}$$

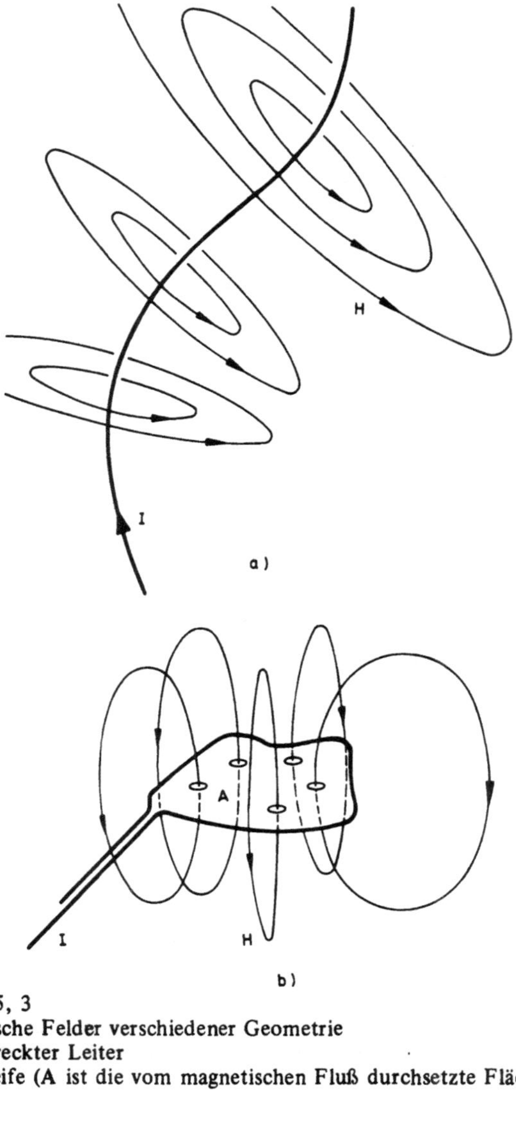

Abb. A 5, 3
Magnetische Felder verschiedener Geometrie
a) Gestreckter Leiter
b) Schleife (A ist die vom magnetischen Fluß durchsetzte Fläche)

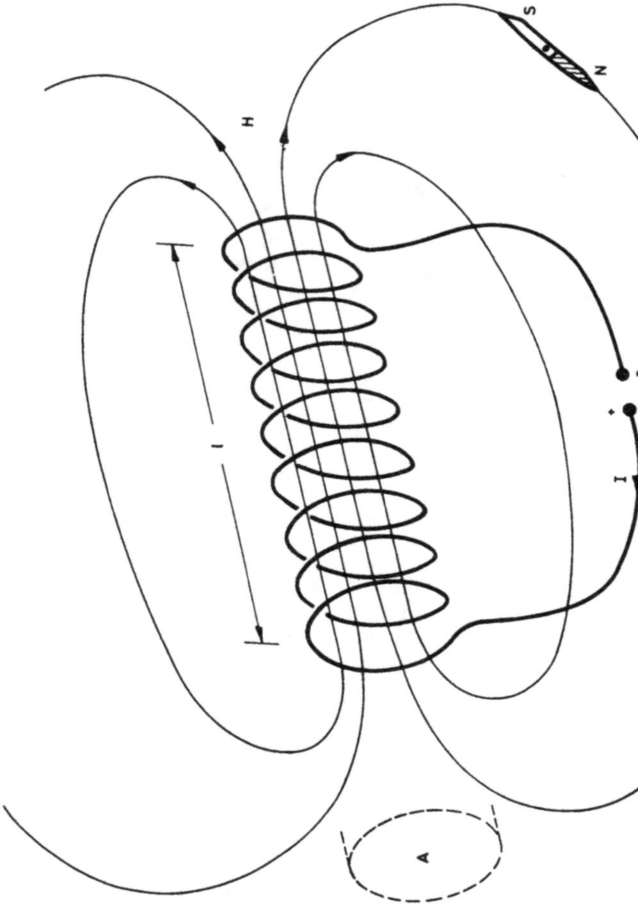

Abb. A 5, 3
Magnetische Felder verschiedener Geometrie

c) Lange Spule: Homogenes magnetisches Feld im Inneren. – Ein frei drehbarer magnetischer Dipol (Kompaßnadel NS) stellt sich in Richtung der Feldlinien, → Abb. A 5, 4

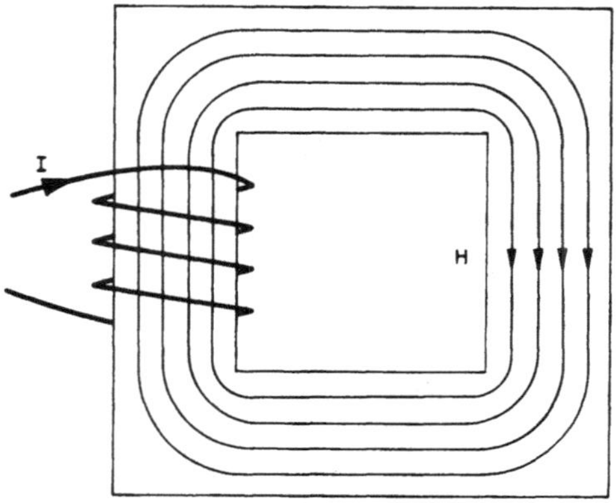

Abb. A 5, 3
Magnetische Felder verschiedener Geometrie
d) Spule mit geschlossenem Eisenkern (Transformator; die Sekundärspule ist nicht gezeichnet)

Metallflächen sind stets Äquipotentialflächen. Das rührt von der Leitfähigkeit, also der freien Verschiebbarkeit der Ladungsträger her, durch die eine Potentialdifferenz sofort ausgeglichen würde. Im Inneren eines metallisch umschlossenen Hohlraumes kann es daher keine Potentialdifferenzen und kein elektrisches Feld geben. Er wirkt gegenüber äußeren Feldern als Abschirmung *(Faradayscher Käfig)*.

Kräfte im magnetischen Feld

Im Magnetfeld hat Gl. (A 5, 1) nur formale, aber keine praktische Bedeutung. Es gibt nämlich kein magnetisches Analogon zu einzelnen elektrischen Ladungen, sondern nur Paare gleich starker Magnetpole entgegengesetzten Vorzeichens, also magnetische *Dipole*. Da sie im Grunde immer von Strömen herrühren, lassen sich die Wirkungen des Magnetfeldes in gleichwertiger Weise formulieren als Kräfte auf Dipole oder als Kräfte auf Ströme.

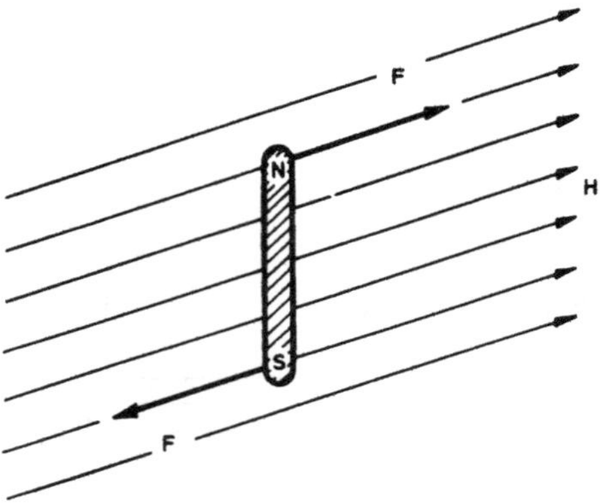

Abb. A 5, 4
Kräftepaar (F) am magnetischen Dipol im homogenen Magnetfeld (H)

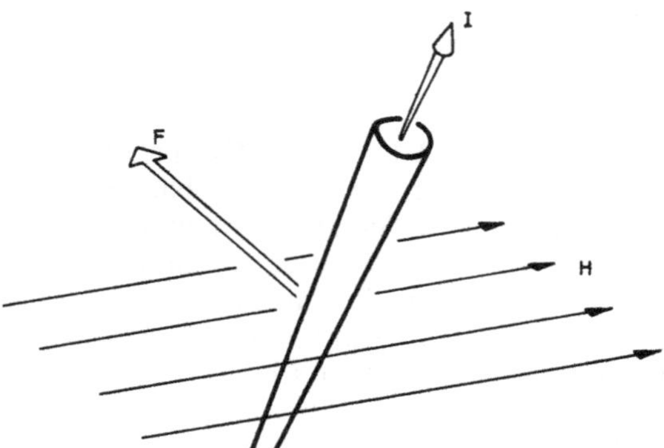

Abb. A 5, 5
Lorentzkraft (F) auf einen Strom (I) im Magnetfeld (H)

Auf einen *Dipol* im homogenen Feld der Stärke H wirkt resultierend ein Kräftepaar, das ein *Drehmoment* M erzeugt (Abb. A 5, 4). Es ist der Feldstärke proportional:

$$M = \mu H_{\perp} . \qquad (A\,5,\,5)$$

Der Faktor μ charakterisiert den magnetischen Dipol; er ist seiner Polstärke proportional und wird Dipolmoment genannt. $H_\perp$ bezeichnet die Komponente der Feldstärke senkrecht zur Dipolrichtung. Gl. (A 5, 5) ist als praktische Definitionsgleichung der magnetischen Feldstärke in Analogie zu Gl. (A 5, 1) anzusehen.

Auf einen *stromdurchflossenen Leiter* im homogenen Magnetfeld wirkt eine Kraft F, die senkrecht zur Stromrichtung I und senkrecht zur Feldstärke H gerichtet ist. I, H, F folgen aufeinander wie x, y, z in einem dreidimensionalen Koordinatensystem (Abb. 5, 5). An einem geraden Leiterstück der Länge l greift die Kraft

$$F = I H_\perp l \qquad \text{(A 5, 6)}$$

an. $H_\perp$ bedeutet hier die Komponente der Feldstärke senkrecht zum Strom I. Fließt also ein Strom parallel zum Feld, so wirkt auf ihn keine Kraft. – Der gleichen Kraftwirkung unterliegen auch frei (im Vakuum) fliegende Elektronen oder andere geladene Teilchen, die einen Strom ohne Leitung darstellen *(Lorentzkraft)*.

Die Begriffe „Potentialdifferenz“ und „Spannung“ sind nur im elektrischen, nicht aber im magnetischen Feld zu gebrauchen. Das rührt daher, daß magnetische Feldlinien immer in sich geschlossen sind. Verschöbe man einen Pol längs einer Feldlinie wieder bis zum Ausgangspunkt, so wäre dazu in Analogie zu Gl. (A 5, 2) Arbeit aufzuwenden. Die Angabe eines Potentials am Ausgangspunkt wäre gar nicht eindeutig, vielmehr von vorhergehenden Umläufen abhängig. Deshalb kann im magnetischen Feld kein Potential definiert werden.

b) Erzeugung von statischen Feldern

In diesem Abschnitt seien nur Felder im Vakuum (oder auch in Luft) betrachtet.

Elektrische Felder

Statische elektrische Felder werden durch elektrische Ladungen hervorgerufen. *Die Feldlinien entspringen auf positiven und enden auf negativen Ladungen.* Daher sind am Aufbau des Feldes immer gleiche Ladungsmengen +Q und −Q beteiligt.

Praktisch erzeugt man elektrische Felder in *Kondensatoren.* Darunter versteht man zwei Metallflächen beliebiger Form. Auf sie bringt man durch Anlegen einer Spannung U die Ladungen +Q und −Q. Ladung und Spannung sind einander proportional:

$$Q = C\,U\,. \qquad (A\,5,\,7)$$

Der Faktor C, der nur von der geometrischen Anordnung abhängt, heißt *Kapazität* (Einheit: Farad, F = C/V = As/V). Nach Gl. (A 5, 3) ist die Feldstärke zwischen den „Platten" – die örtlich verschieden sein kann – ebenfalls der Spannung proportional:

$$E \sim Q \sim U\,.$$

Ein *Parallelplattenkondensator (homogenes Feld)* hat die Kapazität

$$C = \epsilon_0 \frac{A}{d}\,. \qquad (A\,5,\,8)$$

(A: Fläche, d: Abstand der Platten; ϵ_0: elektrische Feldkonstante, → Tab. D 3). Die Feldstärke ist durch Gl. (A 5, 4) gegeben.

Qualitativ ähnlich sind die Zusammenhänge auch bei anderen Anordnungen: Die Kapazität steigt bei Zunahme der Fläche und bei Verringerung des Abstandes.

Eine *Punktladung* (z. B. eine kleine, geladene Metallkugel, als Grenzfall auch ein einzelnes Elektron) ist im Grunde Teil eines Kondensators, dessen zweite Fläche sehr weit entfernt ist. Ihre Rolle wird von der weiteren Umgebung („Erde") übernommen. Dort werden an Oberflächen Ladungen *influenziert,* auf denen die Feldlinien enden. Das Feld der Punktladung (Abb. A 5, 2a) ist radial gerichtet und im Abstand r dem Betrage nach

$$E = \frac{1}{4\pi\,\epsilon_0} \cdot \frac{Q}{r^2}\,. \qquad (A\,5,\,9)$$

Eine andere Ladung (q) erfährt in diesem Feld nach Gl. (A 5,1) die Kraft

$$F = \frac{1}{4\pi\epsilon_0} \cdot \frac{Q\,q}{r^2} \qquad (A\,5,\,10)$$

(*Coulombsches Gesetz* über die Kraft zwischen zwei Punktladungen).

Magnetische Felder

Während *elektrische* Felder von *ruhenden* Ladungen ausgehen, werden statische *magnetische* Felder von *bewegten* Ladungen, also Strömen, hervorgerufen; die Stromstärke I ist ja definiert als die pro Zeiteinheit durch den betrachteten Leitungsquerschnitt strömende Ladung Q:

$$I = \frac{dQ}{dt} \qquad (A\,5,\,11)$$

(die *positive* Stromrichtung ist durch die Bewegung *positiver* Ladungen festgelegt). Die magnetischen *Feldlinien sind in sich geschlossen und umschlingen den erzeugenden Strom* (Abb. A 5, 3a).

Das Feld einer Stromschleife (Abb. A 5, 3b) gleicht dem eines kurzen magnetischen Dipols, das einer langen Spule (Abb. A 5, 3c) gleicht dem eines stabförmigen Permanentmagneten. Generell sind *Stromschleife* und *Dipol* einander äquivalent, und Stromstärke und Dipolmoment sind einander proportional. Es liegt nahe, bei Elektromagneten erstere Ausdrucksweise zu bevorzugen, bei Permanentmagneten letztere. Das Feld eines Permanentmagneten resultiert aus der teilweisen Ordnung atomarer Dipole (→ Kap. A 5, c). Man kann sich vorstellen, daß viele atomare Ströme die gleiche Wirkung ergeben wie ein Ringstrom an der Oberfläche des Magneten, der etwa durch Abb. A 5, 3c zu veranschaulichen wäre, nur daß dieser Strom keiner äußeren Quelle entstammt.

Praktisch erzeugt man magnetische Felder in *Spulen,* in denen durch den Strom ein magnetischer Fluß hervorgerufen wird.

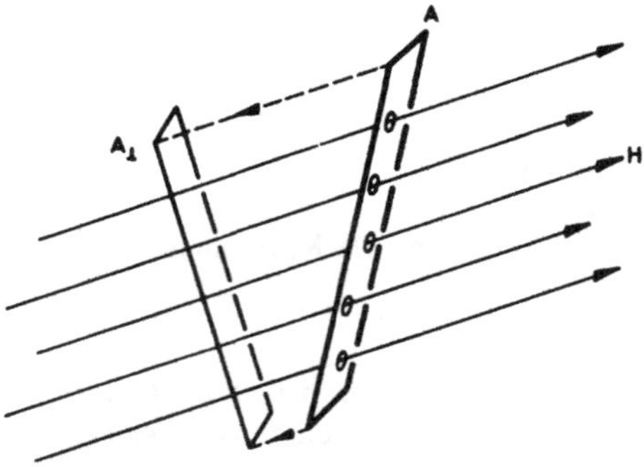

Abb. A 5, 6
Zur Definition des magnetischen Flusses durch eine Fläche, Gl. (A 5, 12)

Als *magnetischen Fluß* Φ durch eine Fläche A bezeichnet man anschaulich die Zahl der Feldlinien, die diese Fläche „durchlöchern" (Abb. A 5, 3b und A 5, 6); wie das Feld erzeugt wurde, ist dabei zunächst unerheblich. Die Feldstärke H ist anschaulich die Zahl der Feldlinien durch eine Flächen*einheit* senkrecht zum Feld, und daher ist Φ zu H und zu A proportional. Speziell für *homogene Felder* lautet die Definition:

$$\Phi = \mu_0 H_\perp A = \mu_0 H A_\perp \qquad (A\,5,\,12)$$

(μ_0: magnetische Feldkonstante, → Tab. D 3). Erstreckt sich also die Fläche senkrecht zum Feld, so ist Φ maximal; parallel zum Feld ist $\Phi = 0$. Der Gesamtfluß durch eine Spule mit n gleichen Windungen (jede mit der Fläche A, Abb. A 5, 3 c) ist das n-fache des obigen Ausdrucks.

In jeder Spule (aber auch in einer anders geformten Anordnung) ist nun der von ihr selbst erzeugte Fluß der Stromstärke proportional:

$$\Phi = L I\,. \qquad (A\,5,\,13)$$

Der Faktor L, der nur von der geometrischen Anordnung abhängt, heißt *Induktivität* (Einheit: Henry, H = Vs/A). Wegen

Gl. (A 5, 12) ist die Feldstärke – die örtlich verschieden sein kann – ebenfalls der Stromstärke proportional:

$$H \sim \Phi \sim I \;.$$

Eine *gerade Spule* mit n Windungen, die lang im Verhältnis zu ihrem Durchmesser ist (Abb. A 5, 3c), erzeugt in ihrem *Inneren* ein *homogenes Feld*. Sie hat die Induktivität

$$L = n^2 \mu_0 \frac{A}{l} \qquad \text{(A 5, 14)}$$

(A: Spulen-Querschnittsfläche, l: Spulenlänge). Die Feldstärke des homogenen Feldes ergibt sich daraus zusammen mit Gln. (A 5, 12), (A 5, 13):

$$H = \frac{n}{l} I \;. \qquad \text{(A 5, 15)}$$

Qualitativ ähnlich sind die Zusammenhänge auch bei anders geformten Spulen; insbesondere steigen L und H mit Vergrößerung der Windungszahl an.

Analogien zwischen Kondensator und Spule

	Elektr. Feld	Magn. Feld
Feldstärke	E (V/m)	H (A/m)
ist proportional	Q (As)	Φ (Vs) .
Diese sind das Produkt aus	U (V)	I (A)
und dem Geometriefaktor	C (As/V)	L (Vs/A) .

c) Materie im Feld

Elektrische und magnetische Felder üben Kräfte auch im mikroskopischen Maßstab auf die atomaren oder molekularen Ladungen und Dipole in der Materie aus.

Die im *elektrischen Feld* auf die frei beweglichen Ladungsträger eines *Metalles* wirkenden Kräfte führen zu einer Ladungstrennung: Die Oberflächen laden sich gerade so weit auf *(Influenz)*, daß, anschaulich gesprochen, die Feldlinien des ursprünglichen Feldes auf der Metalloberfläche enden können und das Metallinnere feldfrei bleibt (→ Kap. A 5, a).

In *Isolatoren,* die ja keine frei beweglichen Ladungsträger enthalten, ist dieser Vorgang nicht möglich. Im elektrischen Feld treten dennoch Oberflächenladungen auf, die aber lediglich von einer Ladungsverschiebung oder von der Orientierung molekularer Dipole herrühren. Als Beispiel für den *Orientierungs*effekt seien Moleküle betrachtet, die zwar als ganze elektrisch neutral sind, deren positive und negative Ladungsschwerpunkte aber nicht zusammenfallen (z. B. Wasser, → Kap. A 1, c). Auf einen solchen *elektrischen Dipol* wirkt ein äußeres *elektrisches* Feld genauso wie ein Magnetfeld auf einen magnetischen Dipol: Es übt ein Drehmoment aus (Gl. (A 5, 5)). Ohne äußeres Feld schwanken die Orientierungen der einzelnen Dipole infolge der thermischen Molekülbewegung zwar ständig in statistischer Weise, doch nach außen hin kompensieren sich die Momente der ungeheuer vielen Dipole. Befindet sich die Substanz aber in einem Kondensator, so wird durch dessen Feld in die Molekülorientierungen ein gewisser Grad von Ordnung gebracht, weil bei der thermischen Bewegung eine Dipolrichtung parallel zum Feld etwas bevorzugt wird (Abb. A 5, 7). Daraus resultiert ein makroskopisches Dipolmoment, das sich als Aufladung der in Feldrichtung liegenden beiden Oberflächen äußert (*Polarisation* der Substanz). Die Oberflächenladungen kompensieren zum Teil die Wirkung der felderzeugenden Kondensatorladungen, so daß sich die Spannung verringert. Das bedeutet nach Gl. (A 5, 7) eine Erhöhung der Kapazität auf $C = \epsilon C_0$, wenn C_0 die Kapazität des leeren Kondensators ist. Der Faktor ϵ ist eine für die Substanz (das *Dielektrikum*) und ihre molekularen Eigenschaften charakteristische Größe, die *Dielektrizitätszahl* (→ Tab. D 25).

In diesem Beispiel verschwindet die bevorzugte Orientierung, sowie das äußere Feld abgeschaltet wird. Im *magnetischen Feld* ist das bei einer wichtigen Klasse von Stoffen, den *Ferromagnetika* (z. B. Eisen), nicht immer der Fall. Sie enthalten mikroskopische Bezirke mit permanenten magnetischen Dipolen, die sich im äußeren Magnetfeld vorzugsweise in dessen Richtung orientieren (*Magnetisierung* der Substanz). Nach dem Abschalten des äußeren Feldes geht die Magnetisie-

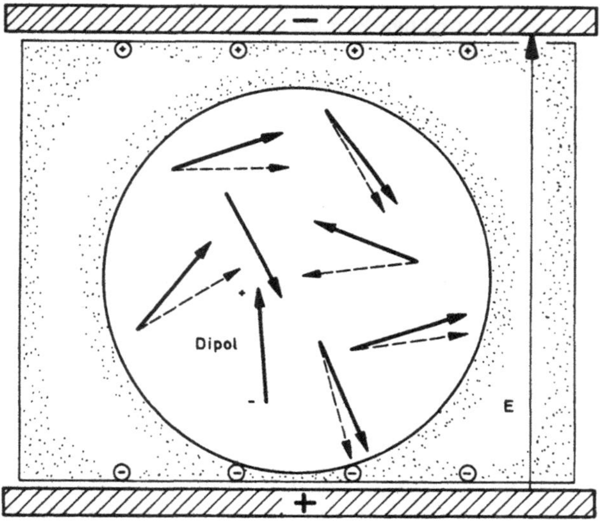

Abb. A 5, 7
Dielektrikum im Kondensatorfeld E. Oberflächenladungen infolge der teilweisen Orientierung molekularer Dipole (angedeutet im kreisförmigen Ausschnitt; gestrichelt: Lage ohne Feld. Alle Dipole sind in lebhafter thermischer Bewegung zu denken, von der die Abb. eine Momentaufnahme darstellt.)

rung bei magnetisch „weichen" Stoffen wieder verloren. Es gibt aber auch magnetisch „harte" Stoffe, bei denen sie erhalten bleibt und erst durch ein genügend starkes entgegengesetztes Feld wieder aufgehoben werden kann *(Permanentmagnete)*.

Die Analogie zu Dielektrika in Kondensatoren sind Kerne aus weichen Ferromagnetika in Spulen. Sie erhöhen deren Induktivität beträchtlich und führen zugleich die magnetischen Feldlinien. Das Feldlinienbild der Spule auf einem geschlossenen Transformatorkern (Abb. A 5, 3d) sieht deshalb anders als das einer Spule in Luft aus.

In einem *Wechselfeld* – sei es elektrisch oder magnetisch – ändert sich die Orientierung der entsprechenden Dipole periodisch. In bestimmten Frequenzbereichen entsteht dabei durch innere Reibungsvorgänge Wärme. So ist z. B. Wasser ein *verlustbehaftetes* Dielektrikum; es erwärmt sich zwischen Kondensatorplatten, wenn man eine Wechselspannung anlegt. Diese Erwärmung ist zu unterscheiden von der eines ohmschen Widerstandes, die von der Leitfähigkeit herrührt und auch mit Gleichspannung einträte. Beide Effekte können zusammenwirken, wenn – wie bei den Körperflüssigkeiten – Ionen im Wasser enthalten sind, und sie werden bei der *Diathermie* (wegen der benutzten Frequenzen mitunter als Kurzwellenbehandlung bezeichnet) auch beide ausgenutzt. Die Erwärmung im Kondensatorfeld benötigt im Unterschied zu der durch Leitungsströme aber keine Kontakte zum Körper.

d) Verknüpfung elektrischer und magnetischer Felder

Statische elektrische Felder sind an Ladungen, statische magnetische Felder an Ströme gekoppelt. *Wechselfelder* dagegen *können sich gegenseitig erzeugen.* So wird ein sich änderndes *Magnet*feld (Abb. A 5, 8 a) ringförmig von *elektrischen* Feldlinien umschlossen, die in diesem Fall nicht auf Ladungen enden, sondern in sich selbst zurücklaufen. Führt man im Gedankenexperiment eine Ladung längs einer solchen Feldlinie, so wäre bei einem Umlauf eine Potentialdifferenz, also eine Spannung U_{ind} zu messen (Gl. A 5, 3)). Diese Spannung wird experimentell an den Enden einer offenen Leiterschleife, die man an die Stelle der erwähnten Feldlinie bringt, tatsächlich zugänglich (Abb. A 5, 8 b). Sie hängt von der Änderungsgeschwindigkeit des magnetischen Flusses Φ (Gl. (A 5, 12)) ab, der durch die Fläche A der Schleife geht, und ist

$$U_{ind} = (-)\frac{d\Phi}{dt} \qquad \text{(A 5, 16)}$$

(Induktionsgesetz). Das Minuszeichen deutet an, daß ein durch U_{ind} in der *geschlossenen* Schleife hervorgerufener Strom in umgekehrter Richtung fließt wie der durch eine gleich gepolte, äußere Spannungsquelle hervorgerufene *(Lenzsche Regel).*

Die Rollen von E und H in Abb. A 5, 8a sind vertauschbar: Ein sich änderndes *elektrisches* Feld wird seinerseits ringförmig

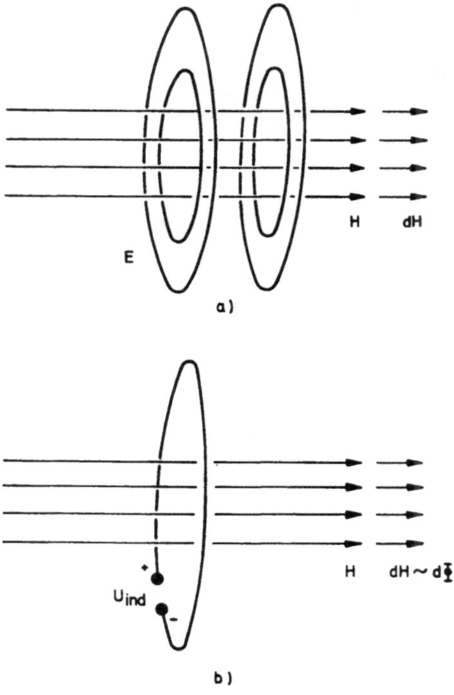

Abb. A 5, 8
Elektromagnetische Induktion
a) Ein sich änderndes Magnetfeld (H → H + d H) ist von elektrischen Feldlinien (E) umschlossen
b) Längs einer Drahtschleife kann die induzierte Spannung U_{ind} abgegriffen werden

von *magnetischen* Feldlinien umschlossen. Die neu entstehenden Felder sind jeweils proportional zur Änderungsgeschwindigkeit der erzeugenden: $E \sim dH/dt$ resp. $H \sim dE/dt$ (quantitativ formuliert in den *Maxwellschen Gleichungen*).

Die Verknüpfung elektrischer und magnetischer Felder allein auf Grund der Tatsache, daß bewegte Ladungen zugleich auch Ströme darstellen, wäre insoweit nur eine Übertragung der

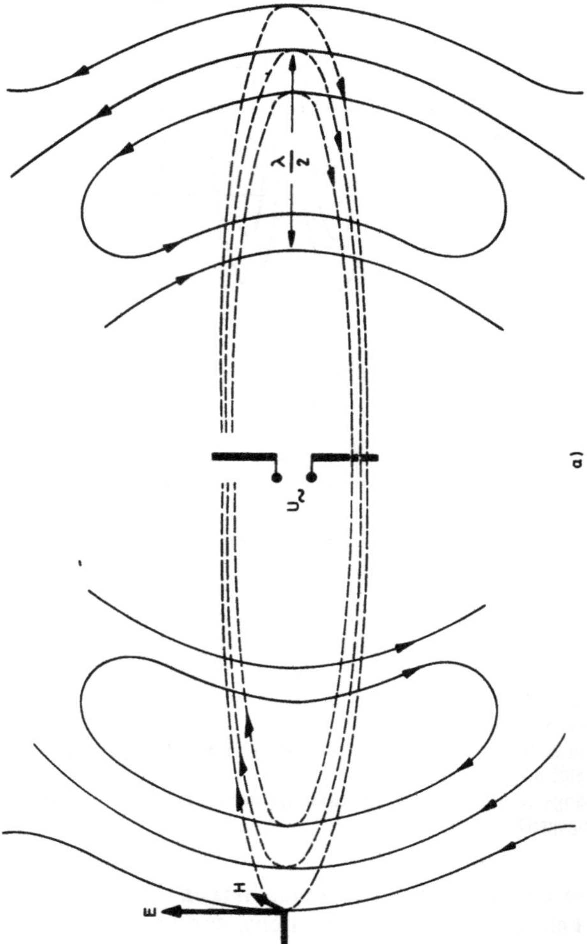

Abb. A 5, 9
Dipolantenne
a) Ausschnitt aus dem Feldlinienbild in einigem Abstand vom Dipol, sog. Fernfeld (ausgezogen: E; gestrichelt: H). Momentaufnahme; das Bild dehnt sich mit Lichtgeschwindigkeit aus

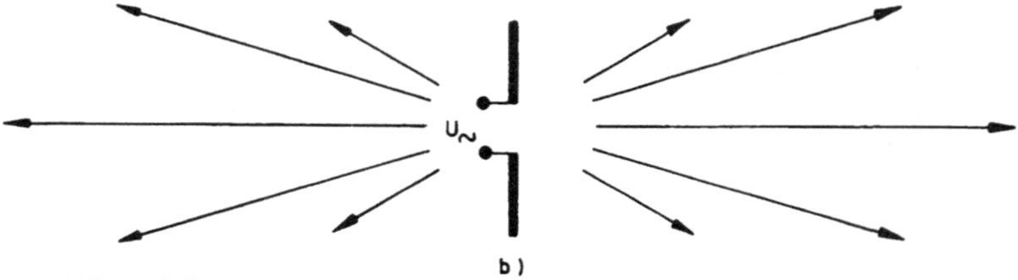

Abb. A 5, 9
Diploantenne
b) Richtungsabhängigkeit der Strahlungsleistung
Beide Bilder sind rotationssymmetrisch um den Dipol zu ergänzen

statischen Verhältnisse auf dynamische. Die in den Maxwellschen Gleichungen ausgedrückten Verknüpfungen führen darüber aber wesentlich hinaus: Erst sie machen es möglich, daß sich die Felder von den erzeugenden Ladungen und Strömen („Antennen“) vollständig trennen und sich, immer miteinander gekoppelt, als *elektromagnetische Welle* in den Raum ausbreiten. Die Ausbreitungsgeschwindigkeit ist eine Naturkonstante, nämlich die (im Vakuum) frequenzunabhängige Lichtgeschwindigkeit.

Der Prototyp einer *Antenne* ist der elektrische Dipol mit periodischer Anregung durch eine hochfrequente Wechselspannungsquelle (Abb. A 5, 9), wie er in gleicher Form auch für Empfangszwecke verwendet wird. Es gilt aber allgemeiner, daß elektromagnetische Strahlung immer dann entsteht, wenn Ladungen *beschleunigt* werden. Die Amplitude des elektrischen wie auch des magnetischen Strahlungsfeldes ist der Beschleunigung proportional, die Strahlungsleistung also proportional dem Quadrat der Beschleunigung. Sie wird räumlich nicht gleichmäßig verteilt: In Richtung der Beschleunigung wird keine, in der dazu senkrechten Richtung ein Maximum an Leistung abgestrahlt, wie Abb. A 5, 9 am *Strahlungsdiagramm* der Dipolantenne zeigt.

Die *sinusförmig*-periodische Beschleunigung der Ladungen in der Dipolantenne führt zu *monofrequenter* Strahlung. Anders ist es bei der *Abbremsung* eines Elektrons in Materie (negativ beschleunigte Ladung), durch die die Röntgen-Bremsstrahlung entsteht. Sie hat ein ***kontinuierliches Spektrum***, dessen höchste Frequenz ν_{max} dadurch gegeben ist, daß die Quantenenergie gleich der gesamten kinetischen Energie eines Elektrons wird (→ Gl. (A 9, 4)).

Unabhängig von der Entstehung der Strahlung sind elektrische Feldstärke, magnetische Feldstärke und Ausbreitungsrichtung einer elektromagnetischen Welle stets durch drei aufeinander senkrecht stehende Vektoren zu kennzeichnen *(transversale Welle)*. Elektrisches und magnetisches Feld schwingen phasengleich. Es genügt also, z. B. zur Kennzeichnung des Polarisationszustandes sich auf einen der Feldvektoren zu beziehen. Meist wählt man den elektrischen, weil die elektrischen Wechselwirkungen mit Materie ausgeprägter als die magnetischen sind.

A 6 Spannung und Strom

a) Spannung und Strom in Netzwerken

Analogien zwischen elektrischem Strom und strömenden Flüssigkeiten

Der elektrische Strom stellt einen Transport von Ladung Q, der Flüssigkeitsstrom den Transport eines Flüssigkeitsvolumens V durch eine Leitung dar. Die Stromstärke I ist in beiden Fällen gleich definiert (Gl. (A 4, 22) und (A 5, 11)). Ursache des elektrischen Stromes ist eine Spannung (Potentialdifferenz) U, in Analogie zur Druckdifferenz Δp der Flüssigkeitsströmung. Wie bei Flüssigkeiten, so kommt es auch bei elektrischen Strömen oft vor, daß die Stromstärke I der Spannung U proportional ist, so daß man in Analogie zu Gl. (A 4, 23) einen Widerstand

$$R = \frac{U}{I} \qquad \text{(A 6, 1)}$$

definieren kann *(Ohmsches „Gesetz")*. In diesem Falle können Flüssigkeitsströmungen als anschauliche Modelle elektrischer

Ströme dienen (Abb. A 6, 1). Wenn man sich das Druckgefälle Δp durch ein Geländegefälle Δh (Fluß) erzeugt denkt, hat man folgende Entsprechungen:

$$\text{Flüssigkeitsstrom} \leftrightarrow \text{elektrischer Strom}$$

$$I = \frac{dV}{dt} \quad \leftrightarrow \quad I = \frac{dQ}{dt}$$

$$\Delta h \quad \leftrightarrow \quad U$$

Allerdings darf man die Abhängigkeit des Widerstandes R von den Leitungsabmessungen nicht vom Flüssigkeitsmodell (Gl. (A 4, 24)) übernehmen. Für den elektrischen Widerstand eines homogenen Leiters (z. B. Draht) mit der Querschnittsfläche A und der Länge l gilt

$$R = \rho \frac{l}{A} . \tag{A 6, 2}$$

Die Materialkonstante ρ heißt spezifischer Widerstand (Resistivität, → Tab. D 24).

Netzwerke

Zusammenschaltungen von Leitungsstücken, die alle durch ihren Widerstand R_n charakterisiert sind, bezeichnet man als Netzwerke. Eine von außen angelegte Spannung U erzeugt eine mehr oder weniger komplizierte Verteilung von Strömen in den einzelnen Widerständen (Abb. A 6, 1), wobei an jedem ein bestimmter Bruchteil U_n von U anliegt. Zwischen diesem Spannungsabfall U_n und dem Strom I_n in jedem einzelnen Teilwiderstand R_n gilt Gl. (A 6, 1).

Die Analogie zu Flüssigkeitsströmungen zeigt anschaulich, daß folgende Regeln gelten:

I. Betrachtet man einen *Knoten*, an dem mehrere Leitungen zusammentreffen (Abb. A 6, 1), so muß die Summe der einfließenden Ströme gleich der Summe der ausfließenden sein:

$$\Sigma I_{n,ein} = \Sigma I_{n,aus} . \tag{A 6, 3}$$

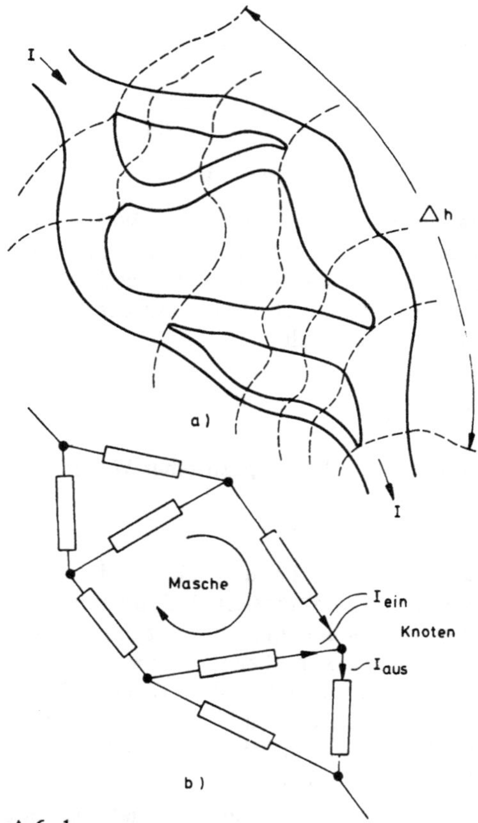

Abb. A 6, 1
Vergleich von Netzwerken
a) Flüssigkeitsströmung als Modell (Fluß mit Höhenlinien)
b) entsprechende elektrische Schaltung

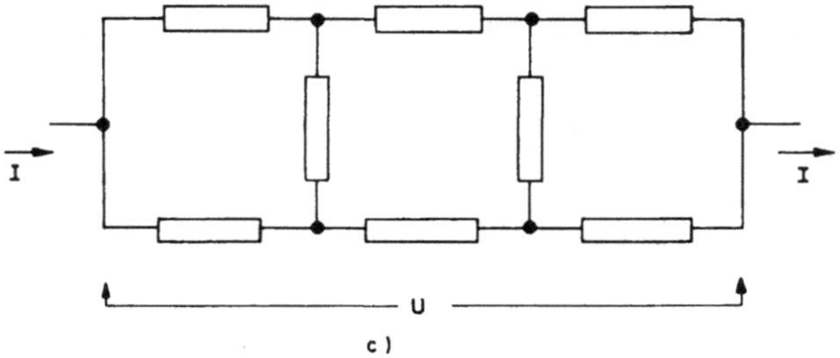

Abb. A 6, 1
Vergleich von Netzwerken
c) die Schaltung b) in geordneter Darstellung

II. Betrachtet man eine *Masche* des Netzwerkes (Abb. A 6, 1), so ist die Summe der Spannungsabfälle U_n bei einem Umlauf Null (weil man zum Ausgangspunkt zurückkehrt). Das gilt auch, wenn man die äußere Spannungsquelle mit einbezieht und die Richtungen der Quellenspannung und des Spannungsabfalls am Widerstand wie in Abb. A 6, 2 festlegt. Daraus folgt: Auf jedem Weg von der einen Anschlußstelle der äußeren

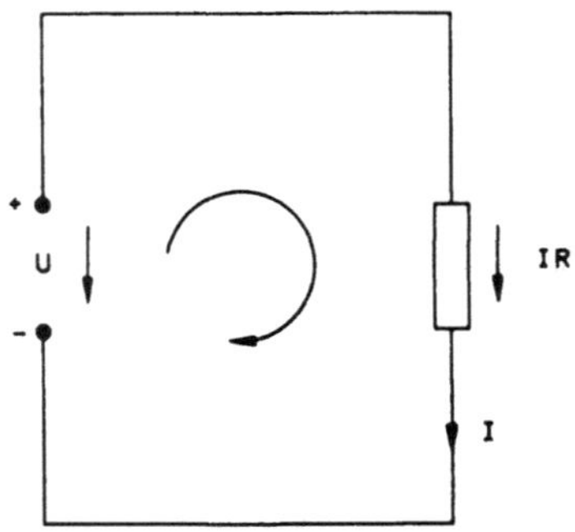

Abb. A 6, 2
Maschenregel. Festlegung der Vorzeichen

Spannung U zur anderen muß die Summe der Spannungsabfälle U_n betragsmäßig gerade U ergeben:

$$|\Sigma U_n| = |U| . \qquad \text{(A 6, 4)}$$

Mit Hilfe der Gln. (A 6, 1; A 6, 3; A 6, 4) läßt sich der Strom I_n und der Spannungsabfall U_n für jeden Teilwiderstand R_n ausrechnen.

Kirchhoffsche Regeln

Für die einfachen Spezialfälle, daß Widerstände nur in Serie oder nur parallel geschaltet sind (Abb. A 6, 3), gilt folgendes:

a) Serien-(Hintereinander-)Schaltung

$$\begin{aligned} & U = U_1 + U_2 \ldots + U_n , \\ & U_1 : U_2 \ldots : U_n = R_1 : R_2 \ldots : R_n , \\ & I = I_1 = I_2 \ldots = I_n , \\ & \frac{U}{I} = R = R_1 + R_2 \ldots + R_n . \end{aligned} \qquad \text{(A 6, 5)}$$

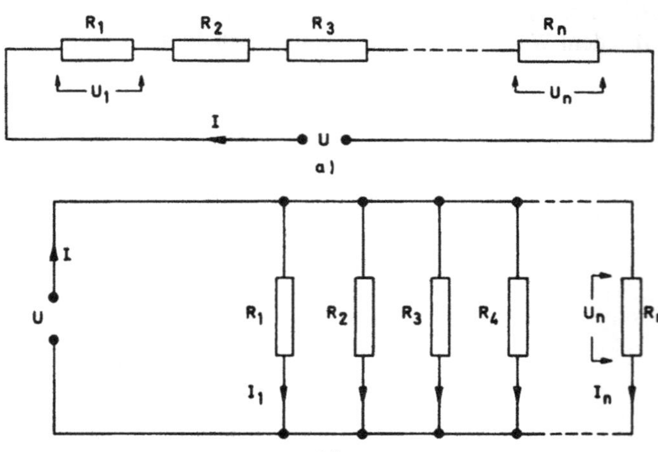

Abb. A 6, 3
a) Serienschaltung b) Parallelschaltung von Widerständen

b) Parallelschaltung:

$$U = U_1 = U_2 \ldots = U_n ,$$

$$I = I_1 + I_2 \ldots + I_n ,$$

$$I_1 : I_2 \ldots : I_n = \frac{1}{R_1} : \frac{1}{R_2} \ldots : \frac{1}{R_n} , \quad \text{(A 6, 6)}$$

$$\frac{I}{U} = \frac{1}{R} = \frac{1}{R_1} + \frac{1}{R_2} \ldots + \frac{1}{R_n} .$$

Mit R ist der resultierende Widerstand der Serien- resp. Parallelschaltung bezeichnet; man könnte also an ihrer Stelle einen einzelnen Widerstand R (Ersatzwiderstand) anbringen, ohne daß sich der Strom I, den die äußere Spannungsquelle liefern muß, ändert. – Der reziproke Widerstand 1/R wird *Leitwert* genannt.

Anwendungen der Kirchhoffschen Regeln

Die Gl. (A 6, 5), (A 6, 6) erleichtern die Beurteilung vieler elektrischer Schaltungen. Voraussetzung ist, daß für die Schaltelemente das Ohmsche Gesetz gilt. Dann kann man sie immer – gleichgültig, um welche Objekte oder Geräte es sich im

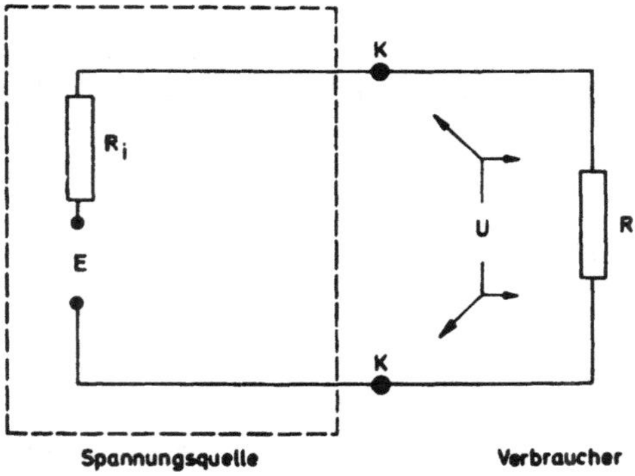

Abb. A 6, 4
Spannungsquelle mit Innenwiderstand R_i. K: Anschlußklemmen, R_V: Verbraucher

einzelnen handelt – durch einen Widerstand (Spannungsquellen zusätzlich noch durch ihre Leerlaufspannung) charakterisieren.

Innenwiderstand und Klemmenspannung von Spannungsquellen: Im Inneren jeder Spannungsquelle finden sich Materialien mit einem gewissen Widerstand R_i (Elektrolytlösung im galvanischen Element, Zuleitungsdrähte zur Steckdose), so daß sie wie in Abb. A 6, 4 zu schematisieren ist. Schließt man an die Klemmen K einen „Verbraucher" (der auch lediglich ein Meßinstrument sein kann) an, dessen Widerstand R_V ist, so gilt nach Gl. (A 6, 5) für die *Klemmenspannung* U, die auf ihn entfällt:

$$U : E = R_V : (R_i + R_V) \ ,$$

also

$$U = E \frac{R_V}{R_i + R_V} \ . \qquad \text{(A 6, 7)}$$

U also ist im allgemeinen kleiner als E. Nur im Leerlauffall (kein Verbraucher, $R_V \to \infty$), in dem kein Strom fließt, ist U = E. E heißt daher *Leerlaufspannung.* Schließt man die Klemmen kurz ($R_V = 0$), so fließt der nur noch durch den Innenwiderstand begrenzte *Kurzschlußstrom* $I = E/R_i$.

Spannungsteilung mit dem Potentiometer: Zur definierten Verringerung einer Spannung benutzt man Widerstände mit Schleifkontakt, die wie in Abb. A 6, 5 geschaltet werden. Wie im vorhergehenden Beispiel handelt es sich um die Serienschaltung von zwei Teilwiderständen, so daß die Ausgangsspannung U_1 in Analogie zu Gl. (A 6, 7)

$$U_1 = U \frac{R_1}{R_1 + R_2} \qquad \text{(A 6, 8)}$$

ist. Den Potentiometerwiderstand realisiert man durch einen homogenen Draht oder eine Kohleschicht; die Ausgangsspannung ist dann wegen Gl. (A 6, 2) der abgegriffenen Länge proportional.

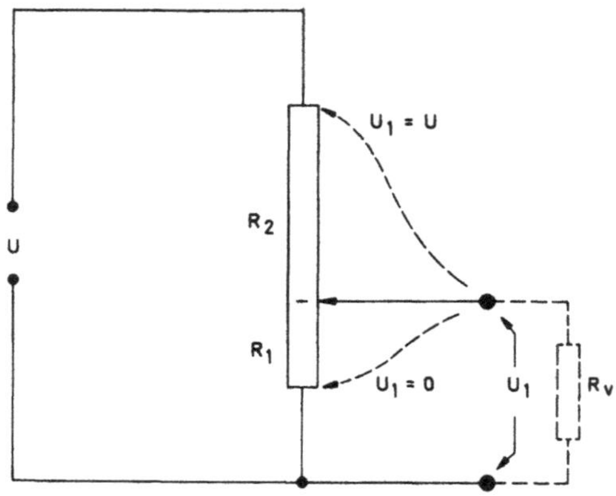

Abb. A 6, 5
Potentiometerschaltung

Wird die Spannung U_1 an einen Verbraucher R_V gelegt, so ist dieser zum Teilwiderstand R_1 parallel. An dessen Stelle ist dann in Gl. (A 6, 8) R gemäß $1/R = 1/R_1 + 1/R_V$ zu setzen.

Mit einem Potentiometer lassen sich Gleich- und Wechselspannungen nur *verringern*. Es verbraucht Leistung, weil es ständig von Strom durchflossen wird (vgl. damit den Transformator, → Kap. A 6, c, der nur für Wechselspannung brauchbar ist, sie aber ohne Leistungsverlust sowohl verringern als auch vergrößern kann).

b) Zeitlich veränderliche Spannungen und Ströme

Sinusförmige Spannungsänderungen. Wechselstromwiderstände

Um das Verhalten einer Schaltung gegenüber zeitlich veränderlichen Spannungen zu untersuchen, kann man von sinusförmigen Spannungsänderungen ausgehen. Das ist nach dem Fouriertheorem (→ Kap. A 7, a) ein besonders einfacher Fall, und zudem werden technisch überwiegend derartige Wechselspannungen erzeugt. In Verbrauchern rufen sie Wechselströme gleicher Frequenz hervor. Der Begriff des Widerstandes, der durch Gl. (A 6, 1) eingeführt wurde, bedarf im Falle von Wechselspannungen und -strömen der Präzisierung.

Zwischen Strom

$$I = \hat{I} \cos \omega t$$

und Spannung

$$U = \hat{U} \cos (\omega t + \Delta \varphi)$$

kann eine Phasenverschiebung $\Delta \varphi$ bestehen. Nach Gl. (A 6, 1) wäre dann R gar kein zeitlich konstanter Wert. Man definiert als Wechselstromwiderstand deshalb das Verhältnis der *Amplituden*

$$R_{\sim} = \frac{\hat{U}}{\hat{I}} . \qquad \text{(A 6, 9)}$$

Bei gewöhnlichen *„ohmschen" Widerständen* (Draht, Kohleschicht, elektrolytische Lösung) ist $\Delta \varphi = 0$, so daß Gl. (A 6, 1) und Gl. (A 6, 9) dasselbe besagen. Anders ist es bei Kondensatoren und Spulen. Die angelegte Wechselspannung muß gerade die Ladespannung resp. die Induktionsspannung kompensieren, und diese sind mit dem Wechselstrom nicht in Phase.

Beim *Kondensator* ist (Gln. (A 5, 7), (A 5, 11))

$$U = \frac{1}{C} Q = \frac{1}{C} \int I \, dt ,$$

also

$$U = \frac{1}{C} \int \hat{I} \cos \omega t \, dt = \frac{1}{\omega C} \hat{I} \sin \omega t$$

$$= \hat{U} \sin \omega t = \hat{U} \cos \left(\omega t - \frac{\pi}{2} \right) ,$$

was einer Phasenverschiebung

$$\Delta \varphi_C = - \frac{\pi}{2} \qquad \text{(A 6, 10)}$$

zwischen Spannung und Strom (d. h. Strom der Spannung voraus) und einem Wechselstromwiderstand

$$R_C = \frac{1}{\omega C} \qquad (A\,6,\ 11)$$

entspricht.

An eine *Spule* ohne ohmschen Widerstand muß, damit ein Wechselstrom fließen kann, trotzdem eine Wechselspannung angelegt werden, die gerade gleich der Induktionsspannung (Gl. (A 5, 16)) ist:

$$U = U_{ind} = \frac{d\Phi}{d\,t}\,;$$

also nach Gl. (A 5, 13)

$$U = L\frac{d\,I}{d\,t} = L\,\frac{d(\hat{I}\cdot\cos\omega\,t)}{d\,t} = -\,\omega\,L\,\hat{I}\sin\omega\,t$$

$$= -\,\hat{U}\sin\omega\,t = \hat{U}\cos\left(\omega\,t + \frac{\pi}{2}\right),$$

was einer Phasenverschiebung

$$\Delta\varphi_L = +\,\frac{\pi}{2} \qquad (A\,6,\ 12)$$

zwischen Spannung und Strom (d. h. Spannung dem Strom voraus) und einem Wechselstromwiderstand

$$R_L = \omega\,L \qquad (A\,6,\ 13)$$

entspricht.

R_C und R_L sind, im Gegensatz zu den ohmschen *Wirkwiderständen*, *Blindwiderstände*, in denen keine Stromwärme entsteht (→ Gl. (A 2, 22)). Ihre Frequenzabhängigkeit zeigt Abb. A 6, 6.

Bei der Betrachtung von *Netzwerken*, die Spulen und Kondensatoren enthalten, sind die Phasenverschiebungen zu berücksichtigen. Beispiel: *Serienschaltung* von R, C und L (Abb. A 6, 7). Nach Gl. (A 6, 5) fließt durch alle derselbe Wechsel*strom*, aber die drei Teil*spannungen* sind verschieden und

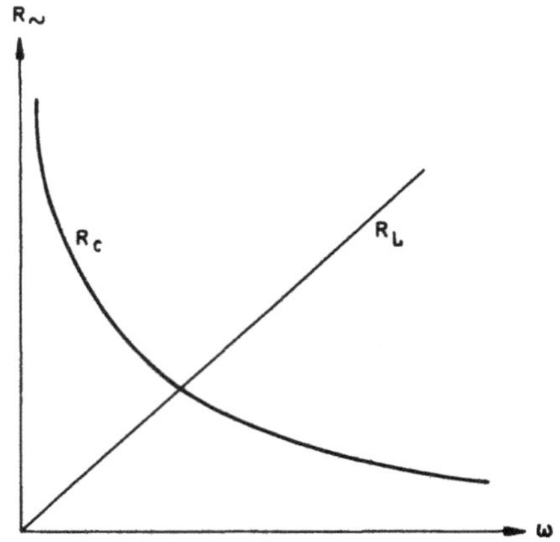

Abb. A 6, 6
Wechselstromwiderstand eines Kondensators (R_C) und einer Spule (R_L) in Abhängigkeit von der Frequenz ($\omega = 2\pi\nu$)

untereinander phasenverschoben. Sie können im *Zeigerdiagramm* zu der resultierenden Spannung U addiert werden (→ Kap. A 7, a). Für ihre Amplitude gilt

$$\hat{U} = \sqrt{(\hat{U}_L - \hat{U}_C)^2 + \hat{U}_R^2}$$

und (nach Division durch die Stromamplitude $\hat{I}$) für den resultierenden Wechselstromwiderstand

$$R_{\sim} = \sqrt{\left(\omega L - \frac{1}{\omega C}\right)^2 + R^2} \,. \qquad \text{(A 6, 14)}$$

Formal ergibt sich $R_{\sim}$ also aus der Summation „phasenverschobener" Wechselstrom*widerstände* im Zeigerdiagramm. In diesem Zusammenhang wird der Wechselstromwiderstand oft auch *Impedanz* genannt, die durch Betrag und Phasenverschiebung charakterisiert ist.

Abb. A 6, 7 c zeigt die Frequenzabhängigkeit des Wechselstromwiderstandes der R-C-L-Serienschaltung sowie die des Stromes. Das Minimum von $R_{\sim}$ und das Maximum von $\hat{I}$ liegen

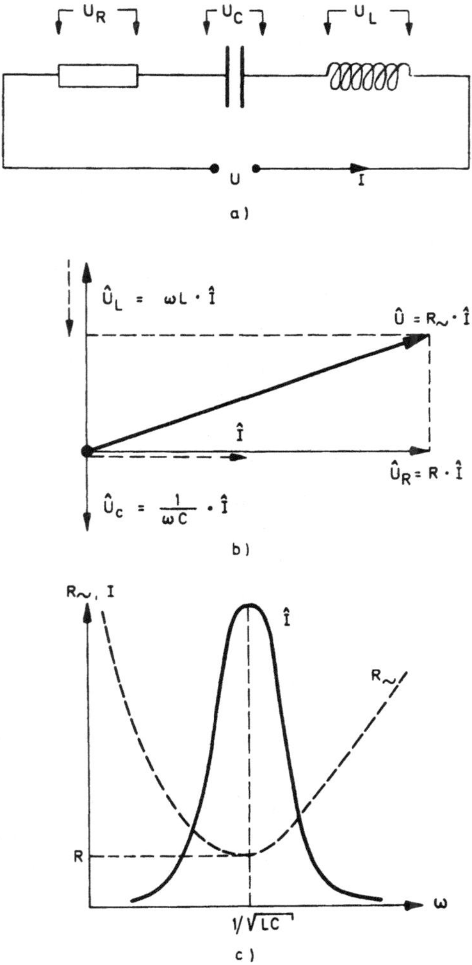

Abb. A 6, 7
Serienschaltung von Widerstand, Kondensator und Spule.
a) Schaltbild b) Teilspannungen in Zeigerdarstellung c) Frequenzabhängigkeit des resultierenden Wechselstromwiderstandes ($R_\sim$) und des Stromes ($\hat{I}$)

bei $\omega L - \frac{1}{\omega C} = 0$, also bei

$$\omega = \frac{1}{\sqrt{LC}}; \quad \nu = \frac{1}{2\pi\sqrt{LC}}. \qquad \text{(A 6, 15)}$$

Das ist die Resonanzfrequenz des durch C und L gebildeten Schwingkreises (Gl. (A 7, 8)), der hier durch die angelegte Wechselspannung zu erzwungenen Schwingungen angeregt wird. Die hier gegebene Darstellung der Resonanzerscheinung ist der in Kap. A 7, b äquivalent.

Eine *Parallelschaltung* von R, C und L stellt einen Schwingkreis dar, bei dem in Resonanz (mit der gleichen, durch Gl. (A 6, 15) gegebenen Frequenz) der Wechselstrom-Leitwert statt des Widerstandes ein Minimum und somit die Spannung statt des Stromes ein Maximum hat.

Sprunghafte Spannungsänderungen

Mit den oben skizzierten Begriffen lassen sich Schaltungen aus Widerständen, Kondensatoren und Spulen beschreiben, an die man eine Wechselspannung anlegt. Mitunter ist es zweckmäßig, statt dessen eine sprunghaft einsetzende Gleichspannung *(Stufenfunktion)* anzunehmen und die Schaltung durch die Zeitabhängigkeit des darauf folgenden Stromes zu charakterisieren, die im allgemeinen keineswegs die Form einer Stufenfunktion hat. Beide Betrachtungsweisen sind gleichberechtigt (→ Kap. A 10, b).

Als Beispiel sei die Serienschaltung von Widerstand R und Kondensator C betrachtet *(RC-Glied)*. Beim Anlegen einer Wechselspannung wäre sie durch ihren Wechselstromwiderstand nach Gl. (A 6, 14), nämlich $R_{\sim} = \sqrt{\frac{1}{\omega^2 C^2} + R^2}$, und den daraus errechenbaren Wechselstrom zu beschreiben. Beim plötzlichen Anlegen einer Gleichspannung U dagegen verhält sich der Strom wie folgt: Im ersten Moment fließt der durch den Widerstand begrenzte Strom $I_0 = U/R$, der dann aber mit zunehmender Aufladung des Kondensators abnimmt, und zwar zeitlich exponentiell: $I = I_0\, e^{-t/\tau}$. Die *Zeitkonstante* τ gibt an, nach welcher Zeit der Strom auf I_0/e abgesunken ist; sie beträgt $\tau = RC$. Mit der gleichen Zeitkonstante lädt sich der Kondensator bis zur Endspannung U auf. Anschaulich: Der zunächst beobachtete Strom ist der Ladestrom des Kondensators; der Widerstand verzögert die Aufladung.

Der Stromverlauf hat nur dann die Form einer Stufenfunktion, wenn eine Schaltung allein ohmsche Widerstände enthält. In der Praxis treten aber stets Kapazitäten, mitunter auch Induktivitäten auf. Infolgedessen können Spannungs*impulse* durch die Schaltung verzerrt werden.

c) Spannungsquellen

Anwendung der Induktion

Die *Generatoren* der Kraftwerke, die die Netzspannung erzeugen, arbeiten auf Grund des Induktionsgesetzes Gl. (A 5, 16). Im Prinzip wird in einem Magnetfeld eine Leiterschleife mit konstanter Winkelgeschwindigkeit ω gedreht, wodurch die dem magnetischen Fluß Φ proportionale Fläche $A_\perp$ sich periodisch ändert:

$$A_\perp = \hat{A}_\perp \cos \omega t \,.$$

Also gilt auch

$$\Phi = \hat{\Phi} \cos \omega t.$$

An den Enden der Schleife entsteht die Spannung

$$U_{ind} = \frac{d\Phi}{dt} = -\,\omega \hat{\Phi} \sin \omega t = -\,\hat{U} \sin \omega t \,. \qquad \text{(A 6, 16)}$$

Von Sonderzwecken (Eisenbahn) abgesehen, ist die Frequenz $\nu = 50\,\text{Hz}$ ($\omega = 100\pi\ 1/\text{s}$) gebräuchlich. Zunächst werden Spannungen von einigen hundert kV erzeugt und erst in der Nähe der Verbraucherorte auf die übliche Netzspannung ($U_{eff} = 220\,\text{V}$) herabgesetzt. Dazu dienen Transformatoren.

Ein *Transformator* enthält Primär- und Sekundärspule auf einem gemeinsamen geschlossenen Eisenkern (→ Abb. A 5, 3d). Durch Wechselströme in den Spulen wird ein magnetischer Wechsel-Fluß mit der Amplitude $\hat{\Phi}$ erzeugt, der alle Windungen beider Spulen durchsetzt. Er induziert in der Primärspule (n_1 Windungen) eine Spannung $\hat{U}_1 \sim n_1 \hat{\Phi}$, die betragsmäßig gleich der angelegten Spannung ist, und in der Sekundärspule (n_2 Windungen) eine Spannung $\hat{U}_2 \sim n_2 \hat{\Phi}$, die dem Verbraucher zur Verfügung steht. Es ist also

$$\hat{U}_1 : \hat{U}_2 = n_1 : n_2 \, . \qquad \text{(A 6, 17)}$$

Die Rollen von Primär- und Sekundärspule sind vertauschbar; Spannung kann herauf- und heruntertransformiert werden.

Induzierte Wechselspannungen sind – vgl. Gl. (A 6, 16) – proportional zu ω. Auf die beschriebene Weise lassen sich also keine Gleichspannungen erzeugen, ebensowenig wie ein Transformator für Gleichspannung brauchbar ist.

Gleichrichtung von Wechselspannungen

Der zeitliche Verlauf einer zunächst sinusförmigen Wechselspannung läßt sich so verformen, daß neben einem Spektrum periodischer Spannungen (→ Kap. A 7, a) auch ein Gleichspannungsanteil entsteht *(Gleichrichtung)*.

Man kann bereits bei der Erzeugung die Generatoranschlüsse periodisch umpolen *(kommutieren)* und erhält eine Spannung mit dem in Abb. A 6, 8 a dargestellten zeitlichen Verlauf. Eine andere Möglichkeit besteht in der Gleichrichtung am Ort des Verbrauchs. Dazu dienen z. B. *Halbleiterdioden*, die die Eigenschaft haben, bei der einen Polarität der Spannung einen sehr kleinen, bei der anderen einen sehr großen Widerstand darzustellen (Abb. A 6, 13), so daß nur die Hälfte jeder Stromperiode durchgelassen wird (Abb. A 6, 8 b).

Der Gleichspannungsanteil wird aus dem Frequenzgemisch durch ein *Tiefpaßfilter* (→ Abb. A 7, 3) abgetrennt, das aus einer Kombination von Spule und Kondensator nach Abb. A 6, 9 besteht. Es wirkt wie ein frequenzabhängiges Potentio-

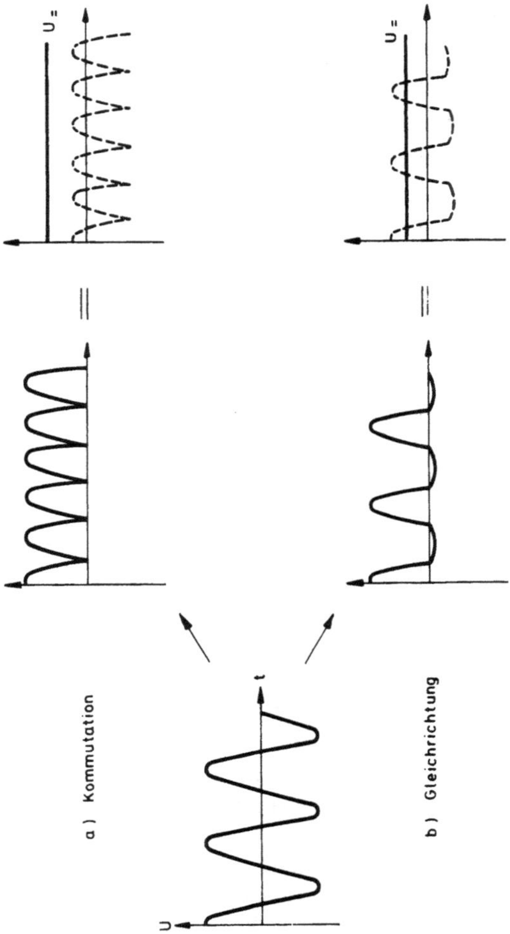

Abb. A 6, 8
Gleichrichtung einer Wechselspannung. Der Spannungsverlauf ist zerlegt in Gleich- und Wechselspannungsanteile. a) Kommutation, ebenso bei Zweiweggleichrichtung b) Einweggleichrichtung

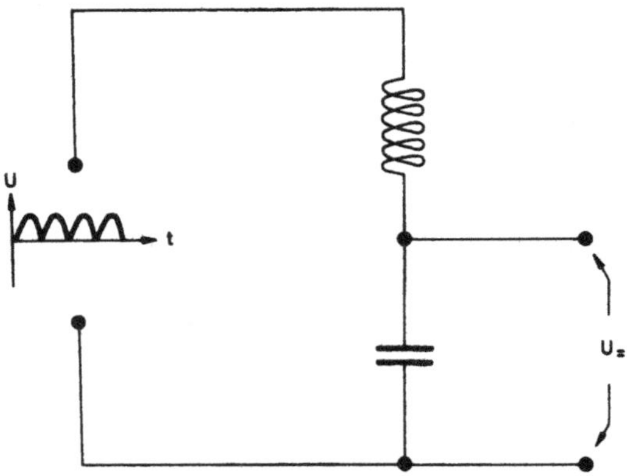

Abb. A 6, 9
Tiefpaßfilter („Siebglied") zur Gewinnung des Gleichspannungsanteils aus Spannungen wie in Abb. A 6, 8

meter (vgl. Abb. A 6, 4): Für Gleichspannung ist R_C (entsprechend R_1 in Abb. A 6, 4) sehr groß, für Wechselspannung klein, während für R_L das umgekehrte gilt (Abb. A 6, 6). Daher wird am Kondensator nur die Gleichspannung abgegriffen.

Mit Hilfe von Transformator und Gleichrichter lassen sich aus der Wechselspannung des Netzes beliebige Gleichspannungen herstellen. Diese Spannungsquellen nennt man *Netzgeräte.*

Chemische Spannungsquellen

Galvanische Elemente und Akkumulatoren (→ Tab. D 26) spielen technisch eine Rolle als netzunabhängige Gleichspannungsquellen. – Gleichen Ursprungs sind die biologischen Spannungen (Beispiel: Aktionsspannungen von Nervenfasern entstehen durch Konzentrationsunterschiede im Elektrolytsystem Na^+, K^+, Cl^-). – Näheres → Kap. A 3, 1.

Thermospannungen

Ähnlich wie Metall*ionen* eine gewisse Lösungstension in eine Elektrolytlösung haben, treten beim Kontakt zweier verschiedener Metalle *Elektronen* von einem zum anderen über. Da-

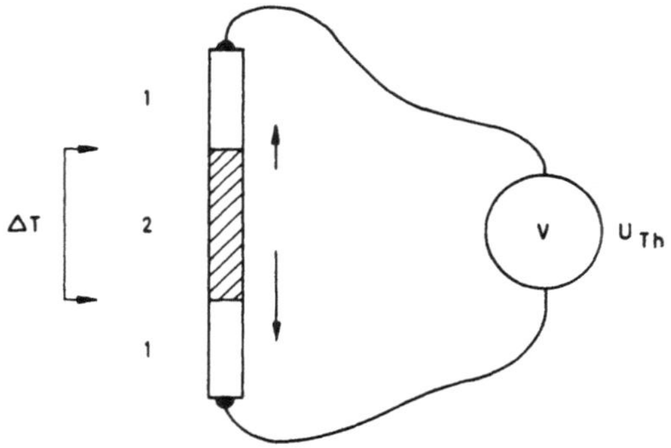

Abb. A 6, 10
Thermoelektrischer Effekt. Die Pfeile markieren die verschieden großen Kontaktspannungen zwischen den beiden Metallen 1 und 2, wenn ihre Kontatkstellen verschiedene Temperaturen haben

durch entsteht eine temperaturabhängige *Kontaktspannung*. Sie ist normalerweise nicht nachweisbar, da sich (Abb. A 6, 10) die Spannungen verschiedener Kontaktstellen insgesamt kompensieren. Wenn aber zwei Kontaktstellen verschiedene Temperaturen haben, bleibt die Differenz ihrer Kontaktspannungen als Thermospannung U_{Th} übrig. Sie ist der Temperaturdifferenz ΔT proportional:

$$U_{Th} = \vartheta \cdot \Delta T \; . \qquad \text{(A 6, 18)}$$

Der Proportionalitätsfaktor ϑ hängt von der Metallkombination ab.

Thermospannungen werden zu Meßzwecken (Temperaturmessung mit Thermoelementen) ausgenutzt (→ Kap. B 8, c).

Photospannungen

Am Kontakt verschieden dotierter Halbleiter (→ folg. Abschnitt d) entsteht eine Spannung, wenn durch den Photoeffekt beim Bestrahlen mit genügend kurzwelligem Licht zusätzliche Ladungsträger erzeugt werden. Die Spannung eines Halbleiter-Photoelementes ist der Strahlungsleistung ungefähr proportional. Außer zu Meßzwecken (Belichtungsmesser) dienen Photoelemente auch zur Umwandlung von Strahlungs-Energie in elektrische (Solarzellen).

d) Strom in verschiedenen Medien

Der elektrische Strom ist stets ein Transport von Ladungen, der jedoch in verschiedenen Medien von ganz verschiedenen Ladungsträgern übernommen werden kann (z.B. Elektronen, Ionen). Sie sind in manchen Fällen *ständig* im Medium vorhanden, in anderen werden sie erst durch den Prozeß der Stromleitung oder äußere Einflüsse (Bestrahlung) *erzeugt*. Der Transport der Ladung hat den Charakter einer der thermischen Bewegung überlagerten Drift (Ionen in Flüssigkeiten, → Kap. A 3, f) oder einer ungestört beschleunigten Bewegung (Elektronen im Vakuum). Alle diese Einzelheiten bestimmen den Verlauf der *Kennlinie,* also des Zusammenhanges zwischen Spannung U und Strom I. Die lineare Kennlinie Abb. A 6, 11, die dem Ohmschen Gesetz Gl. (A 6, 1) entspricht, ist nur ein Sonderfall. Man findet sie, wenn die Dichte der Ladungsträger (Anzahl pro Volumeneinheit) konstant und ihre Geschwindig-

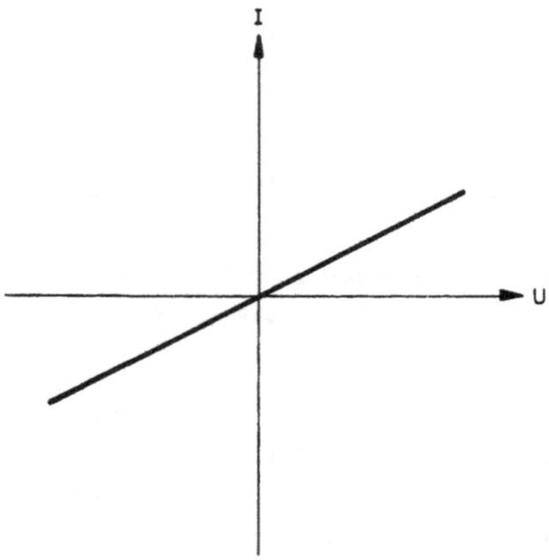

Abb. A 6, 11
Kennlinie eines ohmschen Widerstandes

keit der elektrischen Feldstärke proportional ist, so daß die Beweglichkeit nach Gl. (A 3, 16) als konstante Größe überhaupt definiert werden kann.

Bei gekrümmter Kennlinie hat die Angabe eines Widerstandes keinen Sinn. Wohl aber läßt sich für eine *kleine Spannungsänderung* d U und die dadurch bewirkte Stromänderung d I der *differentielle Widerstand* r = d U/d I definieren. Er ist durch die reziproke Kennlinien-Steigung im betrachteten Arbeitspunkt gegeben.

Metalle

Ladungsträger: Elektronen, die in Metallen – im Gegensatz zu Isolatoren – nicht an die festen Gitterplätze der Atome gebunden, sondern frei beweglich sind. Ihre Dichte ist konstant und unabhängig davon, ob eine Spannung anliegt; ihre Beweglichkeit ist vom Metall abhängig (spezifischer Widerstand). Es gilt das Ohmsche Gesetz (Abb. A 6, 11).

Halbleiter

Die Elektronen sind überwiegend an die Atome gebunden, die Leitfähigkeit des *reinen* Materials ist gering. Durch *Dotierung* mit Fremdatomen (→ Kap. A 1, d) werden positive oder negative Überschußladungen eingebracht. Ladungsträger: Elektronen (negative Ladungen) oder Elektronen-Fehlstellen, die wie positive Ladungen wirken. Danach unterscheidet man n- und p-dotierte Halbleiter. Das dotierte Material allein hätte eine Kennlinie wie Abb. A 6, 11.

Halbleiter-Bauelemente der Elektronik. Sie nutzen die besonderen Verhältnisse beim Aneinandergrenzen von p- und n-leitendem Material aus. In der Grenzschicht muß der Ladungstransport vom einen (z. B. p-) zum anderen (z. B. n-)Mechanismus übergeben werden. Legt man eine äußere Spannung an (Abb. A 6, 12), so werden je nach der Polarität der Spannung beide Sorten von Ladungsträgern aus der Grenzschicht abgezogen (Abb. A 6, 12 b) oder in sie hineingetrieben (Abb. A 6, 12 c). Die Ladungsträgerdichte in der Grenzschicht ist also nicht – wie im übrigen Material – konstant, sondern span-

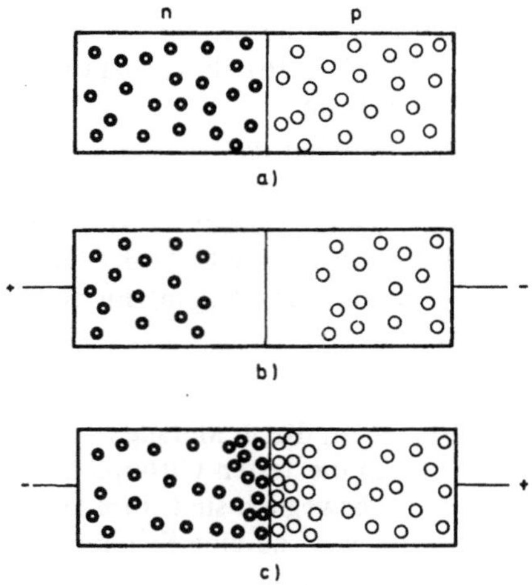

Abb. A 6, 12
Halbleiter-p-n-Übergang. Die Ladungsträger sind durch verschiedene Punkte angedeutet. a) ohne äußere Spannung b) äußere Spannung in Sperrichtung c) in Flußrichtung

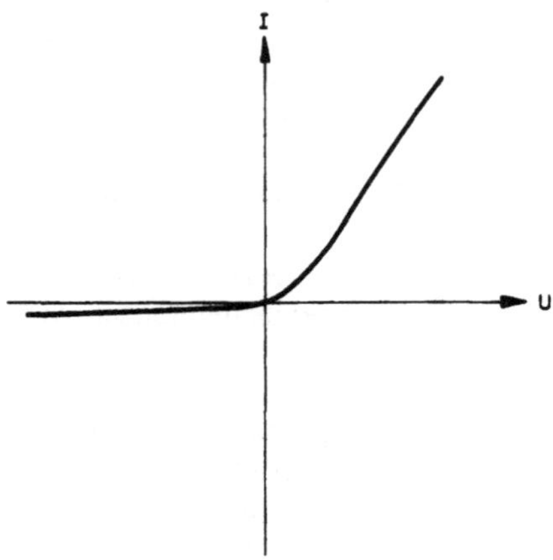

Abb. A 6, 13
Kennlinie einer Halbleiterdiode

nungsabhängig, und bei gleichem Betrag der äußeren Spannung kann in der ersten Richtung nur ein kleiner, in der umgekehrten ein größerer Strom fließen. Der p-n-Übergang stellt also *keinen* ohmschen Widerstand dar; seine Kennlinie hat die Form der Abb. A 6, 13. – Technische Anwendung: *Halbleiterdioden*

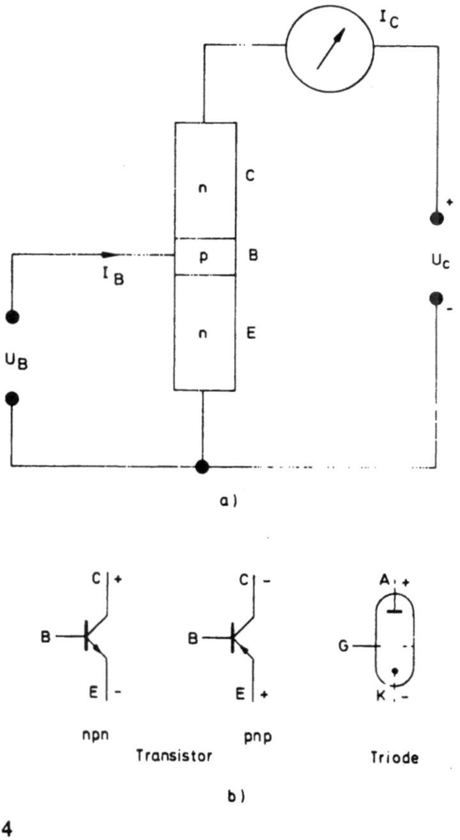

Abb. A 6, 14
a) Prinzipschaltung eines Transistors. E: Emitter, B: Basis, C: Kollektor. – b) Schaltbilder und funktionelle Äquivalenz von Transistor und Triode

zur Gleichrichtung (Abb. A 6, 8b), Demodulation (→ Kap. A 7, e) und zu vielen anderen Zwecken.

Ein *Transistor* besteht aus drei hintereinandergeschalteten Halbleiterschichten, die n-p-n- oder p-n-p-leitend sind (Abb. A 6, 14). Der infolge einer äußeren Spannung zwischen den als *Emitter* und *Kollektor* bezeichneten Anschlüssen fließende Strom I_C läßt sich beeinflussen, indem durch einen äußeren Strom Ladungsträger aus dem mittleren Bereich *(Basis)* abgezogen oder in ihn hineingetrieben werden: *Der Kollektorstrom* I_C *wird gesteuert vom Basisstrom* I_B, also mittelbar von der Basisspannung U_B. Das ist die gleiche Steuerwirkung wie bei einer Röhren-Triode (Abb. A 6, 20 gilt also sinngemäß, indem man U_G durch U_B und I_A durch I_C ersetzt). Gegenüber der Triode hat der Transistor den Vorteil, keine Kathodenheizung zu benötigen und mit geringeren Spannungen ($U_C \approx 10$ V im Vergleich zu $U_A \gtrsim 100$ V der Triode) auszukommen. Er ist ein wichtiges Bauelement der Elektronik mit zahlreichen Anwendungen (z. B. Verstärkung von Spannungen). Die moderne Halbleitertechnik gestattet, Transistoren mit anderen Schaltelementen zusammen im gleichen Arbeitsgang auf kleinen Halbleiterplättchen herzustellen. Dadurch erhält man sehr kleine, komplette funktionelle Einheiten *(integrierte Schaltungen)*.

Elektrolytische Flüssigkeiten

Ladungsträger: Ionen beiderlei Vorzeichens (Kationen positiv, Anionen negativ), die durch Dissoziation von elektrovalent gebundenen Salzen entstehen. Ihre Dichte wird durch das Massenwirkungsgesetz (Dissoziationsgrad in Abhängigkeit von der Konzentration) geregelt und gleicht sich innerhalb der Flüssigkeit bei Stromfluß durch Diffusion stets aus. Die Beweglichkeit in Lösungen ist von der Flüssigkeit und der Ionensorte abhängig. Es gilt daher das Ohmsche Gesetz, aber mit der wichtigen Einschränkung, daß unter U die tatsächlich wirksame Spannung zu verstehen ist, die unter Umständen nicht mit der von außen angelegten (U_0) übereinstimmt, sondern um die Polarisationsspannung U_P geringer ist (Abb. A 6, 15).

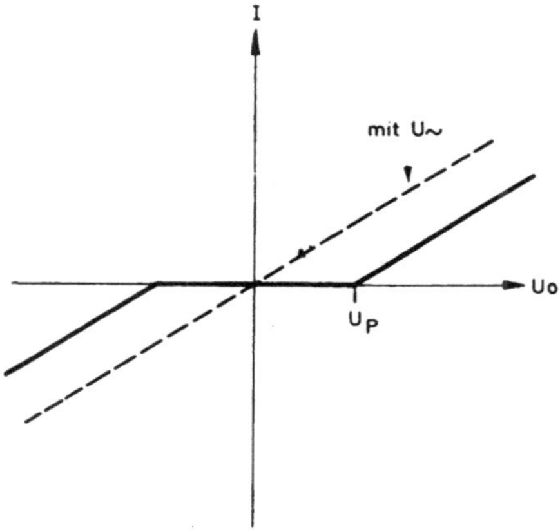

Abb. A 6, 15
Kennlinie einer Elektrolytlösung. Ausgezogen: mit, gestrichelt: ohne elektrochemische Polarisation. U_P: Zersetzungsspannung

Die Stromleitung in Elektrolyten ist – im Gegensatz zu der in Metallen oder Halbleitern – mit dem *Transport materieller Teilchen,* der Ionen, verbunden. Transportierte Stoffmenge und transportierte Ladung sind einander proportional *(Faradaysches Gesetz).* Die mit einem Mol einwertiger Ionen (oder 1 val mehrwertiger Ionen) zugleich bewegte Ladung heißt *Faradaysche Konstante* F. Sie ist das Produkt von Avogadro-Konstante N_A und Elementarladung e (→ Tab. D 3);

$$F = e\,N_A\ . \qquad (A\,6,\,19)$$

Die transportierten Ionen geben ihre Ladung an den Elektroden ab (der Strom wird im Metall durch Elektronen weitertransportiert) und werden als neutrale Atome abgeschieden; oft entstehen auch sekundäre chemische Reaktionsprodukte *(Elektrolyse).*

Durch die Abscheidung von verschiedenen Reaktionsprodukten auf den Elektroden stellen diese zusammen mit dem Elektrolyten ein galvanisches Element dar, das eine Spannung U_P hat.

Das ist die *Polarisationsspannung*, die der äußeren Spannung entgegengerichtet ist. Elektrolytische Abscheidung und damit eine Polarisationsspannung tritt allgemein auf, sowie Strom durch den Elektrolyten fließt. Es ist dabei gleichgültig, ob er von einer äußeren Spannungsquelle hervorgerufen wird oder ob der betrachtete Elektrolyt selbst Bestandteil eines stromliefernden galvanischen Elementes ist. Zu ihrer Ausbildung benötigt die Polarisationsspannung eine gewisse Zeit. Sie läßt sich deshalb vermeiden, wenn Wechselstrom benutzt wird, und das Ohmsche Gesetz gilt dann, ohne U von U_0 unterscheiden zu müssen (Abb. A 6, 15).

Gase

Ladungsträger: Von den Gasatomen abgespaltene Elektronen und (verbleibende) positive Ionen. Normalerweise sind Gase schwach ionisiert; durch radioaktive Strahlung der Umgebung und kosmische Strahlung wird eine bestimmte Ladungsträgerdichte aufrecht erhalten. Beim Anlegen einer Spannung fließt ein schwacher Strom, der ungefähr dem Ohmschen Gesetz folgt.

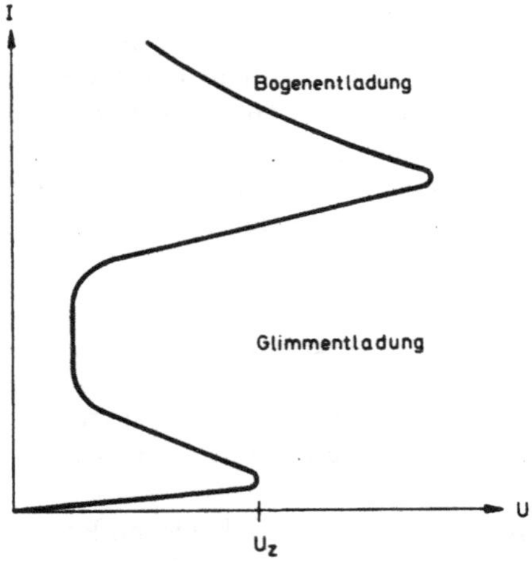

Abb. A 6, 16
Kennlinie einer Gasentladung. U_Z: Zündspannung

Die weiteren Vorgänge beim Erhöhen der Spannung sind vom Gasdruck abhängig. Betrachtet sei ein Gas unter vermindertem Druck (Gasentladungsröhre; einige mbar). Steigert man die Spannung, so wird die elektrische Feldstärke schließlich so groß, daß die durch sie beschleunigten Elektronen genügend Energie haben, um beim Stoß ein bisher neutrales Atom zu ionisieren. Dieser Vorgang der *Stoßionisation* setzt sich lawinenartig fort. Die entstandenen positiven Ionen schlagen auf die Kathode. Genügt ihre Energie, um die Austrittsarbeit der Elektronen aufzubringen, so lösen sie neue Elektronen aus. Durch diese beiden Prozesse erhöht sich die Zahl der Ladungsträger wesentlich, und der Strom steigt stark an. Die Spannung kann sogar, nachdem die *selbstständige Gasentladung* einmal gezündet wurde, wieder zurückgehen. Neben der Ionisation kommt auch die Anregung von Gasatomen vor, weshalb der Stromdurchgang von einer für das Gas typischen Leuchterscheinung begleitet wird *(Glimmentladung)*. Bei hohen Stromstärken geht die Glimmentladung (nach vorübergehender Erhöhung der Spannung) in den *Lichtbogen* über, der hohe Lichtintensitäten aussendet und technisch ausgenutzt wird (Quecksilber-, Xenonlampe).

Die Kennlinie der Gasentladung hat den komplizierten Verlauf von Abb. A 6, 16. Sie fällt in manchen Bereichen (z. B. Bogenentladung) ab, das bedeutet, daß der Strom immer weiter steigen würde, wäre er nicht durch einen Vorwiderstand oder den Kurzschlußstrom der Spannungsquelle begrenzt.

Vakuum

Zur Stromleitung müssen zunächst Ladungsträger ins Vakuum eingebracht werden. Das ist möglich z. B. durch spezielle Kathoden, die Elektronen abgeben. Im Feld zwischen Kathode und positiver Anode werden sie dann auf diese hin beschleunigt. – Außer Elektronen können auch andere Ladungsträger (Protonen, Ionen) Ströme im Vakuum darstellen.

Elektronen lassen sich aus der Kathode durch Bestrahlen mit elektromagnetischen Wellen (*Photoeffekt*, → Kap. A 1, b und A 9, b) oder Elektronen *(Sekundärelektronenemission)* oder durch Erhitzen *(Glühemission)* freisetzen. Photoeffekt und Sekundäremission finden hauptsächlich in Strahlungsmeßgeräten (→ Kap. B 17, b und B 20, c) Anwendung. *Elektronenröhren* enthalten überwiegend Glühkathoden, die elektrisch geheizt werden.

Die *Glühemission* von Elektronen aus einem Metall ähnelt der Verdampfung von Molekülen aus der flüssigen Phase. Sie ist ein thermischer Prozeß; die *Austrittsarbeit* ist das Analogon zur Verdampfungsenergie. Der Emissionsstrom steigt mit zunehmender Temperatur exponentiell an. Technisch nutzbare Ströme erhält man erst bei Temperaturen, bei denen die Kathode glüht.

Die von der Kathode emittierten Elektronen gelangen nicht sofort zur Anode, sondern sammeln sich zunächst in einer

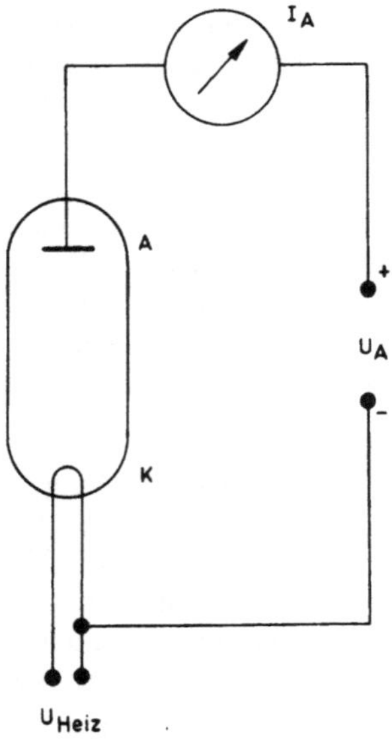

Abb. A 6, 17
Prinzipschaltung einer Röhrendiode. K: Kathode, A: Anode

negativ geladenen Wolke in der Nähe der Kathode, wodurch der weitere Austritt von Elektronen erschwert wird. Die Anodenspannung muß genügend groß sein, um die Ladungswolke abzusaugen: Dann erst erreichen möglichst viele Elektronen die Anode, und der Strom ist *gesättigt,* d.h. er hängt nicht mehr von der Anodenspannung und nur noch von der Temperatur der Kathode ab (Abb. A 6, 18).

Technische Anwendungen. Elektronenröhren: Abb. A 6, 17 zeigt das Schema einer *Röhrendiode,* Abb. A 6, 18 ihre Kennlinie. Beim Umpolen der Spannung (negative U_A) kann kein Strom fließen, da die Anode keine Elektronen emittiert. Die Kennlinie der Röhrendiode ist der einer Halbleiterdiode (Abb. A 6, 13) ähnlich; dementsprechend gleichen sich die Anwendungsmöglichkeiten.

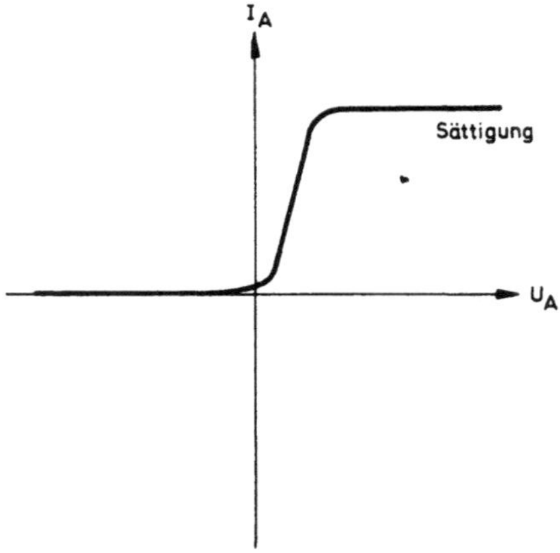

Abb. A 6, 18
Kennlinie einer Röhrendiode

Steuerung des Elektronenstroms: Durch Einfügen eines *Gitters* zwischen die beiden Elektroden erhält man eine *Triode* (Abb. A 6, 19), die in ihrer Funktionsweise einem Transistor ähnelt: Die Gitterspannung steuert den Anodenstrom. Solange das Gitter negativ gegenüber der Kathode ist, gelangen keine

an, der auch dann nicht Null wird, wenn der Mittelwert $\bar{y} = 0$ ist. Oft (in den Beispielen der Abb. A 7, 1, ebenso Abb. A 2, 5) ist $\overline{y^2}$ der umgesetzten Leistung P proportional. Man definiert dann ganz allgemein durch Gl. (A 7, 2) den *Effektivwert* als $y_{eff} = \sqrt{\overline{y^2}}$, um die Leistung in der Form $P \sim y_{eff}^2$ ausdrücken zu können (elektrisches Beispiel → Gl. (A 2, 21)).

Eine wichtige Gruppe sind die zeitlich *periodischen* Vorgänge (Abb. A 7, 1a, b). Zu ihrer Charakterisierung dient die Zeit T, nach der sich der Vorgang wiederholt *(Schwingungs-, Periodendauer)*, oder die *Frequenz*

$$\nu = \frac{1}{T} \qquad \text{(A 7, 3)}$$

(gemessen in der speziellen Einheit 1/s = Hz, Hertz). Häufig wird auch die *Kreisfrequenz*

$$\omega = 2\pi\nu = \frac{2\pi}{T} \qquad \text{(A 7, 4)}$$

angegeben. – Unperiodische Vorgänge (Abb. A 7, 1c) können durch Angabe *einer* Frequenz nicht charakterisiert werden (s. u., Spektrum).

Im allgemeinen läßt sich ein Maximalwert ($\hat{y}$) und ein Minimalwert ($\check{y}$) feststellen, zwischen denen y(t) schwankt (Abb. A 7, 1b). Ihre Differenz wird gelegentlich als *Spitze-Spitze-Wert* bezeichnet ($y_{ss} = \hat{y} - \check{y}$). Bei einem *sinusförmig*-periodischen Vorgang heißt der Betrag des Maximal- oder Minimalwertes *Amplitude* $\hat{y}$ (Abb. A 7, 1a).

Frequenzanalyse, Spektrum

Nach einem von Fourier entdeckten Theorem kann mathematisch jeder zeitabhängige Vorgang als Summe oder Integral sinusförmiger Vorgänge verschiedener Frequenz dargestellt werden. Ein komplizierter Zeitverlauf läßt sich so in sinusförmige *(harmonische) Fourierkomponenten* zerlegen oder, umgekehrt, durch Addition der Komponenten aufbauen. Aus

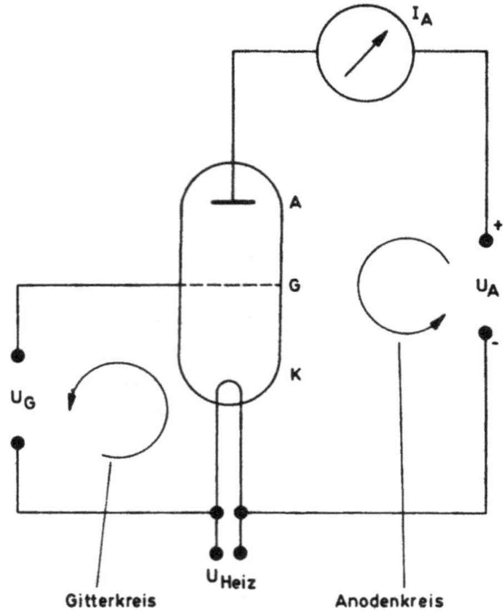

Abb. A 6, 19
Prinzipschaltung einer Röhrentriode. K: Kathode, G: Gitter, A: Anode

Elektronen zu ihm. Es fließt also im Gitterkreis kein Strom, und die Gitterspannungsquelle braucht keine Leistung zu liefern. Bei festgehaltener Anodenspannung U_A hängt der Anodenstrom I_A wie in Abb. A 6, 20 von der Gitterspannung U_G ab (Gitterkennlinie). Diese Kennlinie ist über einen gewissen Bereich gerade, so daß Änderungen der Gitterspannung um ΔU_G eine dazu proportionale Änderung des Anodenstroms um ΔI_A bewirken (Anwendung als Verstärkerröhre).

Fokussierung des Elektronenstroms: Für viele Anwendungen kommt es nicht allein darauf an, einen – wenn auch steuerbaren – Strom durch das Vakuum zu übertragen; vielmehr sollen die Elektronen zugleich auch fokussierbare Strahlen bilden, die sich, wenn sie von einem Punkt ausgehen, in einem anderen wieder sammeln lassen. Die Schaltung von Heiz- und Anodenspannung bleibt die gleiche wie in Abb. A 6, 17; doch

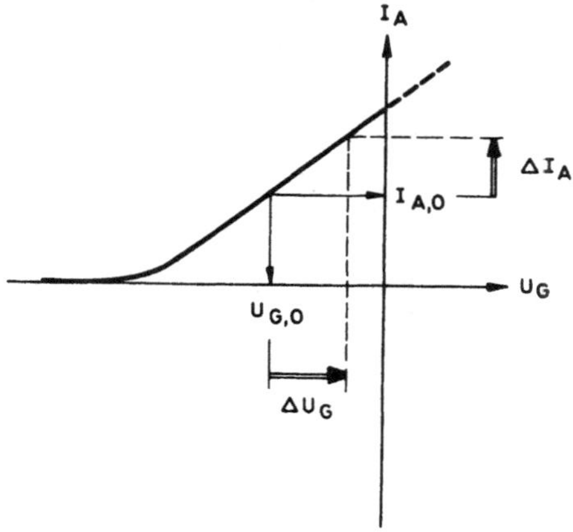

Abb. A 6, 20
Gitterkennlinie einer Röhrentriode (bei konstanter Anodenspannung U_A). $U_{G,0}$, $I_{A,0}$: Arbeitspunkt

sind jetzt so hohe Anodenspannungen erforderlich, daß praktisch der Sättigungsstrom fließt und der s-förmige Anfangsteil der Kennlinie (Abb. A 6, 18) keine Rolle mehr spielt. Zur Bündelung und Fokussierung von Elektronen sind Mittel erforderlich, mit deren Hilfe die Elektronenstrahlen – so wie Lichtstrahlen durch brechende Flächen – abgelenkt werden können. Die *Elektronenoptik* kennt dazu rotationssymmetrische Elektroden- oder Magnet-Anordnungen *(elektrische* resp. *magnetische Linsen),* mit denen sowohl einfache Fokussierungsaufgaben als auch – bei entsprechend höherem Aufwand – die komplizierten Abbildungsprobleme der Elektronenmikroskopie gelöst werden können. Hier seien nur die elektronenoptischen Gesichtspunkte angedeutet, die bei Röntgenröhren (→ Kap. A 9, a und Abb. A 6, 21) und Kathodenstrahlröhren (Abb. A 6, 22) relevant sind, weil deren Elektronenstrom auf einen kleinen Fleck fokussiert werden soll.

Die *Röntgenröhre* soll eine möglichst „punkt"förmige Lichtquelle sein, damit die Röntgenbilder scharf werden; denn da sich Röntgenstrahlen nicht mit optischen Mitteln bündeln

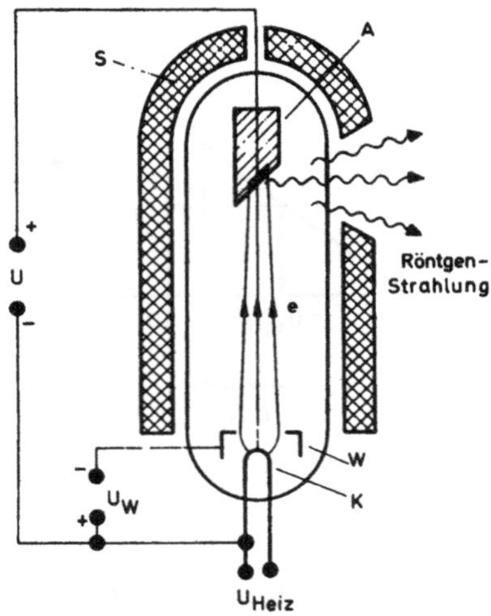

Abb. A 6, 21
Prinzipschaltung einer Röntgenröhre. K: Glühkathode, W: Wehneltzylinder, A: Anode (Antikathode) aus hochschmelzendem Metall. Zum Strahlenschutz ist die Röhre von einem Schirm S umgeben

lassen, besteht die Abbildung nur in einem Schattenwurf des Objekts. Andererseits darf man den Elektronenstrom nicht auf einen zu kleinen Bereich der Anode fokussieren, weil die Verlustleistung (= $U\,I_A$; die Spannung U bedingt die Härte, der Strahlstrom I_A, durch U_{Heiz} einstellbar, die Intensität der Röntgenstrahlung) schließlich das Anodenmaterial zum Schmelzen brächte. Gebräuchlich ist deshalb der Strichfokus *(Götze-Fokus)*, der auf der schrägen Anodenfläche so verläuft, daß er aus der genutzten Strahlrichtung zu einem etwa quadratischen Fleck verkürzt erscheint. Auch durch rotierende Anoden kann eine übermäßige Erwärmung vermieden werden. – Die Fokussierung der Elektronen geschieht am einfachsten durch einen Zylinder, der die Kathode umgibt und mit ihr verbunden ist oder ihr gegenüber eine geringe negative Spannung hat *(Wehnelt-Zylinder)*.

Bei der *Kathodenstrahl-*(Oszillographen-, Fernseh-)*röhre* ist Fokussierung erforderlich, um ein scharfes Bild auf dem

Leuchtschirm zu erhalten. Meist bilden zwei zusätzliche Elektroden zusammen mit Kathode und Anode eine *Elektronenkanone*. Die zwei Elektroden sind ein *Wehnelt-Zylinder*, der hier die Aufgabe übernimmt, den Strahlstrom und damit die Bildhelligkeit zu regeln (Wirkung ähnlich dem Gitter einer Triode), und anschließend eine fokussierende *elektrische Linse*. Die *Anode* einer Kathodenstrahlröhre unterscheidet sich von der Röntgenanode dadurch, daß sie nur zum Beschleunigen, nicht aber zum Auffangen der Elektronen dient. Sie hat deshalb ein Loch, hinter dem die Elektronen mit dann konstanter Geschwindigkeit weiter zum Leuchtschirm fliegen. Auf diesem Wege werden sie durch elektrische oder magnetische Systeme aus ihrer Richtung abgelenkt.

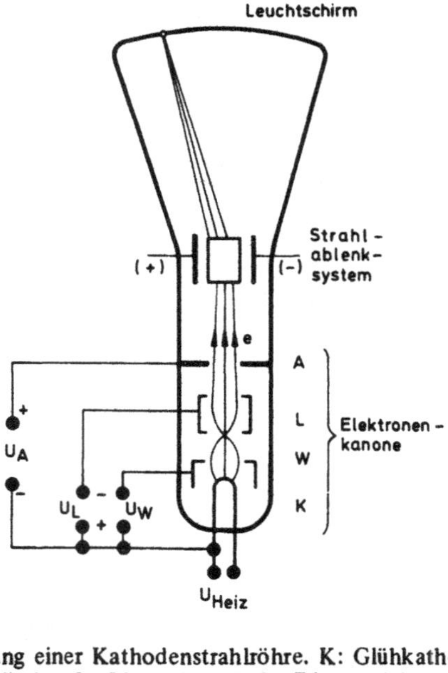

Abb. A 6, 22
Prinzipschaltung einer Kathodenstrahlröhre. K: Glühkathode, W: Wehneltzylinder, L: Linse, A: Anode. Die gezeichnete Strahlablenkung ergibt sich bei der als Beispiel angenommenen Polung der Ablenkplatten

A 7 Schwingungen und Wellen

a) Beschreibung der Zeitabhängigkeit physikalischer Wechselgrößen

Schwankungs- und Schwingungserscheinungen

Bei vielen physikalischen Vorgängen ändert sich eine Größe im Laufe der Zeit mehr oder weniger regelmäßig in einer Weise, daß dabei ihr zeitlicher Mittelwert konstant bleibt. Abb. A 7, 1 gibt dafür eine Reihe von Beispielen. Die hier allgemein mit y(t) bezeichnete Veränderliche kann, wie die Abb. zeigt, in den einzelnen Fällen ganz verschiedene physikalische Größen darstellen.

Die skizzierten Vorgänge sind Schwankungen der Größe y = y(t) um ihren *Mittelwert*, der durch

$$\bar{y} = \frac{1}{t} \int_0^t y(t)\, dt \qquad \text{(A 7, 1)}$$

gegeben ist und zugleich den Ruhezustand darstellt, also im einfachsten Fall gleich Null ist. In Analogie zu Gl. (A 7, 1) gibt man weiterhin den *quadratischen Mittelwert*

$$\overline{y^2} = \frac{1}{t} \int_0^t y(t)^2\, dt \qquad \text{(A 7, 2)}$$

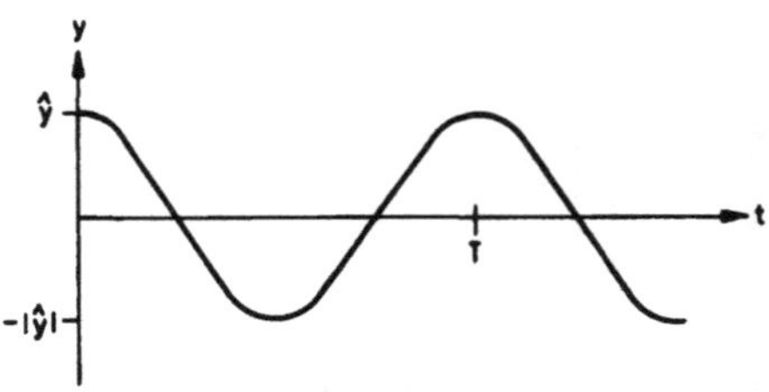

a) sinusförmig (harmonisch)

Vorgang	y(t)
ungedämpfte Schwingungen, z.B.:	
Pendelschwingung	Winkel φ
Wasserwelle	Höhe h
reiner Ton	Schalldruck p
Netzspannung	Spannung U
Radiowelle (unmoduliert)	elektr. Feldstärke E

Abb. A 7, 1a
Beispiele des zeitlichen Ablaufs verschiedener Schwingungserscheinungen

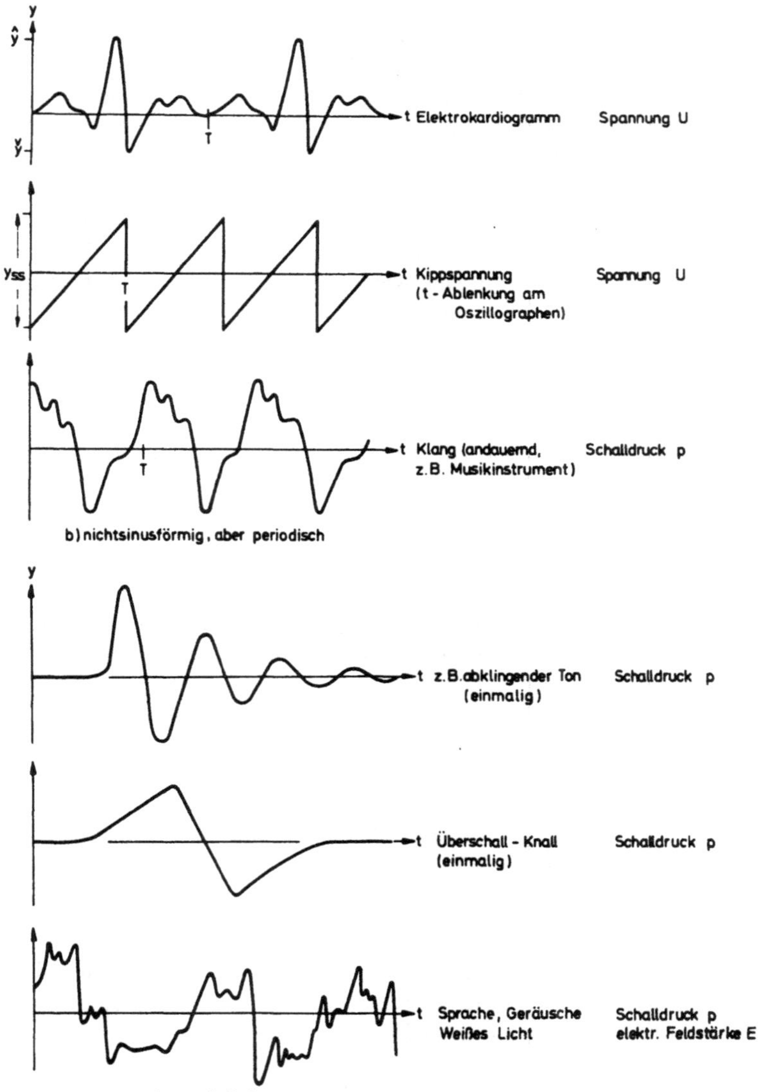

Abb. A 7, 1b und c

diesem Grund genügt es bei der Betrachtung von Schwingungsvorgängen, sich auf den harmonischen Zeitablauf als einfachsten Fall zu beschränken.

Die Amplituden der verschiedenen Fourierkomponenten hängen im einzelnen vom zeitlichen Verlauf des Vorganges ab. Als *Spektrum* bezeichnet man die Auftragung der Amplituden $\hat{y}(\nu)$ gegen die Frequenz ν der Fourierkomponenten. Abb. A 7, 2 veranschaulicht die möglichen Fälle:

I. Das Spektrum sinusförmiger Vorgänge enthält nur eine Frequenz (nur *eine*, monofrequente = monochromatische, *Linie*).

II. Das Spektrum nicht-sinusförmiger, aber periodischer Vorgänge kann nur die *Grundfrequenz* (1/T) und ihre ganzzahligen Vielfachen *(Oberfrequenzen)* enthalten (aber nicht alle brauchen aufzutreten).

III. Das Spektrum unperiodischer Vorgänge kann *alle* Frequenzen enthalten (aber nicht alle brauchen aufzutreten).

Physikalisch läßt sich die Frequenzanalyse durch *Filter* vornehmen, die auf eine bestimmte Frequenz ν abgestimmt sind und so die Amplitude allein der betreffenden Komponente zu messen gestatten. Beispiel für elektrische Wechselspannungen: Schwingkreis → Kap. B 13, d; für Licht: Farbstoffe, Interferenzfilter, Ausblenden aus dem durch Prisma oder Gitter entworfenen Spektrum → Kap. B 18, a. Praktisch lassen allerdings Filter nicht nur genau eine Frequenz durch, sondern ein mehr oder weniger scharf begrenztes Frequenzband *(Durchlaßkurve, Filterkurve)*, in manchen Fällen auch alle Frequenzen ober- oder unterhalb eines Grenzwertes (*Hochpaß*- resp. *Tiefpaß*-Filter); vgl. Abb. A 7, 3.

Zeigerdarstellung harmonischer Vorgänge

Von ihrer Definition her sind $\sin\varphi$ und $\cos\varphi$ die Projektionen einer um den Winkel $90^\circ - \varphi$ resp. φ geneigten Strecke der Länge Eins. Davon macht man bei der Darstellung harmonischer zeitabhängiger Vorgänge und ihrer Phasenbeziehungen Gebrauch.

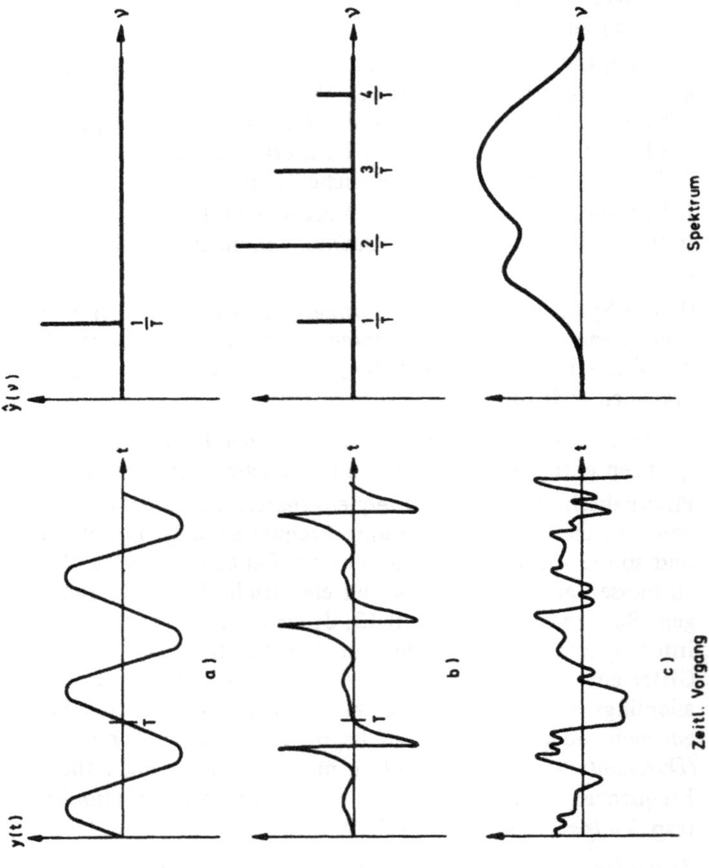

Abb. A 7, 2
Zeitlicher Verlauf und Spektrum von zeitabhängigen Vorgängen
a) harmonische Schwingung
b) nichtsinusförmige (anharmonische), periodische Schwingung
c) unperiodischer Vorgang

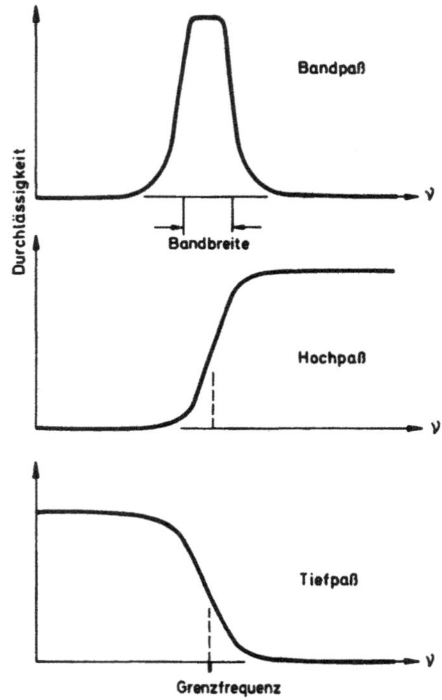

Abb. A 7, 3
Durchlässigkeit verschiedener Arten von Frequenz-Filtern

Ein Zeiger (Länge = 1) läuft von der in Abb. A 7, 4a gezeigten Nullstellung mit der (der Kreisfrequenz gleichen) Winkelgeschwindigkeit $\omega = 2\pi\nu$ entgegen dem Uhrzeigersinn (mathematisch positiv) um. Seine Projektion auf die hier nach rechts gezeichnete y-Richtung ist die veränderliche Größe mit der Zeitabhängigkeit $y = \cos \omega t$. Der Winkel $\varphi = \omega t$ ist die *Phase*.

Gegenüber diesem Vorgang sei ein zweiter, mit gleicher Frequenz, um $\Delta \varphi$ in der Phase verschoben. (Wenn er z. B. um Δt zeitlich verschoben abläuft, ist $\Delta \varphi = \omega \Delta t$.) Er wird durch einem um $\Delta \varphi$ verdrehten Zeiger dargestellt, der mit der gleichen Winkelgeschwindigkeit umläuft (Abb. A 7, 4b). Die Phasenverschiebungen ± 90° und 180° geben dann, wie Abb. A 7, 4c zeigt, Sinus- und Cosinusfunktionen beiderlei Vorzeichens.

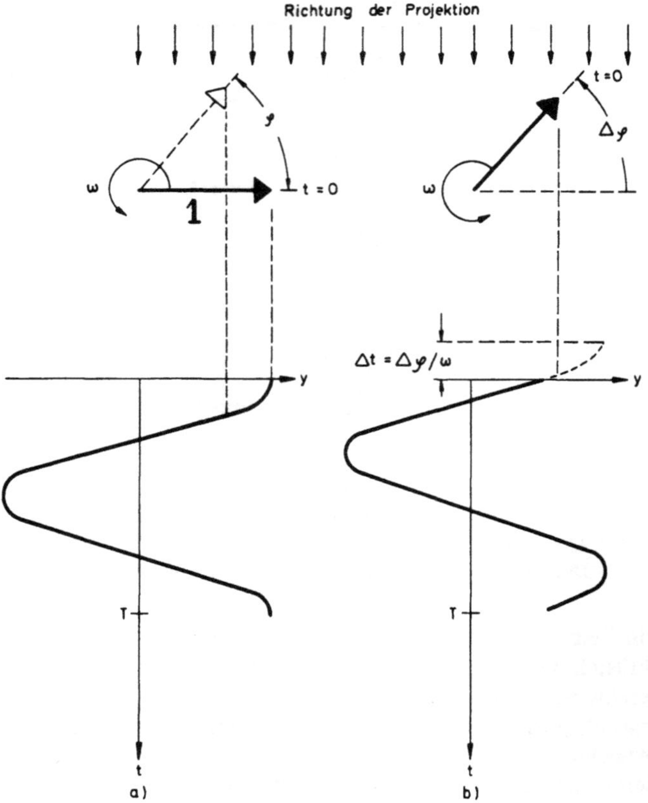

Abb. A 7, 4
Zeigerdarstellung harmonischer Schwingungen a) $y = \cos \omega t$
b) $y = \cos (\omega t + \Delta \varphi)$; in beiden Fällen ist die Zeigerdarstellung und der zugehörige zeitliche Ablauf wiedergegeben

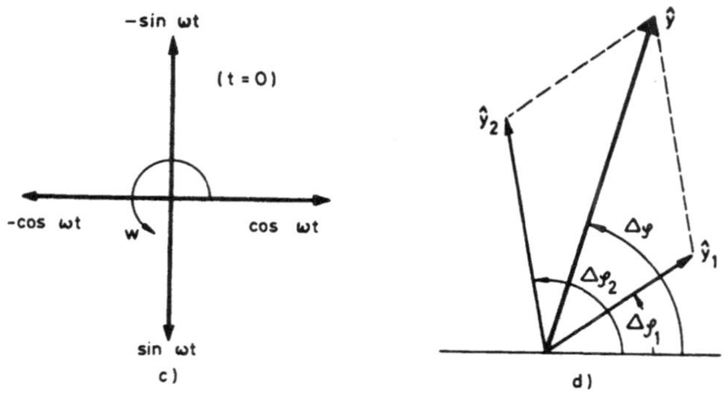

Abb. A 7, 4
c) die Winkelfunktionen, die den Phasenverschiebungen $\Delta \varphi = \pm 90°$ und 180° entsprechen
d) Überlagerung zweier Schwingungen gleicher Frequenz

Zur Veranschaulichung von *Phasendifferenzen* begnügt man sich oft, wie in Abb. A 7, 4c, mit dem Aufzeichnen der Zeiger und läßt die Projektion weg. Da nur die Winkel $\Delta \varphi$ zwischen den Zeigern eine Rolle spielen, braucht auch die Rotation des ganzen Bildes nicht bedacht zu werden; $\Delta \varphi$ ist ja in jeder Stellung gleich, da sich alle Zeiger mit der gleichen Winkelgeschwindigkeit drehen. Zur Vermeidung von Vorzeichenfehlern ist lediglich der konventionelle Umlaufssinn zu beachten.

Zeigern der Länge Eins entspricht die Amplitude Eins. Ist sie anders ($\hat{y}$), so ist auch den Zeigern die entsprechende Länge ($\hat{y}$) zu geben.

Die *Überlagerung* (Addition) mehrerer harmonischer Vorgänge *gleicher* Frequenz ergibt resultierend wieder einen harmonischen Vorgang derselben Frequenz. Abb. A 7, 4d zeigt die Überlagerung von zwei um $\Delta \varphi_1$ und $\Delta \varphi_2$ gegen den Cosinus phasenverschobenen Vorgängen verschiedener Amplitude $\hat{y}_1$ und $\hat{y}_2$. Die resultierende Amplitude $\hat{y}$ und resultierende Phasenlage $\Delta \varphi$ erhält man auf einfache Weise aus dem resultierenden Zeiger, den man nach den Regeln der Vektoraddition konstruiert.

(Man muß sich aber bewußt bleiben, daß hier nicht echte vektorielle Größen, etwa Kräfte oder Feldstärken, addiert werden! In der Zeigerdarstellung hat vielmehr nur die *Projektion* eine reale Bedeutung, indem sie den *Betrag* der schwingenden Größe angibt, aber nichts über ihre evtl. Richtung aussagt.)

b) Freie und erzwungene Schwingungen

Freie Schwingungen

Schwingungen kann allgemein jedes System vollführen, das einen bestimmten Ruhezustand hat und nach einer Störung das Bestreben zeigt, in diesen Ruhezustand zurückzukehren. Es seien ein mechanisches und ein elektrisches Beispiel betrachtet:

I. *Masse an einer Feder* (Abb. A 7, 5). Die Störung besteht in einer Entfernung aus der Ruhe-(Gleichgewichts-)lage, wozu gegen die Federkraft eine Arbeit zu leisten ist. Auf die Masse m wirkt die *rücktreibende Kraft* $F = - k y$ (Hookesches

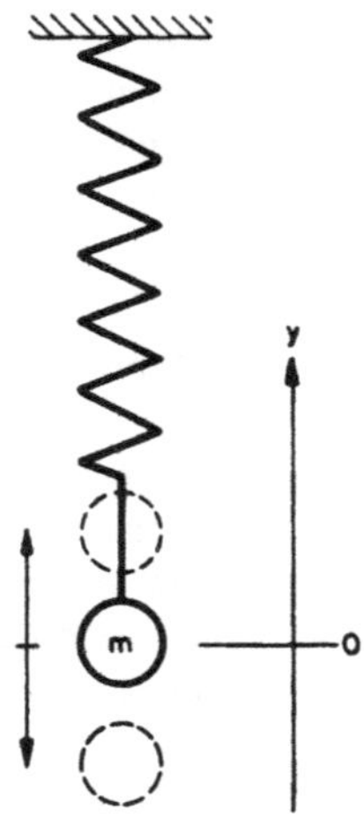

Abb. A 7, 5
Mechanische Schwingung: Masse an einer Schraubenfeder

Gesetz; k: Federkonstante) und nach dem Loslassen, also während der Schwingbewegung, außerdem die *Trägheitskraft* $F_T = -ma = -m\,\frac{d^2y}{dt^2}$ (→ Gl. (A 4, 5)). Die Summe beider ist Null, daher

$$\frac{d^2y}{dt^2} + \frac{k}{m}\,y = 0\,. \qquad \text{(A 7, 5)}$$

Die Lösung dieser *Schwingungs-Differentialgleichung* gibt die Zeitabhängigkeit von y:

$$y = \hat{y}\cos\omega_0 t\,, \qquad \text{(A 7, 6)}$$

mit $\omega_0 = \sqrt{k/m} = 2\pi\nu_0$.

Darin ist ν_0 die *Eigenfrequenz* der freien Schwingung und $\hat{y}$ die anfängliche Auslenkung.

II. *Schwingkreis* aus Spule (L) und Kondensator (C). Die Störung besteht in einer anfänglichen Aufladung des Kondensators (Abb. A 7, 6a), wozu elektrische Energie aufgebracht werden muß. Nach Schließen des Kreises entlädt sich der Kondensator über die Spule (Abb. A 7, 6b). Die Kondensatorspannung ist $U = Q/C$; ihr entgegengesetzt gleich (→ Gl. (A 6, 4)) ist die durch Selbstinduktion an der Spule entstehende Spannung U_L (→ Gln. (A 5, 13), (A 5, 16)): $U_L = L\,\frac{dI}{dt} = -U$. Aus diesen zwei Gleichungen kann man den Strom I eliminieren, indem man die erste zweimal differenziert und $\frac{d^2Q}{dt^2} = \frac{dI}{dt}$ in die zweite einsetzt. Dann bleibt

$$\frac{d^2U}{dt^2} + \frac{1}{LC}\,U = 0\,. \qquad \text{(A 7, 7)}$$

Diese Gleichung hat dieselbe Form und daher dieselbe Lösung wie Gl. (A 7, 5):

$$U = \hat{U}\cos\omega_0 t \qquad \text{(A 7, 8)}$$

mit $\omega_0 = 1/\sqrt{LC} = 2\pi\nu_0$.

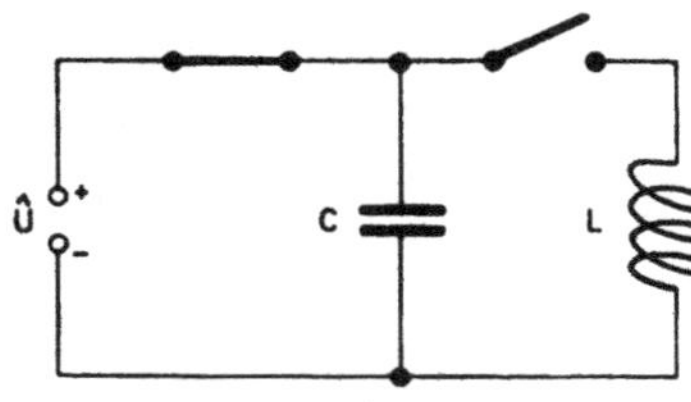

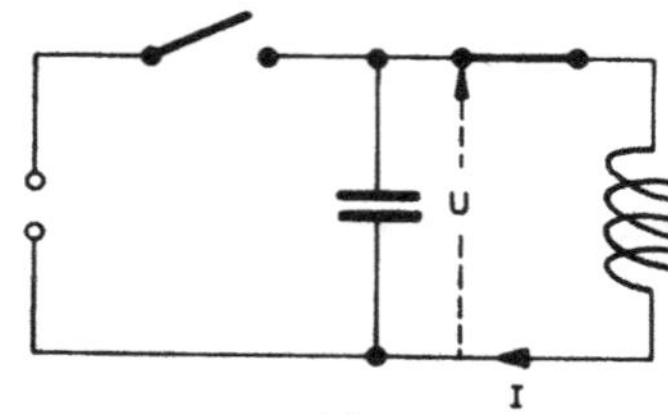

Abb. A 7, 6
Elektrische Schwingung: L-C-Schwingkreis
a) Aufladen des Kondensators aus Spannungsquelle
b) freie Schwingung im geschlossenen Kreis

Darin ist ν_0 die Eigenfrequenz der freien Schwingung und $\hat{U}$ die anfängliche Kondensatorspannung.

Die beiden Beispiele sind wie folgt zu verallgemeinern: Wenn die rücktreibende *„Kraft" proportional* zur *„Auslenkung"* aus dem Ruhezustand ist, folgt einer einmaligen Störung eine *harmonische* (sinusförmige) *freie Schwingung* des sich selbst überlassenen Systems. Die zur Störung aufgewandte *Energie* bleibt in der Schwingung insgesamt erhalten. Sie pendelt zwischen zwei Formen hin und her, in den Beispielen zwischen potentieller und kinetischer Energie (Abb. (A 7, 7)) resp. zwischen elektrischer und magnetischer Feldenergie. Eine der beiden Energieformen wird am Anfang gespeichert, die andere ist anschaulich an die *Trägheit* des Systems geknüpft, von der das Durchschwingen durch die Ruhelage herrührt. Die Eigen-

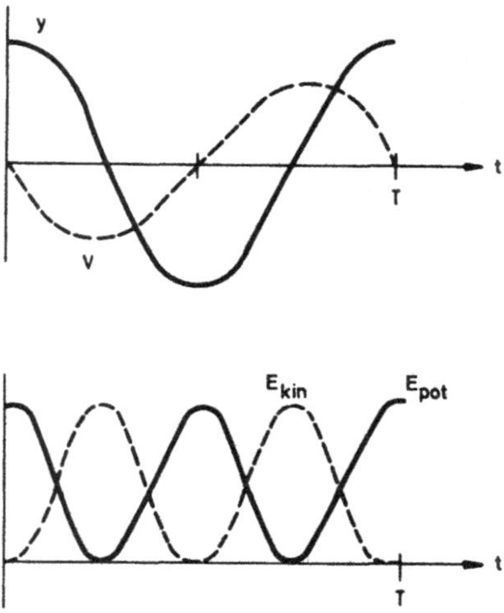

Abb. A 7, 7
Wechsel der Energie zwischen zwei Formen bei der Schwingung. Mechanisches Beispiel von Abb. A 7, 5. Es ist $E_{pot} \sim y^2$ und $E_{kin} \sim v^2$

frequenz der Schwingung hängt deshalb immer von *zwei* Größen ab, die jeweils ein Maß für eine der Energieformen sind (vgl. Gln. (A 7, 6), (A 7, 8)).

Wenn die rücktreibende „Kraft" *nicht* proportional zur „Auslenkung" ist, entsteht eine zwar periodische, aber nicht-sinusförmige Schwingung.

Reale schwingende Systeme sind *gedämpft* (z. B. durch mechanische Reibung oder schlechte elektrische Leitfähigkeit). Die Schwingungsenergie wird allmählich in Wärmeenergie verwandelt, die Amplitude nimmt mit der Zeit exponentiell ab (Abb. A 7, 8 a). Statt der Gln. (A 7, 6), (A 7, 8) gilt

$$y = \hat{y}\, e^{-\delta t} \cos \omega_0 t \qquad \text{(A 7, 9)}$$

(resp. die gleiche Form mit U statt y). Der Koeffizient δ *(Dämpfungs-, Abklingkonstante)* ist ein Maß für die Dämpfung. Sein reziproker Wert $\tau = 1/\delta$ hat die Dimension einer Zeit und wird ***Abklingzeit*** der Schwingung genannt; nach ihr hat die Amplitude noch 1/e (37%) des Anfangswertes (vgl. Gln. (A 1, 8), (A 1, 9)).

Erzwungene Schwingungen

Wirkt auf das schwingungsfähige System nicht eine einmalige, sondern eine sinusförmig-periodische Störung mit der Frequenz ν, so folgt es ihr mit der gleichen Frequenz. Die Amplitude $\hat{y}$ dieser *erzwungenen Schwingung* ist proportional zur Amplitude $\hat{y}_{St}$ der Störung. Das Verhältnis y/y_{St} ändert sich mit der Frequenz in charakteristischer Weise: Es hat ein Maximum, wenn die anregende Frequenz ν mit der Eigenfrequenz ν_0 übereinstimmt *(Resonanz)*. Die relative Breite der *Resonanzkurve* (Abb. A 7, 8b), die man z.B. als Halbwertsbreite $\Delta\nu$

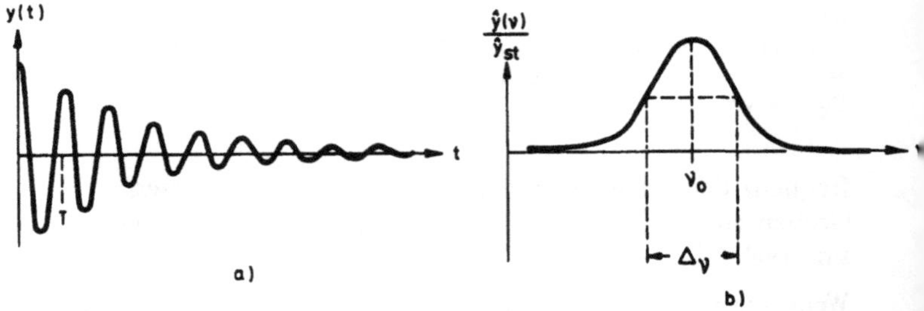

Abb. A 7, 8
a) Gedämpfte freie Schwingung eines Systems
b) Resonanzkurve des gleichen Systems bei erzwungener Schwingung (Resonanzfrequenz $\nu_0 = 1/T$)

zwischen den Stellen halber Maximalamplitude angibt, nimmt mit wachsender Dämpfung des Systems zu.

Die erzwungene Schwingung stellt sich – einige Zeit nach dem Einschalten, wenn der *Einschwingvorgang* abgelaufen ist – als harmonische Schwingung konstanter Amplitude dar. Da durch die Dämpfung Wärmeleistung entsteht, kann die Konstanz der Amplitude nur erhalten bleiben, indem von der anregenden Vorrichtung die gleiche, der Schwingung entzogene Leistung wieder nachgeliefert wird. Sie ist (→ Kap. A 2, c) dem Quadrat der Amplitude proportional. In Abhängigkeit von der Frequenz zeigt deshalb auch die von der anregenden Vorrichtung zu liefernde Leistung den typischen Verlauf einer Resonanzkurve.

Man kann sagen: Bei freier Schwingung emittiert das System, bei erzwungener Schwingung absorbiert es Energie. Zwischen den Merkmalen der freien und der erzwungenen Schwingung besteht daher eine enge Beziehung: Je schwächer die Dämpfung (δ klein), desto langsamer klingt die freie Schwingung ab (τ groß), und die erzwungene Schwingung ist durch eine desto schmalere Resonanzkurve ausgezeichnet ($\Delta \nu$ klein; Abb. A 7, 8). Das Spektrum der freien Schwingung hat die gleiche Form wie die Resonanzkurve: Das Emissionsvermögen ist dem Absorptionsvermögen proportional (→ Gl. (A 9, 5)).

c) Wellenausbreitung

Eine Welle ist die räumliche Ausbreitung einer Schwingung. Wenn sie an einem bestimmten Ort (x = 0) z. B. durch

$$y = \hat{y} \cos \frac{2\pi}{T} t \qquad \text{(A 7, 10)}$$

(also Gl. (A 7, 6)) gegeben ist, folgt sie an einem in der Entfernung x in Ausbreitungsrichtung liegenden Ort um die Laufzeit $\Delta t = x/c$ verzögert, also phasenverschoben um

$$\Delta \varphi = -\omega \Delta t = -\frac{2\pi}{T} \frac{x}{c} \qquad \text{(A 7, 11)}$$

(negative Phasenverschiebung!); c ist die Ausbreitungsgeschwindigkeit. Diejenige Strecke, nach der die räumlich bedingte Phasenverschiebung gerade $2\pi \mathrel{\hat{=}} 360°$ ist, die Welle also gleichphasig mit dem Ausgangspunkt schwingt, heißt *Wellenlänge* λ. Sie ergibt sich aus Gl. (A 7, 11):

$$\lambda = c\,T \quad \text{oder} \quad \lambda \nu = c\,. \qquad \text{(A 7, 12)}$$

Die Geschwindigkeit c wird durch das Medium bestimmt, die Frequenz ν durch den Sender; die Wellenlänge λ folgt aus ihnen nach dieser Beziehung.

Eine Welle läßt sich speziell auf zwei Arten darstellen:

I. *Zeitabhängigkeit am gegebenen Ort,* $y = y(t)$, $x = \text{const.}$, wie Gl. (A 7, 10);

II. *Ortsabhängigkeit zum gegebenen Zeitpunkt,* $y = y(x)$, $t = \text{const.}$:

$$y = \hat{y} \cos \frac{2\pi}{\lambda} x \,. \tag{A 7, 13}$$

Im allgemeinen (ebene Wellen ausgenommen) ist die Amplitude $\hat{y}$ nicht an allen Orten und zu allen Zeitpunkten die gleiche.

Die Wellenausbreitung geht ohne *Materie*transport vonstatten. Dagegen transportiert die Welle Schwingungs*energie* mit der Geschwindigkeit c in ihrer Ausbreitungsrichtung. Damit die Amplitude zeitlich konstant bleibt, muß Energie vom Sender, der die Welle emittiert, nachgeliefert werden.

Graphisch läßt sich die Wellenausbreitung auf verschiedene Weise veranschaulichen. Man kann in der Art einer Momentaufnahme die Stellen aufzeichnen, an denen die schwingende Größe gerade ihren Maximalwert hat (Wellenberg) und erhält so ein Bild der *Wellenfronten,* die im Abstand λ aufeinander folgen. Sie wandern mit der Geschwindigkeit c weiter, die senkrecht zu den Fronten gerichtet ist. Verfolgt man die Ausbreitungsrichtung, von Front zu Front fortschreitend, so erhält man einen *Strahl,* der überall senkrecht zu den Fronten verläuft. Das Bild der Strahlen ist mit dem der Fronten gleichwertig. Abb. A 7, 9 gibt dafür zwei Beispiele, die zu beschreiben sind als

entweder	oder
a) Kugelwelle	divergentes Strahlenbündel,
b) ebene Welle	Parallelstrahlenbündel.

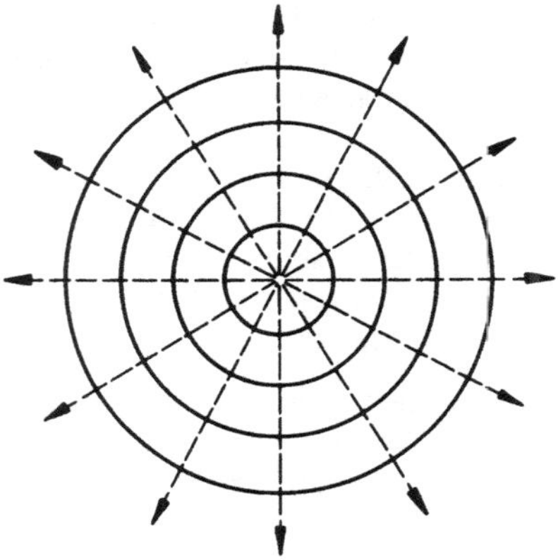

a)

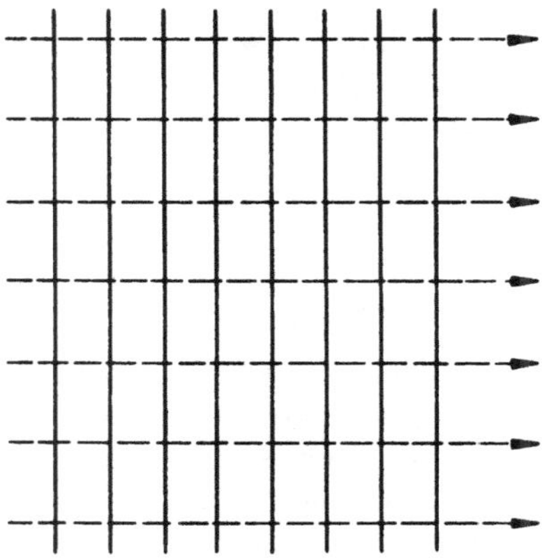

b)

Abb. A 7, 9
Darstellung der Wellenausbreitung durch Wellenfronten (ausgezogen) und auf ihnen senkrecht stehende Strahlen (gestrichelt). a) Kugelwelle, b) ebene Welle

In Abb. A 7, 9 breiten sich die Wellen in einem ausgedehnten, unbegrenzten Medium aus. Statt dieser freien Ausbreitung kommt oft auch die geführte Ausbreitung längs einer *Leitung* vor. Beispiele: Elektromagnetische Wellen in Koaxialleitungen (Telephonie, Fernsehen, → Kap. B 11, f); Licht in Lichtleitern (Faseroptik, → Kap. A 9, f); Druckwellen in elastischen Schläuchen (Blutgefäße). Die Ausbreitungsgeschwindigkeit und damit die Wellenlänge sind dann oft anders als im unbegrenzten Medium und hängen von den Abmessungen und Eigenschaften der Leitung ab.

Allgemein charakterisiert man die Ausbreitungsbedingungen freier oder geführter Wellen durch Angabe eines *Wellenwiderstandes.* (Näheres über diesen Begriff am Beispiel akustischer und elektromagnetischer Wellen → Kap. A 8, a.) Er hängt vom Medium und – bei geführten Wellen – auch von den Abmessungen und Eigenschaften der Leitung ab. *Ändert* sich der Wellenwiderstand, so wird die Welle an der betreffenden Stelle mehr oder weniger *reflektiert.* Wellen, die sich frei ausbreiten, erfahren an der Grenzfläche zweier verschiedener Medien überdies eine Ablenkung ihrer Ausbreitungs*richtung* (Brechung, → Kap. A 9, d).

d) Überlagerung von Wellen

Herkunft von Phasendifferenzen

Treffen an einer Stelle mehrere harmonische Wellen gleicher Frequenz zusammen, so ergibt sich die resultierende Schwingung an diesem Ort als Summe der von den einzelnen Wellen herrührenden Teilschwingungen. Die resultierende Amplitude und die Phasenlage sind nach Abb. A 7, 4 d zu ermitteln. Das Ergebnis hängt – außer von den Amplituden der Teilwellen – von deren Phasendifferenzen $\Delta \varphi$ ab, die zwei Ursachen haben können:

I. Die Wellen gehen von gleichphasig schwingenden Sendern aus, haben aber bis zum betrachteten Ort verschiedene Wege $x_1, x_2 \ldots$ zurückgelegt (Abb. A 7, 10 a). Der *Wegunterschied*

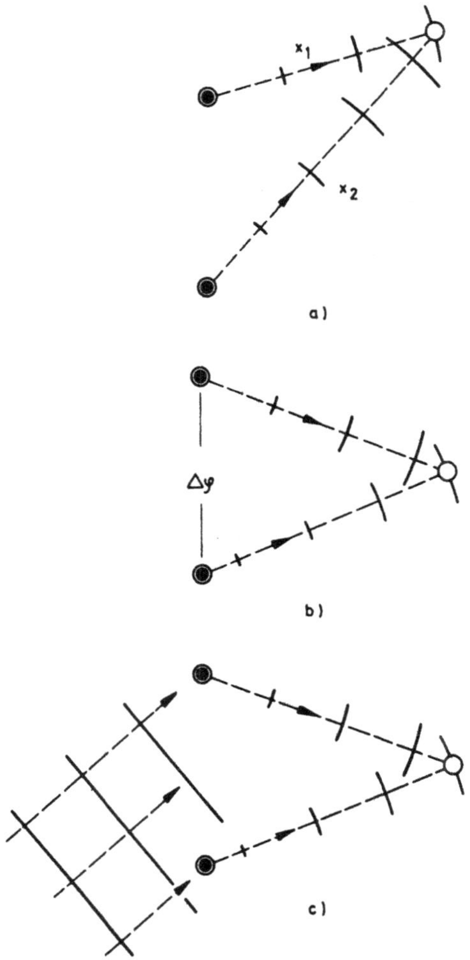

Abb. A 7, 10
Zweistrahlinterferenz. •: Ursprung, ○: Überlagerungsort
a) Phasendifferenz durch Gangunterschied $x_2 - x_1$,
b) Phasendifferenz durch nicht gleichphasige Sender,
c) Phasendifferenz von Streuwellen, die nicht gleichphasig erregt werden

(Gangunterschied) $\Delta x = x_2 - x_1$ bedingt eine Phasendifferenz

$$\Delta\varphi = \frac{2\pi}{\lambda}\Delta x\,. \qquad \text{(A 7, 14)}$$

II. Der Weg vom Sender zum betrachteten Ort ist für alle Wellen der gleiche; die Sender schwingen aber zeit- und daher phasenverschoben mit

$$\Delta\varphi = \frac{2\pi}{T}\Delta t \qquad \text{(A 7, 15)}$$

(vgl. Gl. (A 7, 11); Abb. A 7, 10b). Eine mögliche Ursache ist, daß die „Sender" nicht selbst strahlen, sondern alle nacheinander von einer Welle getroffen werden (Abb. A 7, 10c), die sie in ihrem Takt zur Emission neuer Wellen anregt (*Streuung* der ursprünglichen Welle).

Zwei- und Vielstrahlinterferenzen

Treffen, wie in Abb. A 7, 10, Wellen von *zwei* Sendern mit den Amplituden $\hat{y}_1$, $\hat{y}_2$ zusammen, so ist die resultierende Amplitude $\hat{y}$

$$\begin{aligned} &\text{maximal, wenn } \Delta\varphi = 0, 2\pi \ldots (0, 360^\circ \ldots): \\ &\qquad \hat{y} = \hat{y}_1 + \hat{y}_2\,; \\ &\text{minimal, wenn } \Delta\varphi = \pi, 3\pi \ldots (180^\circ \ldots): \\ &\qquad \hat{y} = |\hat{y}_1 - \hat{y}_2|\,. \end{aligned} \qquad \text{(A 7, 16)}$$

Zwischen diesen Phasendifferenzen ändert sich $\hat{y}$ nach einer sinus-ähnlichen Kurve, Abb. A 7, 11 a.

Ganz anders ist das Ergebnis, wenn sich sehr viele Wellen gleicher Amplitude überlagern (*Vielstrahlinterferenz*), die untereinander alle die gleiche Phasendifferenz $\Delta\varphi$ haben. Nur für $\Delta\varphi = 0, 2\pi \ldots$ ist die resultierende Amplitude von Null verschieden, bei allen anderen Phasendifferenzen (und nicht nur bei $\Delta\varphi = \pi, 3\pi \ldots$) verschwindet $\hat{y}$ (Abb. A 7, 11 b).

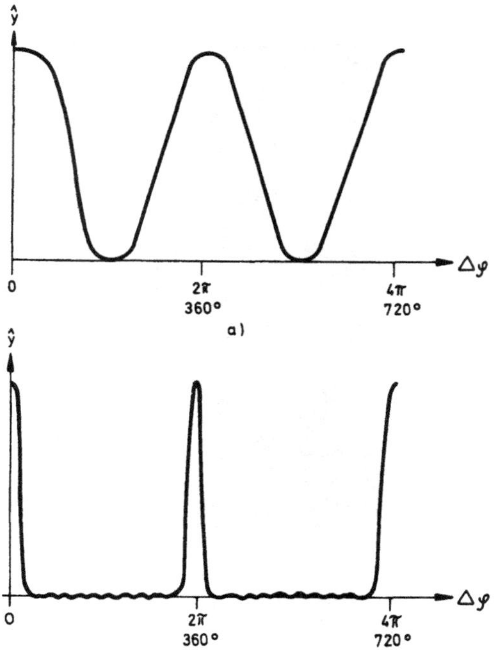

Abb. A 7, 11
Resultierende Amplitude ŷ in Abhängigkeit von der Phasendifferenz $\Delta\varphi$ zwischen Teilwellen gleicher Amplitude
a) Zweistrahlinterferenz (→ Abb. A 7, 4 d)
b) Vielstrahlinterferenz

Das liegt daran, daß sich unter genügend vielen Teilschwingungen immer Paare finden lassen, die sich mit $\Delta\varphi = \pi, 3\pi \ldots$ nach Gl. (A 7, 16) auslöschen.

Interferenzfeld

Eine Darstellung der resultierenden Amplitude nicht nur an einer Stelle, sondern auf einer von den interferierenden Wellen überstrichenen Fläche ist möglich, wenn man bei der Darstellung der Wellenfronten den Momentanwert durch den Schwärzungsgrad kennzeichnet. Abb. A 7, 12 zeigt das am Beispiel

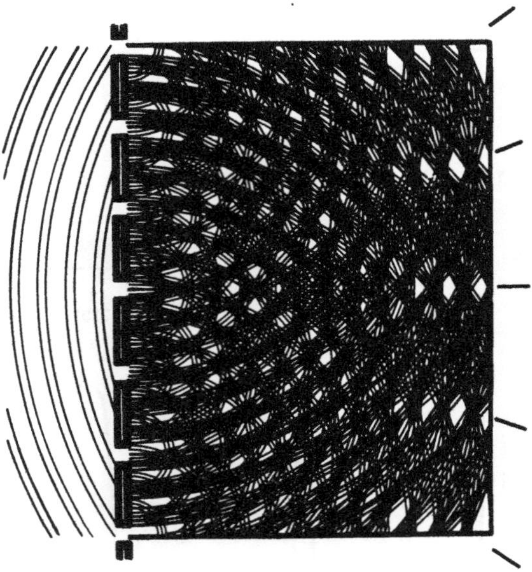

Abb. 7, 12
Ausschnitt aus dem Interferenzfeld hinter einem Gitter. Jede Gitteröffnung ist Ausgangspunkt einer Kugelwelle. Ohne Gitter wäre die ursprüngliche, konvergente Welle auf einen „Bildpunkt" in der Mitte des rechten Bildrandes fokussiert. Mit Gitter treten in dieser Ebene durch Interferenzwellen zusätzliche „Bildpunkte" auf (Markierungen am rechten Rand)

einiger Kugelwellen, die als Streuwellen von einer anderen Welle – ähnlich wie in Abb. A7, 10 – angeregt werden.

Allgemein hängt das Interferenzfeld von der Zahl, Größe, Form und gegenseitigen Anordnung der streuenden Objekte ab. Aus der Kenntnis des Interferenzfeldes können, umgekehrt, diese Eigenschaften rekonstruiert werden. Das ist die Grundlage wichtiger Verfahren zur mikroskopischen (atomaren und molekularen) *Strukturaufklärung* (Streuung von Röntgenstrahlung). Aus dem Licht-Interferenzfeld makroskopischer Gegenstände gewinnt die *Holographie* dreidimensionale Bilder zurück.

Geometrische Wellenausbreitung und Beugung

Eine Welle möge auf ein Hindernis treffen. Durch Zeichnen der Strahlen, die am Hindernis vorbeigehen, findet man den „Schatten“ hinter ihm (Abb. A 7, 13). Diese geometrische Darstellung stimmt aber nicht genau mit der physikalischen Beobachtung überein. Eine Welle kann nicht einfach ohne Störung ihrer Ausbreitung seitlich abgeschnitten werden; sie tritt auch in den geometrischen Schattenraum in der Nähe der Schattengrenze ein. Dieses Phänomen heißt *Beugung*.

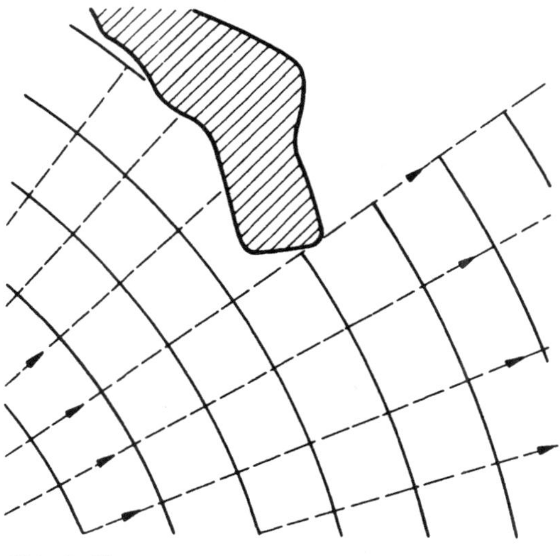

Abb. 7, 13
Geometrische Schattenbildung hinter einem Hindernis

Zum Verständnis der Beugungserscheinungen führt das *Huygenssche Prinzip:* Die Wellenausbreitung läßt sich stets so verstehen, als ob auf irgendeiner (nicht notwendig materiellen) Fläche die ankommende Welle absorbiert und sofort mit gleicher Phase wieder emittiert würde, indem jeder Punkt der Fläche eine elementare Kugelwelle abstrahlt. Die weitere Ausbreitung resultiert aus der Überlagerung aller dieser Elementarwellen.

Denkt man sich eine *ungestörte* Welle (wie z. B. in Abb. A 7, 9) durch eine derartige, über den ganzen Bereich der Wellenausbreitung ausgedehnte Fläche unterbrochen, so resultiert aus der Überlagerung aller Elementarwellen nichts anderes als wieder die ursprüngliche Form der Wellenausbreitung. Wird aber in die Fläche ein *Hindernis* mit einbezogen, so werden Elementarwellen nur noch im offen gebliebenen Bereich der Fläche emittiert. Das Resultat ihrer Überlagerung ist die Beugungserscheinung hinter dem Hindernis.

Eine insbesondere in der Optik wichtige Erscheinung ist die Beugung einer *ebenen Welle* an einer *Öffnung*. Sie ist mit Hilfe des Huygensschen Prinzips wie folgt zu verstehen: Man betrachtet die Überlagerung der Elementarwellen in großer Entfernung von der Öffnung. In Richtung der einfallenden Welle ($\gamma = 0$, Abb. A 7, 14a) ist der Gangunterschied aller Elementarwellen Null; es ergibt sich ein Interferenzmaximum in dieser „geometrischen" Ausbreitungsrichtung. In einer etwas dazu geneigten Richtung haben benachbarte Elementarwellen Gang- und daher Phasendifferenzen; es lassen sich Paare finden, die gegenphasig sind und sich auslöschen, aber im allgemeinen bleiben einige Elementarwellen übrig, so daß auch in schräger Richtung eine Wellenausbreitung, wenngleich mit verringerter Amplitude, resultiert. Bei weiterer Vergrößerung des Winkels γ wird schließlich die Richtung erreicht, in der sich alle Elementarwellen zu Paaren mit gegenseitiger Auslöschung zusammenfassen lassen, so daß die Amplitude Null resultiert. Im Falle einer spaltförmigen Öffnung ergibt sich der entsprechende Beugungswinkel nach Abb. A 7, 14b:

$$\sin \gamma_0 = \frac{\lambda}{d}. \qquad \text{(A 7, 17)}$$

Im Gegensatz zur geometrischen Überlegung sind hinter der Öffnung Strahlen in einem Winkelbereich von $+\gamma_0$ bis $-\gamma_0$ zu zeichnen. Der Intensitätsverlauf kann im optischen Experi-

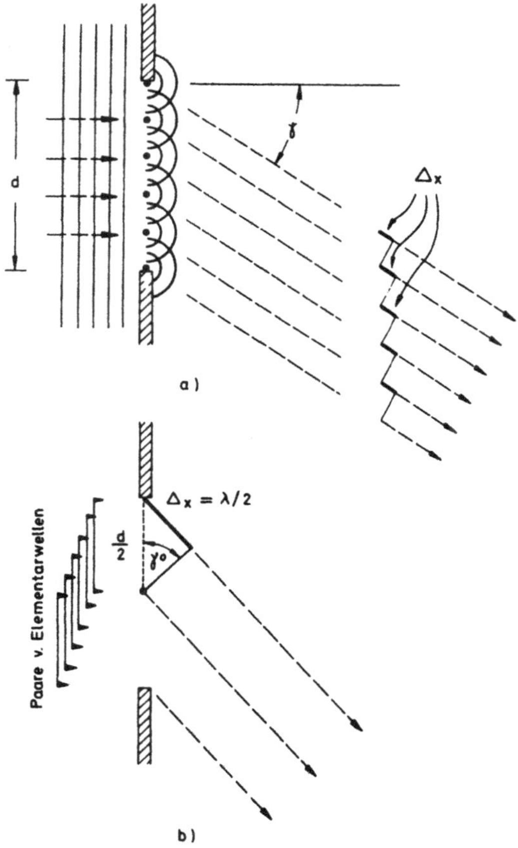

Abb. 7, 14
Beugung einer ebenen Welle an einer Öffnung nach dem Huygensschen Prinzip. a) Bezeichnungen, b) Ermittlung der Richtung mit vollständiger Auslöschung

ment in der Brennebene einer Sammellinse beobachtet werden. Ohne Beugung gäbe das einfallende Parallelbündel dort einen Punkt, der aber infolge der Beugung verwaschen erscheint (Abb. A 7, 15).

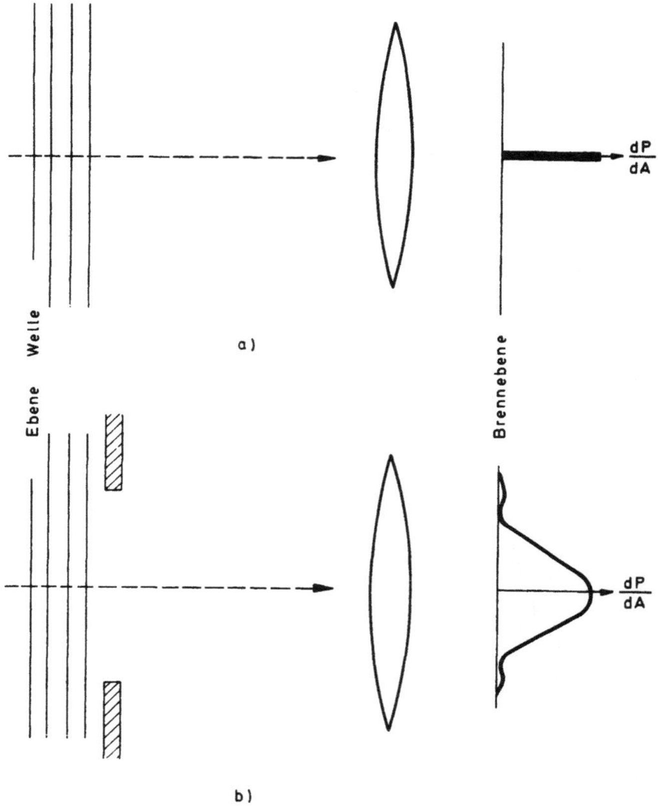

Abb. A 7, 15
Bestrahlungsstärke (d P/d A) im Brenn„punkt" einer Sammellinse
a) ohne b) mit Beugung

Gl. (A 7, 17) kann zur Abschätzung der Winkelbreite des Beugungsbildes auch bei anders geformten Öffnungen dienen: Je kleiner λ/d, desto geringer der Beugungswinkel. Die geometrische Ausbreitung ist ein Grenzfall, wenn die Wellenlänge sehr klein im Verhältnis zu den Abmessungen des beugenden Objektes ist.

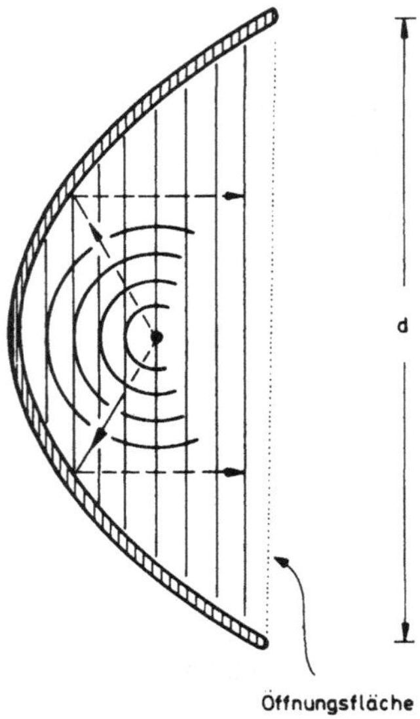

Abb. A 7, 16
Richtantenne für elektromagnetische Wellen (z. B. Mikrowellenbereich): Hohlspiegel mit Punktquelle im Brennpunkt

Die mehr oder weniger ausgeprägte Richtwirkung von Antennen rührt von der Beugung der Welle an der Antennen„öffnung" her (Abb. A 7, 16). Die Wellenausbreitung kommt genauso wie in Abb. A 7, 14 und A 7, 15 zustande: Je größer also der Antennendurchmesser d im Verhältnis zur Wellenlänge λ, desto größer die Richtwirkung. Ultraschallwellen sind z. B. besser zu richten (zu bündeln) als hörbarer Schall.

Kohärenz

Interferenz- und Beugungserscheinungen hängen von der Wellenlänge ab. Die Diskussion setzte bisher *eine* bestimmte Wellenlänge – also sinusförmige, monochromatische Wellen – voraus. *Nicht*-monochromatische Wellen verschiedener Herkunft können nur dann miteinander interferieren, wenn die Zeitabhängigkeit y(t) durch periodische, gleiche, lediglich zeitlich verschobene Kurven darzustellen ist (Kohärenz). Das ist z. B. bei weißem Licht (Abb. A 7, 1c) aus verschiedenen Quellen nicht der Fall (inkohärente Strahlung). Stammt es aus der gleichen Quelle, so ist auch dann Interferenz nur unter einer Bedingung möglich, daß nämlich der Gangunterschied zwischen zwei Teilwellen nicht größer als die *Kohärenzlänge* ist. Diese ist umgekehrt proportional zur Breite des Spektrums ($\Delta \nu$ in Abb. A 7, 8), also unendlich für monofrequente Wellen, aber in der Größenordnung von nur einigen μm für weißes Licht.

Transversale (z. B. elektromagnetische) Wellen können zudem nur interferieren, wenn sie die gleiche Polarisationsrichtung haben.

Eigenschwingungen ausgedehnter Körper

Als eine spezielle Interferenzerscheinung lassen sich die Eigenschwingungen ausgedehnter Körper ansehen. Sie schwingen oft in einer Weise, daß sich verschiedene Stellen zwar gleichphasig, aber mit verschiedener Amplitude bewegen. Eindimensionale Beispiele: In sich schwingende Schraubenfeder (Abb. A 7, 17), Saite (Abb. A 7, 18a). Betrachtet man den Zustand der Schwingung in einem Moment, so gleicht er einer Welle. Im Zeitablauf schreitet diese aber nicht fort (daher *stehende Welle*). Kompliziertere Bilder können die Eigenschwingungen von Flächen oder Räumen geben (z. B. in der Akustik: Musikinstrumente).

Die stehenden Wellen kann man als Interferenzfeld vieler Wellen darstellen, die in dem Körper herumlaufen, ihn aber nicht verlassen können und an seinen Begrenzungen (Rändern) immer wieder reflektiert werden. Nur unter bestimmten Bedingungen gibt diese Vielstrahlinterferenz überhaupt eine von Null verschiedene Amplitude; dadurch sind die Eigenfrequenzen des Körpers festgelegt.

Zur näheren Erläuterung diene wieder ein eindimensionales Beispiel. Es kann die *Saite* von Abb. A 7, 18 repräsentieren, eine Schallschwingung in einem beiderseits *gleich*artig abgeschlossenen Rohr *(akustischer Resonator)* oder Licht längs

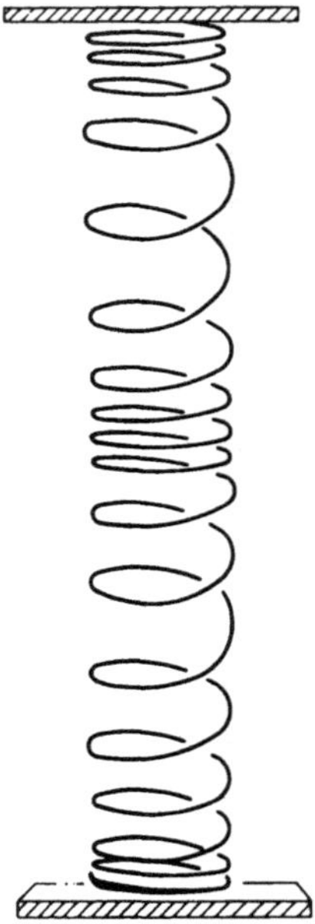

Abb. A 7, 17
In sich schwingende Schraubenfeder als Beispiel für eine stehende Welle. Die Feder ist in manchen Bereichen gedehnt, in anderen zusammengedrückt. Die Gesamtlänge bleibt konstant, im Gegensatz zu der mit einer Masse belasteten Schraubenfeder in Abb. A 7, 5

einer beiderseits von Spiegeln begrenzten Strecke *(optischer Resonator)*. Entlang x läuft die Welle durch Reflexion an den Enden immer hin und her. Die sehr vielen Teilwellen interferieren nur dann nicht zu Null, wenn sie sich nach einem „Umlauf" ($\Delta x = 2L$) wieder gleichphasig überlagern, wenn also nach Gl. (A 7, 14)

$$\frac{2\pi}{\lambda}\, 2L = n \cdot 2\pi$$

d. h.

$$L = n\,\frac{\lambda}{2} \qquad (n = 1, 2, 3 \ldots) \qquad \text{(A 7, 18)}$$

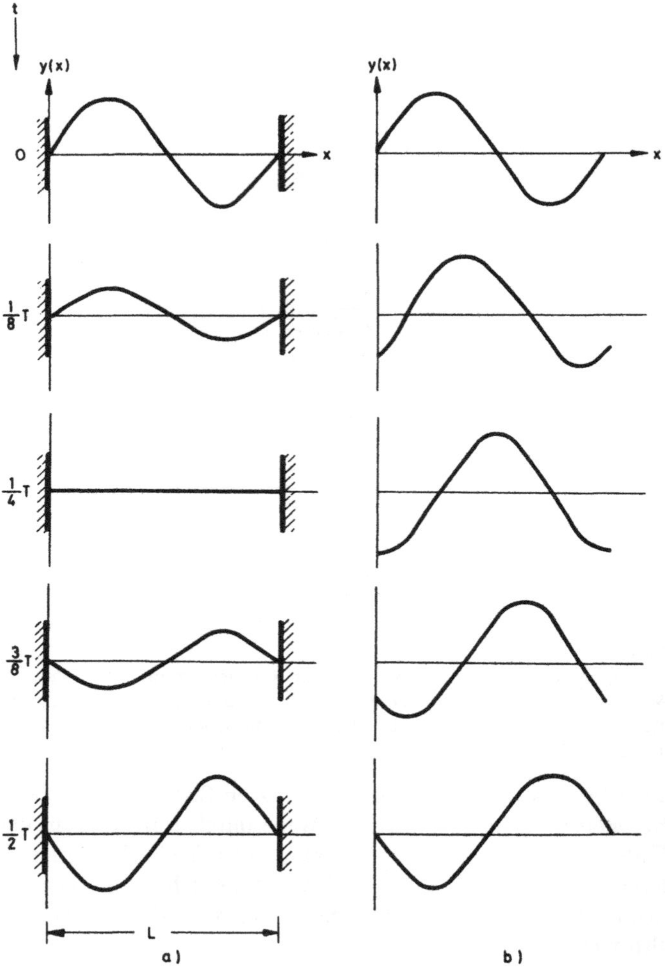

Abb. A 7, 18
a) Stehende Welle (z. B. schwingende Saite); durch Einspannung begrenzt auf die Länge L
b) Fortschreitende Welle gleicher Wellenlänge und Amplitude zum Vergleich. Sie ist nach links und rechts periodisch ergänzt zu denken; dargestellt ist nur ein Teilstück der gleichen Länge wie in a)

ist. Wegen Gl. (A 7, 12) entsprechen dem die Eigenfrequenzen

$$\nu_n = n \frac{c}{2L} . \qquad \text{(A 7, 19 a)}$$

Im Gegensatz zu den Beispielen in Kap. A 7, b gibt es hier nicht nur *eine* Eigenfrequenz, sondern ein Spektrum. Es gleicht, was die Abstände der Spektrallinien betrifft, der Abb. A 7, 2b. Schwingt der Körper also in allen Eigenfrequenzen zugleich, so geschieht das mit einer periodischen, aber nichtsinusförmigen Zeitabhängigkeit.

In jeder stehenden Welle gibt es Stellen, die ständig in Ruhe sind *(Knoten)*. Abb. A 7, 18 zeigt, daß sie den Abstand $\lambda/2$ voneinander haben und daß zwischen ihnen *Bäuche* maximaler Amplitude liegen. Ob an den Enden des Resonators Bäuche oder Knoten entstehen, hängt von der Art des Abschlusses und der physikalischen Größe, deren Schwingung man betrachtet, ab *(Randbedingungen)*. Gl. (A 7, 19a) gilt, wenn die Randbedingungen an beiden Enden Knoten oder an beiden Enden Bäuche vorschreiben. Liegt aber an einem Ende ein Knoten, am anderen ein Bauch, so modifiziert sie sich zu

$$\nu_n = \left(n - \frac{1}{2}\right) \frac{c}{2L} . \qquad \text{(A 7, 19b)}$$

e) Energie- und Signalübertragung durch Wellen

Durch ein Flächenelement d A senkrecht zur Ausbreitungsrichtung transportiert jede Welle eine Leistung d P. Die *Intensität* d P/d A (beim Auftreffen auf eine materielle Fläche auch *Bestrahlungsstärke* genannt) ist dem Quadrat der Amplitude proportional.

Bei Ausbreitung in einem nicht absorbierenden Medium ist die Intensität einer *Kugelwelle* im Abstand r vom Ursprung (Sender)

$$\frac{dP}{dA} \sim \frac{1}{r^2} , \qquad \text{(A 7, 20)}$$

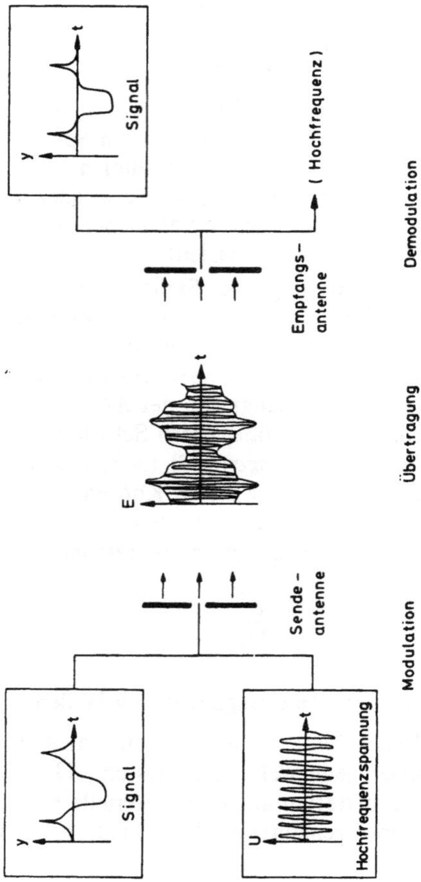

Abb. A 7, 19
Signalübertragung durch eine amplitudenmodulierte Trägerwelle (z. B. Mittelwellenrundfunk)

die einer *ebenen* oder längs einer Leitung *geführten* Welle dagegen unabhängig von r.

In vielen Fällen ist der Energietransport der wesentliche Aspekt der Wellenausbreitung (z. B. Sonnenstrahlung), in anderen steht der des Nachrichtentransports im Vordergrund.

Eine *Nachricht* (Information, Signal) kann die Welle nur übermitteln, wenn ihre Amplitude und Frequenz nicht ständig konstant sind, sondern sich räumlich (z. B. optische Abbildung, → Kap. A 9, f) oder zeitlich (z. B. Rundfunk) ändern.

Bei konstanter Frequenz läßt sich eine Information durch Änderung der Amplitude übertragen. Dazu muß die Information selbst durch eine zeitabhängige Größe gegeben sein (Schalldruck von Sprache, Musik) oder erst in eine solche umgewandelt (codiert) werden (z. B. Morse-Code). Dann kann z. B. die Amplitude einer elektromagnetischen Welle, die eine viel höhere Frequenz als das Signal hat, mit ihm *moduliert* und nach der Übertragung vom Empfänger wieder *demoduliert* werden (Abb. A7, 19). Die Welle dient dabei nur als *Träger* der Information. Im Prinzip kann das Signal auch ohne Trägerwelle übertragen werden (z. B. Sprache über Telefonleitung statt Funk).

Der energetische Gesichtspunkt spielt solange bei der Informationsübertragung keine Rolle, als das Signal vom Empfänger verstärkt, seine Amplitude also wieder vergrößert werden kann, wozu die Energie am *Empfangs*ort aufgebracht wird. Es lassen sich aber nicht beliebig schwache Signale noch verstärken, weil es z. B. beim Empfang elektromagnetischer Wellen immer ein Hintergrundsignal gibt, das von der thermischen Bewegung der Ladungsträger herrührt. Es ist statistischer Natur (wie weißes Licht in Abb. A 7, 1c) und wird wegen der akustischen Analogie als *Rauschen* bezeichnet. Signale, die schwächer als das Rauschen sind, lassen sich nicht mehr nachweisen.

In diesem Sinne nimmt die Bestrahlungsstärke nach Gl. (A 7, 20) nicht wie eine mathematische Funktion ab, die den Wert Null nie erreicht; vielmehr wird sie in einer gewissen Entfernung vom Sender unter das Rauschen absinken, ist dann nicht mehr nachweisbar und somit physikalisch „Null“.

A 8 Schallwellen (Akustik)

a) Charakteristika von Schallwellen

Schall ist eine *Druckwelle* in einem elastischen Stoff. Seine Ausbreitung ist daher – im Gegensatz zur elektromagnetischen Welle – an die Anwesenheit von Materie gebunden. Der Druck entsteht durch die Verschiebung kleiner Bereiche des Mediums gegeneinander (Kompression oder Dehnung), ist also mit einer Bewegung der Teilchen verknüpft. Man kann die Schallwelle daher durch den *Schalldruck* p oder die Geschwindigkeit der Teilchen (die *Schallschnelle*) v charakterisieren. Beide sind zeitlich veränderlich, im einfachsten Falle harmonisch, so daß

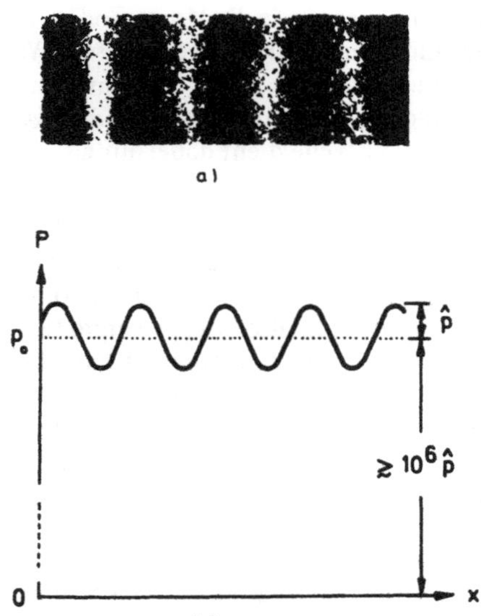

Abb. A 8, 1
Schallwelle in Luft: Ortsabhängigkeit der Dichte (a) und des dazu proportionalen Druckes (b). Die Druckamplitude $\hat{p}$ ist so gering im Vergleich zum normalen Luftdruck p_0, daß eine maßstäbliche Darstellung nicht möglich ist

die Gln. (A 7, 10) oder (A 7, 13) mit y = p resp. y = v die Wellenausbreitung beschreiben. Als Schalldruck p (z. B. in Luft) wird nur die Differenz zum Druck p_0 im Ruhezustand (Atmosphärendruck) gerechnet; der Gesamtdruck P an einem bestimmten Ort wäre also nach Gl. (A 7, 10)

$$P = p_0 + \hat{p} \cos \frac{2\pi}{T} t \tag{A 8, 1}$$

zu schreiben. Die Ortsabhängigkeit entsprechend Gl. (A 7, 13) zeigt Abb. A 8, 1.

Druck p und Schnelle v sind ein Maß für die zwei Energieformen, die von der Schallwelle transportiert werden, nämlich potentielle und kinetische Energie. Die analogen Größen der elektromagnetischen Welle sind elektrische und magnetische Feldstärke (E und H), die ein Maß für die elektrische und magnetische Feldenergie in der Welle sind. Zur Kennzeichnung einer Schallwelle genügt eine der beiden Größen. Meist wird der Schalldruck p betrachtet. Aus ihm kann die Schnelle v nach

$$v = \frac{p}{\rho_0 c} \tag{A 8, 2}$$

ausgerechnet werden (ρ_0: Dichte im Ruhezustand, c: Schallgeschwindigkeit). Der Quotient Z = p/v (bei elektromagnetischen Wellen: Z = E/H) definiert den *Wellenwiderstand* (→ Kap. A 7, c). Er hängt (bei freien Wellen) nur von Materialeigenschaften (hier von ρ_0 und c) ab.

Im Inneren von Flüssigkeiten und Gasen ist der Druck keine gerichtete Größe (im Gegensatz zu den transversalen Feldvektoren der elektromagnetischen Welle). Schallwellen in diesen Medien sind deshalb nicht polarisierbar.

Die *Intensität* (Strahlungsleistung pro Flächeneinheit; Bestrahlungsstärke, *Schallstärke*) der Schallwelle ist

$$\frac{dP}{dA} = p_{eff} v_{eff} = \frac{1}{Z} p_{eff}^2 \sim \hat{p}^2 \tag{A 8, 3}$$

(elektromagnetische Welle: $E_{eff} H_{eff}$). Aus der Analogie zu Gl. (A 2, 21 b) erklärt sich die Bezeichnung „Wellenwiderstand“.

Beim *Vergleich* zweier Intensitäten (allgemein: zweier Leistungen) benutzt man häufig ein *logarithmisches Maß.* Den an sich dimensionslosen dekadischen Logarithmus ihres Verhältnisses, $\log \frac{p_{eff,1}^2}{p_{eff,2}^2}$, nennt man Bel (B). Allgemein wird mit einem Zehntel dieses Wertes, dem Dezi-Bel (dB), gerechnet. Es ist

$$\text{dB-Zahl} = 10 \log \frac{p_{eff,1}^2}{p_{eff,2}^2} = 20 \log \frac{p_{eff,1}}{p_{eff,2}} . \qquad (A\,8,\,4)$$

Da es sich um ein Verhältnismaß handelt, kann die Leistung oder Amplitude einer Welle „in dB“ nur angegeben werden, wenn die der Vergleichswelle bekannt oder festgelegt ist. Beispielsweise lassen sich Reflexions- oder Dämpfungskoeffizienten in dB angeben, indem man die Amplituden der Welle nach und vor dem Vorgang vergleicht.

Die *Geschwindigkeit* c der Schallausbreitung in einem Stoff hängt nach

$$c = \frac{1}{\sqrt{\kappa \rho_0}} \qquad (A\,8,\,5)$$

von seiner Dichte ρ_0 (im Ruhezustand) und seiner Kompressibilität κ ab, ist also eine Materialeigenschaft (→ Tab. D 12). Unter κ versteht man allgemein bei einer Volumenänderung d V infolge einer Druckänderung d p das Verhältnis

$$\kappa = -\frac{1}{V} \frac{dV}{dp} . \qquad (A\,8,\,6)$$

In Gasen ist wegen der raschen Druckänderungen nicht mit isothermer, sondern mit adiabatischer Kompression (d. h. kein Wärmeausgleich zwischen den Bereichen verschiedenen Drucks) zu rechnen und der entsprechende Wert von κ in Gl. (A 8, 5) einzusetzen. Bei Flüssigkeiten ist dieser Unterschied unbedeutend. Bei in Längsrichtung (longitudinal) schwingenden Festkörpern ist κ mit dem reziproken Elastizitätsmodul, $\kappa = 1/E$, identisch.

Beim *Übergang* von einem in ein anderes Medium ändert sich bei unveränderter Frequenz die Schallgeschwindigkeit. Die Welle wird an der Grenzfläche gebrochen und teilweise reflektiert. Der Reflexionskoeffizient ist um so größer, je stärker sich die beiden Wellenwiderstände unterscheiden.

b) Erzeugung und Nachweis

Geräusche und Töne entstehen bei vielen mechanischen Vorgängen, die von andauernden oder kurzzeitigen Schwingungen begleitet sind. Speziell der Schallerzeugung dienen mechanisch oder elektrisch zu Schwingungen angeregte Luftsäulen, Stäbe, Saiten, Flächen oder Kristalle (z.B. Quarz als Ultraschallsender, → Kap. B 5, c). Es ist nicht immer einfach, eine solche Anordnung zur Quelle einer möglichst intensiven Schallwelle, die sich z.B. in Luft weiter ausbreiten soll, also zu einem Schall*sender* zu machen (Antenne bei den elektromagnetischen Wellen). Die Kopplung der mechanischen Schwingung an die Schallwelle in Luft erfordert mitunter besondere Maßnahmen, wie die sogenannten Resonanzkörper der Musikinstrumente (die tunlich *keine* Resonanzerscheinungen zeigen sollen). Sie dienen der *Anpassung* der Wellenwiderstände aneinander, denn die Abstrahlung vom Schallsender ist am besten, wenn sein Wellenwiderstand mit dem des angrenzenden Mediums übereinstimmt. Ultraschallsender strahlen aus diesem Grunde in Luft viel schlechter als in Flüssigkeiten ab (daher z.B. Unterwasseranwendung in der Medizin).

Die Frequenz mechanisch angeregter Schallwellen ist durch die Eigenfrequenz des schwingenden Körpers (eines akustischen Resonators, der allerdings meist ein Spektrum von Eigenfrequenzen hat) gegeben, bei elektrischer Anregung (Lautsprecher) durch die des Generators. Einfache Beispiele akustischer Resonatoren sind Luftsäulen oder gespannte Saiten (→ Abb. A 7, 18), die mechanisch (Luftstrom, Bogen) angeregt werden. Für die schwingende Luftsäule in einem beiderseits begrenzten

Rohr gelten folgende Randbedingungen, die die Eigenfrequenzen festlegen (→ Gl. (A 7, 19)): An einem offenen Ende entsteht ein Knoten des Drucks (ein Bauch der Schnelle); an einem geschlossenen Ende ein Bauch des Drucks (ein Knoten der Schnelle). Die transversalen Saitenschwingungen sind durch Bewegungsknoten an den Enden gekennzeichnet. Ihre Eigenfrequenzen nehmen mit der elastischen Spannung der Saite zu.

Kohärente Schallwellen können sowohl durch verschiedene Instrumente als insbesondere auch durch elektrische Schallsender (Lautsprecher mit Sinusgenerator) leicht hergestellt werden.

Zum *Nachweis* von Schallwellen dienen fast durchweg Schallempfänger, die eine dem Schalldruck proportionale elektrische Spannung abgeben (*Mikrophone*, → Kap. B 5, c).

c) Schallempfindung

Subjektiv empfindet man die Schallfrequenz als *Tonhöhe*, die Amplitude als *Lautstärke*. Zwischen den subjektiven und den objektiven Größen besteht kein linearer Zusammenhang. Die Tonhöhe hängt logarithmisch von der Frequenz ν ab (Abb.

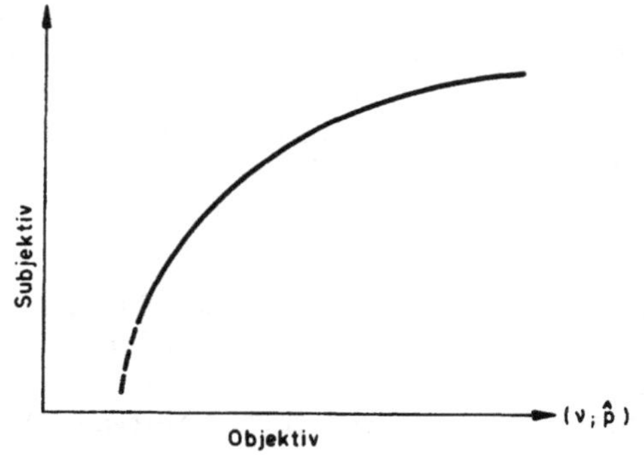

Abb. A 8, 2
Abhängigkeit der subjektiven Schallempfindungen (Tonhöhe und Lautstärke) von den objektiven physikalischen Größen Frequenz (ν) resp. Schalldruck ($\hat{p}$)

A 8, 2), d.h. jedem musikalischen Intervall entspricht das gleiche Frequenz*verhältnis*. Beispiel: Halbton 1 : 1,06; Oktave 1 : 2. Eine ähnliche Abhängigkeit zeigt die empfundene Lautstärke von der Schalldruck-Amplitude $\hat{p}$. Sie wird angenähert

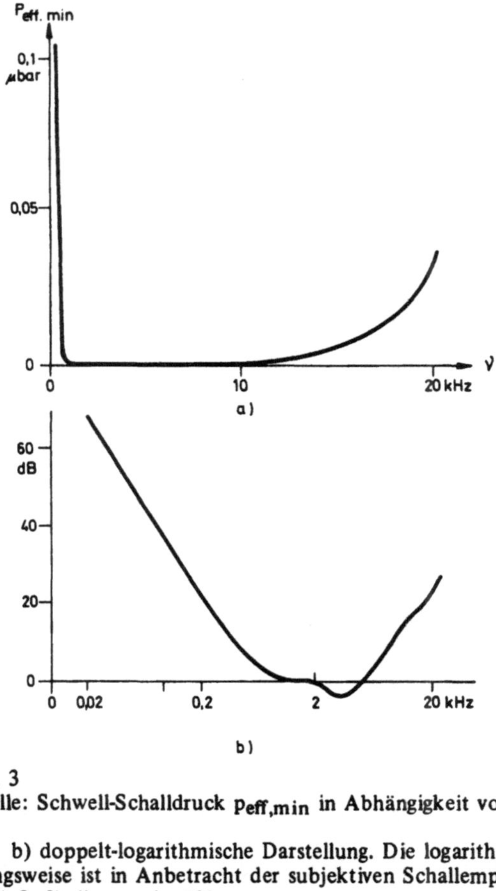

Abb. A 8, 3
Hörschwelle: Schwell-Schalldruck $p_{eff,min}$ in Abhängigkeit von der Frequenz
a) lineare b) doppelt-logarithmische Darstellung. Die logarithmische Darstellungsweise ist in Anbetracht der subjektiven Schallempfindung (→ Abb. A 8, 2) die zweckmäßigere

durch einen logarithmischen Verlauf *(Weber-Fechnersches Gesetz)* oder besser durch

$$\text{Lautstärke} \sim \hat{p}^a \qquad \text{(A 8, 7)}$$

mit einem Exponenten $a < 1$ ($\approx 0{,}3$ für 1000 Hz; *Potenzgesetz von Stevens*). Unterhalb eines Schwelldruckes p_{min} hat man keine Schallempfindung mehr. Der Schwelldruck hängt von der Frequenz ab (Abb. A 8, 3). Der Hörbereich reicht ungefähr von 16 Hz bis 20 kHz (10 Oktaven). Schall kleinerer Frequenz heißt *Infraschall*, solcher größerer Frequenz *Ultraschall*. Der für die Sprachverständigung wichtige Bereich liegt zwischen 300 und 3000 Hz.

In der Akustik wird der Schwelldruck bei 1 kHz ($p_{eff,min} = 2 \cdot 10^{-4}\,\mu$bar) als Bezugswert ($p_{eff,2}$) für Schalldruckangaben in dB genommen. Nach dieser Vereinbarung kann der Schalldruck statt in einer Druckeinheit (z. B. μbar) auch im logarithmischen *Pegelmaß* (in dB) angegeben werden, desgleichen natürlich auch die Schallstärke. Das ist wegen des großen Druckbereichs des hörbaren Schalls zweckmäßig. Zwischen Hörschwelle und Schmerzgrenze unterscheiden sich z. B. bei 1 kHz die Schalldrucke um einen Faktor 10^6 bis 10^7, die Schallstärken also um 10^{12} bis 10^{14}, das sind 120 bis 140 dB.

A 9 Elektromagnetische Wellen (Optik)

In elektromagnetischen Wellen breiten sich gekoppelte elektrische und magnetische Felder durch das Vakuum oder durch Materie aus. Sie sind transversal, also polarisierbar (→ Kap. A 5, d).

Das elektromagnetische Spektrum umfaßt ein außerordentlich großes Frequenz- resp. Wellenlängengebiet, das von den Langwellen der Nachrichtentechnik bis zur γ-Strahlung reicht. Frequenz ν oder Wellenlänge λ können wahlweise zur Charakterisierung benutzt werden, da im Vakuum der eindeutige Zusammenhang $\lambda = c/\nu$ besteht (die Vakuum-Lichtgeschwindigkeit c ist eine Naturkonstante!). Aus praktischen Gründen wird bei langen Wellen vorzugsweise die Frequenz, bei kürzeren dagegen die Wellenlänge (oder die Wellenzahl $\tilde{\nu} = 1/\lambda$, häufig in der Einheit cm^{-1}) angegeben.

Die physikalischen Grundlagen der Strahlung sind stets die gleichen; lediglich die Methoden ihrer Erzeugung und ihres Nachweises und die Wechselwirkung zwischen der Strahlung und der Materie unterscheiden sich in den verschiedenen Wellenlängenbereichen.

a) Erzeugung

Technische und natürliche Strahlungsquellen

Im Prinzip wird elektromagnetische Strahlung von schwingenden elektrischen (oder magnetischen) Dipolen emittiert (→ Kap. A 5, d); das können technische Antennen sein wie auch einzelne Atome oder Moleküle. Eine gewisse Einteilung der Strahlungsquellen ist nach der Größe ihrer „Antennen" möglich:

I. *Technische Strahlungsquellen (Sender)* haben makroskopische Antennenabmessungen. Gewöhnlich besteht der Sender aus einem einzigen frequenzbestimmenden Bauelement und einer einzigen Antenne; die Strahlung ist monofrequent (monochromatisch) und somit kohärent, das elektrische Feld ist (z. B. bei einer Dipolantenne in deren Richtung, → Abb. A 5, 9) polarisiert. Die Leistung wird gerichtet abgestrahlt.

II. *Natürliche Strahlungsquellen* haben mikroskopische (atomare) Antennenabmessungen. Die Frequenz wird durch Emissionsprozesse im Atomkern, im Atom oder im Molekül (→ Kap. A 1, a) festgelegt. Wegen der Vielzahl von Einzelprozessen und Einzel„antennen" ist die Strahlung im allgemeinen inkohärent. Sie ist unpolarisiert und wird ungerichtet, nach allen Seiten gleichmäßig, abgestrahlt.

Eine Grenze zwischen den beiden Gebieten läßt sich nicht festlegen. Als Richtwert kann gelten, daß es für Wellenlängen über 0,1 mm technische Sender gibt, für Wellenlängen darunter natürliche Strahlungsquellen.

Spektren der Strahlungsquellen

Eine andere Einteilung der Strahlungsquellen ist nach der Form ihres Spektrums möglich:

I. *Monofrequente* (monochromatische) *Strahler* im engen Sinne: Das Spektrum enthält nur genau eine Frequenz, die Strahlung ist als lang andauernde Sinuswelle zu beschreiben.

Im technischen Bereich sind solche Sender die Regel. Im Prinzip (Abb. A 9, 1a) enthalten sie als frequenzbestimmendes Element einen elektrischen *Schwingkreis,* der durch eine *Rückkopplungs*schaltung (z. B. mit Hilfe von Röhren oder Transistoren) zum beständigen Schwingen angeregt wird. Die von der Antenne abgestrahlte Leistung wird letzten Endes einer Gleichspannungsquelle entnommen. Abb. A 9, 1b gibt schematisch ein Schaltbeispiel. Zur Funktion ist die richtige Polung („Mitkopplung", → Kap. A 10, c) der Rückkopplung notwendig. Dann kann die Röhre formal als negativer, also Energie *liefernder* Wechselstromwiderstand parallel zum L und C des Schwingkreises betrachtet werden, der die durch Abstrahlung hervorgerufenen Verluste kompensiert.

Im optischen Bereich (Ultraviolett bis Infrarot) ist der *Laser* (Abb. A 9, 1c) eine auf den gleichen Prinzipien beruhende monochromatische Strahlungsquelle. Frequenzbestimmend ist ein *optischer Resonator* (→ Gl. (A 7, 19)), bestehend aus zwei einander gegenüberstehenden Spiegeln. Er enthält ein *aktives Lasermaterial* (Festkörper, Flüssigkeit oder Gas), in dem höhere Energiezustände durch „Pumpen" (z. B. Bestrahlung mit Licht einer anderen Quelle oder – bei Gaslasern – Gasentladungsvorgänge) angeregt sind. Aus diesen kehren die Elektronen unter Emission von Licht in den Grundzustand zurück. Im Gegensatz zur gewöhnlichen spontanen Emission erzwingt der Resonator aber kohärente Strahlung genau seiner Eigenfrequenz *(induzierte Emission).* Die abgestrahlte Leistung entstammt der Pump-Quelle.

II. *Strahlungsquellen mit Linienspektren.* Das Spektrum monochromatischer Strahler im weiteren Sinne erthält nur Frequenzen in einem sehr schmalen Bereich (z. B. Na-Licht). Im all-

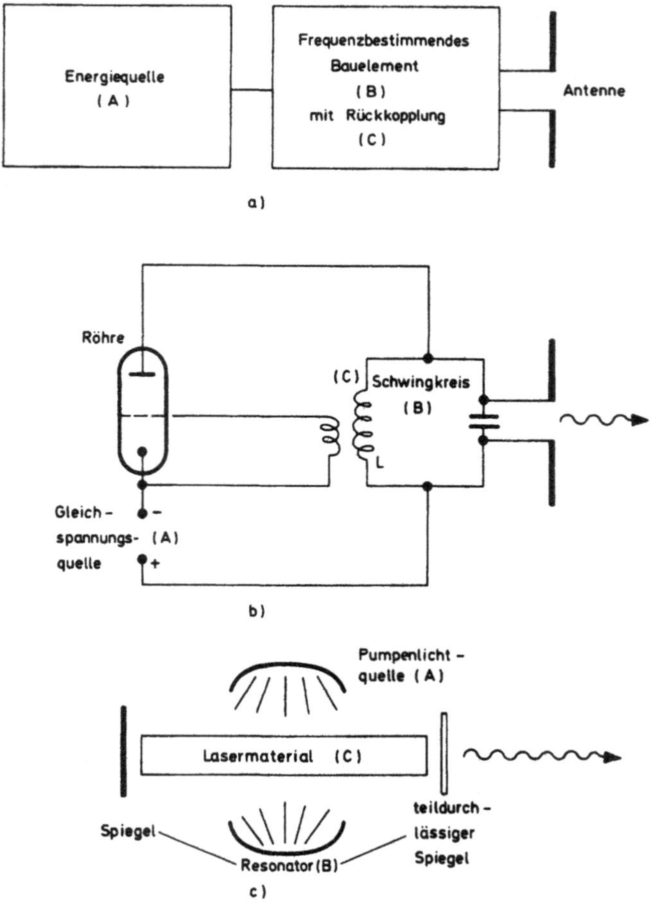

Abb. A 9, 1
Monochromatische Strahlungsquellen
a) Prinzipieller Aufbau
b) Sender (Röhrengenerator, -oszillator) für den technischen Hochfrequenzbereich (schematisch). Vgl. auch die Oszillatorschaltung Abb. A 10, 6 b
c) Laser für den optischen Bereich (schematisch)

gemeinen wird ein Spektrum aus vielen derartigen, mehr oder weniger getrennten Spektrallinien bestehen. Diese Strahlung rührt meist von natürlichen Quellen her, in denen die einzelnen Atome oder Moleküle ohne wesentliche gegenseitige Störung emittieren können (Stoffe im Gaszustand: Gasentladungen, Spektrallampen). Die Strahlungsleistung stammt von den Prozessen, die vor der Emission höhere Energiezustände angeregt haben (Stöße in der Gasentladung; Anregung durch andere Strahlung, Fluoreszenz → Abschn. b).

III. *Strahlungsquellen* mit *kontinuierlichem Spektrum.* Wichtigstes Beispiel sind Körper, die infolge ihrer Temperatur Strahlung aussenden *(Temperatur-, Wärmestrahlung).* Die Strahlungsenergie entstammt in diesem Falle der Wärmeenergie. Die Form des Spektrums, also die Frequenzabhängigkeit der Strahlungsleistung, wird durch die *Plancksche Strahlungsformel* beschrieben: In einem Frequenzintervall $d\nu$ (also zwischen ν und $\nu + d\nu$) wird die Leistung dP abgestrahlt, und es ist

$$\frac{dP}{d\nu} \sim \frac{\nu^3}{e^{h\nu/kT} - 1} \qquad \text{(A 9, 1)}$$

(unter der Voraussetzung, daß das Emissionsvermögen des Körpers für alle Frequenzen gleich ist). Statt der Frequenz- kann auch die Wellenlängenabhängigkeit, wie in Abb. A 9, 2, angegeben werden. Das Maximum des Spektrums verschiebt sich proportional zur absoluten Temperatur T nach höheren Frequenzen resp. kürzeren Wellenlängen:

$$\lambda_{max} T = \text{const} = 2900\,\mu\text{m K} \qquad \text{(A 9, 2)}$$

(Wiensches Verschiebungsgesetz). Z.B. ist bei 2000 K λ_{max} = = 1,45 μm (infrarot), bei 6000 K ist λ_{max} = 480 nm (sichtbar, grün). Die Fläche unter der Kurve Abb. A 9, 2, also das Integral über alle Frequenzen, gibt die Gesamtstrahlungsleistung P; sie hängt stark von der Temperatur ab:

$$P = \sigma T^4 \qquad \text{(A 9, 3)}$$

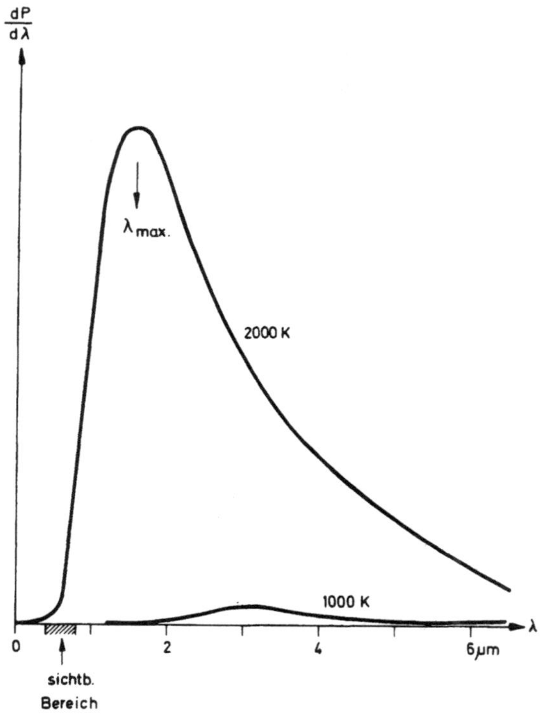

Abb. A 9, 2
Kontinuierliches Spektrum eines Temperaturstrahlers (Plancksches Strahlungsgesetz). Gleicher Maßstab für beide Temperaturen

(*Stefan-Boltzmannsches Gesetz;* σ ist eine Naturkonstante). – Technisches Beispiel für Temperaturstrahler: Glühlampe.

Ähnliche Spektren wie Temperaturstrahler haben leuchtende Gase unter hohem Druck. Die charakteristischen Spektrallinien werden sehr breit und überlagern sich zu einem Kontinuum. Technische Beispiele: Quecksilberdampf- und Xenonlampe.

Eine andere praktisch wichtige Strahlung mit kontinuierlichem Spektrum ist die *Röntgen-Bremsstrahlung* (→ Kap. A 5, d). Im Gegensatz zur Temperaturstrahlung hat sie eine scharfe kurzwellige Grenze (λ_{grenz}, Abb. A 9, 3), weil die Quantenenergie $h\nu_{grenz}$ höchstens gleich der kinetischen Energie eU eines Elektrons sein kann. Daraus ergibt sich zahlenmäßig

$$\lambda_{grenz} = 1{,}23/U \ , \qquad \text{(A 9, 4)}$$

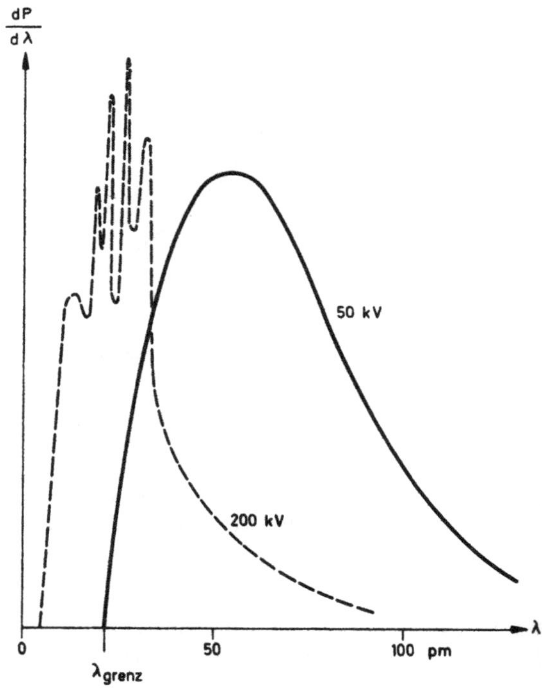

Abb. A 9, 3
Kontinuierliches Röntgen-Bremsspektrum. Die Vertikalmaßstäbe der Kurven sind nicht vergleichbar. Das gestrichelte Spektrum (höhere Beschleunigungsspannung) ist überlagert aus Bremsspektrum und charakteristischen Linien

wenn U in kV und λ in nm gemessen werden *(Duane-Huntsches Gesetz).* U ist die Beschleunigungs-(Anoden-)spannung der Röhre, sie liegt bei medizinischen Anwendungen in der Größenordnung 100 kV. Höhere (niedere) Spannung bedingt „härtere" („weichere") Strahlung. Das Anodenmaterial emittiert außerdem eine charakteristische Röntgenstrahlung (→ Kap. A 1, a). Ihr Linienspektrum ist dem Bremsspektrum überlagert, aber für viele Anwendungen ohne Bedeutung.

b) Nachweis

Sender-Empfänger-Reziprozität

Zum Nachweis einer elektromagnetischen Welle ist eine Empfangs-„Antenne" nötig. Ganz allgemein sind Sendeantennen auch als Empfangsantennen brauchbar, und umgekehrt. Im makroskopischen Bereich sieht man das an der Verwendung gleichartiger technischer Antennen für beide Zwecke. Im mikroskopischen Bereich besagt es, daß ein Atom bei einer Frequenz, die es emittiert, auch absorbieren kann (→ Abb. A 1, 2). Diese Sender-Empfänger-Reziprozität drückt sich aus im *Kirchhoffschen Gesetz* über die Proportionalität zwischen Emissionsvermögen E und Absorptionsvermögen A einer Antenne oder eines Körpers:

$$E \sim A \,. \tag{A9, 5}$$

(Die Werte E und A sind bei derselben Frequenz in Beziehung zu setzen!) Das maximal mögliche Absorptionsvermögen hat ein im erweiterten Sinne – bei der betreffenden Frequenz – *schwarzer Körper* als Empfänger; er hätte demnach, als Sender verwendet, das maximale Emissionsvermögen. Nichtabsorbierende (z. B. spiegelnde, also vollständig reflektierende) Körper hingegen können Strahlung der betreffenden Frequenz auch nicht emittieren.

Nachweis im Frequenzbereich technischer Sender

In der Hochfrequenztechnik werden verschiedene Formen von Empfangsantennen verwendet, z. B. Dipolantennen (Fernsehen), in denen die elektrische Wechsel-Feldstärke der Welle eine elektrische Wechselspannung $U_\sim$ erregt. Diese kann bei nicht zu hoher Frequenz direkt nachgewiesen werden (Oszillograph bis etwa 100 MHz). $U_\sim$ ist der elektrischen Feldstärke in der Welle (und damit der Wurzel aus der Strahlungsleistung) proportional.

Die Wechselspannung kann bis in das Frequenzgebiet von THz (= 10^{12} Hz) auch gleichgerichtet und dann als Gleichspannung nachgewiesen werden *(Detektoren)*. War die Amplitude der Welle moduliert (z. B. mit Tonfrequenz beim Rundfunk), so liefert der Detektor neben Gleichspannung die Modulations-Wechselspannung (z. B. also Tonfrequenz): *Demodulation*.

Nachweis im Frequenzbereich natürlicher Strahler

Im Bereich der natürlichen Strahlung ($\lambda < 0{,}1$ mm) gibt es keine direkten Nachweisgeräte mehr, die der schnellen Änderung des Feldes folgen könnten. Hier wird die vom Empfänger absorbierte Strahlungsenergie in eine andere Energieform umgewandelt und dadurch nachgewiesen. Dazu sind eine ganze Reihe von Effekten geeignet:

I. *Erwärmung* eines Empfängers (im Prinzip eines Kalorimeters), der – als „schwarzer" Körper – die auftreffende Strahlung völlig absorbiert. Die Temperaturerhöhung gegenüber der Umgebung nimmt nach einiger Zeit einen Gleichgewichtswert an (aufgenommene gleich wieder abgestrahlter Leistung, vgl. Gl. (A 9, 3)), der ein Maß für die Strahlungsleistung ist. Die Temperaturerhöhung wird mittels Thermoelement gemessen (Thermosäule) oder indirekt aus der Änderung des elektrischen Widerstandes (Bolometer) oder der Volumenänderung einer Gasprobe (Golayzelle) bestimmt.

II. *Fluoreszenz*. Die absorbierte Strahlung regt einen höheren Elektronenzustand an, der unter Emission neuer Strahlung (Fluoreszenzlicht) schrittweise wieder in den Grundzustand zurückkehrt. Die Quantenenergie der Fluoreszenzstrahlung ist geringer als die der absorbierten. Kurzwellige Strahlung (UV, Röntgen) kann daher durch *sichtbares* Fluoreszenzlicht nachgewiesen werden (Leuchtschirme).

III. *Photoeffekt.* Bei Strahlung genügend kurzer Wellenlänge (sichtbarer Bereich und darunter) reicht die Quantenenergie aus, um z. B. die zum Austritt eines Elektrons aus einer Metalloberfläche erforderliche Energie (*Austrittsarbeit* → Tab. D 10) aufzubringen. Der Photostrom der freigesetzten Elektronen ist der Strahlungsleistung proportional. Auf dem Photoeffekt – allerdings der Freisetzung von Elektronen aus einzelnen Gasmolekülen statt aus einem Metall – beruht auch die Anwendung von Ionisationskammer und Zählrohr zum Nachweis der γ- und Röntgenstrahlung.

IV. Anregung *photochemischer Prozesse* (Photographischer Film, Auge). Auch hierzu ist eine gewisse Quantenenergie, also genügend kurze Wellenlänge erforderlich.

c) Ausbreitung in Materie

Dispersion und Absorption

Die Ausbreitungsgeschwindigkeit c einer elektromagnetischen Welle ist nur im Vakuum eine Konstante, also frequenzunabhängig. In Materie treten durch das elektrische Feld der Welle Polarisationserscheinungen in den Molekülen auf (also vom Molekülbau abhängige Verschiebungen der Elektronen gegen das positive Kerngerüst), deren Stärke im allgemeinen von der Frequenz abhängt. Die Ausbreitungsgeschwindigkeit wird dadurch auf c_n herabgesetzt, und zwar je nach Frequenz verschieden. Man nennt das frequenzabhängige Verhältnis

$$n = \frac{c}{c_n}, \qquad \text{(A 9, 6)}$$

das eine Materialeigenschaft charakterisiert, wegen seines Auftretens im Brechungsgesetz Gl. (A 9, 9) die *Brechzahl.* Ihre Frequenzabhängigkeit äußert sich in der Farbzerlegung des sichtbaren Lichtes und wird daher ganz allgemein als *Dispersion* bezeichnet.

Die Frequenz ν der Welle ist durch den Sender festgelegt und unveränderlich. Daher wird wegen $\lambda_n = c_n/\nu$ auch die Wellenlänge λ_n im Medium im gleichen Verhältnis wie die Ausbreitungsgeschwindigkeit reduziert.

Viele Stoffe *absorbieren* elektromagnetische Wellen mehr oder weniger stark. Die Strahlungsleistung P einer ebenen Welle (Parallelbündel), die im Vakuum konstant ist, nimmt in Materie beim Durchlaufen einer kleinen Strecke d x um einen dazu proportionalen relativen Anteil (Prozentsatz) d P/P ab. Für die hinter einer Strecke x verbleibende Strahlungsleistung gilt daher das *Lambertsche Gesetz*

$$P = P_0 \, e^{-\alpha x} \qquad (A\,9,\,7)$$

in Analogie zur natürlichen *zeitlichen* Abnahme einer physikalischen Größe (→ Gl. (A 1, 8)). P_0 ist die Leistung*) bei x = 0. Die Größe α (Absorptions- oder Extinktionskoeffizient) ist ebenfalls eine charakteristische, von der Frequenz abhängende Materialeigenschaft. Die Darstellung von α gegen ν (oder λ) ist das *Absorptionsspektrum* des Stoffes.

Abb. A 9, 4 zeigt den typischen Verlauf der Wellenlängenabhängigkeit von n und α. In den Bereichen starker Zunahme von n mit der Wellenlänge ist zugleich auch die Absorption stark *(anomale Dispersion)*, die Substanz ist also mehr oder weniger „undurchsichtig" im erweiterten, nicht an unser Sehvermögen geknüpften Sinn. „Durchsichtig" kann ein Stoff immer nur in gewissen Spektralbereichen mit „normaler" Dispersion sein (n sinkt mit zunehmendem λ). Glas ist z. B. für UV ($\lambda \lesssim 300$ nm) undurchsichtig.

Die Brechzahl für sehr kurze Wellen (Röntgenstrahlen) ist praktisch n = 1, so daß es für „Röntgenlinsen" keine Materialien gibt (Abb. A 9, 4).

Einer Welle kann Strahlungsleistung auch durch *Streuung* (z. B. durch Beugung an kleinen Teilchen in Suspensionen oder der Atmosphäre, auch durch molekulare Wechselwirkungen) entzogen werden, ohne daß dabei eine andere Energieform entsteht. Der Absorptionskoeffizient in Gl. (A 9, 7) wäre dann

*) Da eine ebene Welle angenommen wird, gilt Gl. (A 9, 7) sowohl für die gesamte Strahlungsleistung P als auch die „Intensität" d P/d A.

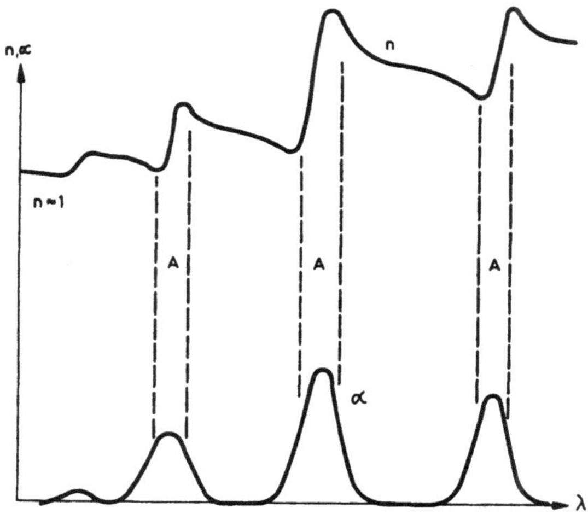

Abb. A 9, 4
Typische Wellenlängenabhängigkeit der Brechzahl (n) und des Absorptionskoeffizienten (α). Anomale Dispersion, verbunden mit starker Absorption, in den mit A bezeichneten Bereichen. In den dazwischen liegenden Bereichen normaler Dispersion ist die Substanz weitgehend „durchsichtig"

sinngemäß durch einen Streukoeffizienten zu ersetzen. Absorption und Streuung können auch zusammenwirken (wichtiges Beispiel: Durchgang von Röntgenstrahlung durch Materie; ihre Absorption → Kap. A 1, b).

Anisotropie

Kristalline Stoffe sind häufig optisch anisotrop: Die Werte von n und α hängen von der Ausbreitungs- und Polarisationsrichtung der Welle ab.

Zur Veranschaulichung der Anisotropie denke man sich eine sehr kleine Lichtquelle in einen anisotropen Kristall, z. B. Kalkspat, eingebaut. Im Vakuum oder in isotropen Stoffen würde sich von ihr eine Kugelwelle (nach allen Seiten mit gleicher Geschwindigkeit) ausbreiten. Im Kristall aber gibt es

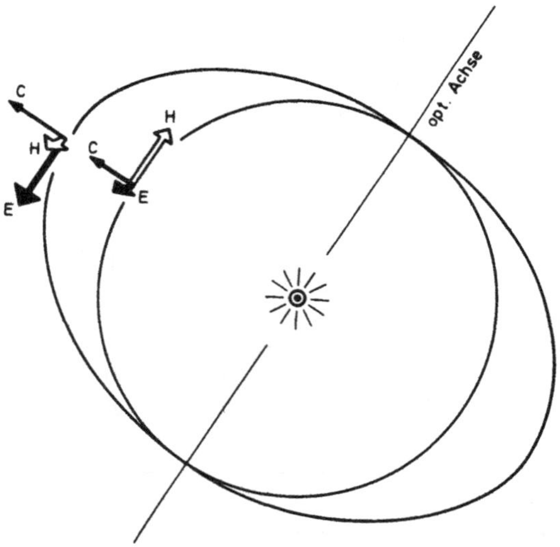

Abb. A 9, 5
Lichtausbreitung von einer Punktquelle in einem anisotropen Kristall. Dargestellt sind die Wellenfronten für zwei senkrecht zueinander stehende Polarisationsrichtungen

eine Kugelwelle nur bei einer bestimmten Polarisationsrichtung der Welle (E-Vektor wie in Abb. A 9, 5). Ist sie dazu senkrecht polarisiert, so ist die Ausbreitungsgeschwindigkeit richtungsabhängig, und es entsteht eine ellipsoidförmige Wellenfläche. Nur in einer Richtung, der *optischen Achse* des Kristalls, sind die Geschwindigkeiten für beide Polarisationsrichtungen gleich. Im Falle des Kalkspats hat die „außerordentliche" Ellipsoidwelle in Richtung senkrecht zur optischen Achse eine um 12% höhere Geschwindigkeit als die „ordentliche" Kugelwelle.

Würde sich im anisotropen Material von vornherein eine *ebene,* polarisierte Welle ausbreiten, so blieben ihre Polarisations- und Ausbreitungsrichtung unverändert. Von ihnen hinge aber nach Abb. A 9, 5 die Geschwindigkeit und damit die Brechzahl ab.

Optische Aktivität

Beim Durchstrahlen mancher Stoffe bleibt zwar die Ausbreitungsrichtung einer ebenen, polarisierten Welle unverändert, nicht aber ihre *Polarisations*richtung: Sie dreht sich stetig um Winkel β, die zur durchlaufenden Strecke x proportional sind (Abb. A 9, 6 a):

$$\beta = \beta_0 x \qquad \text{(A 9, 8)}$$

(optische Aktivität). Die frequenzabhängige Größe β_0 (spezifische Drehung) ist wiederum eine Materialeigenschaft (→ Tab. D 31).

Die Ursache der optischen Aktivität ist eine strukturelle *Unsymmetrie* des Kristallgitteraufbaues (z. B. Quarz) oder des Molekülaufbaues (z. B. Zucker). Ihr entspricht im technischen Frequenzbereich die Drehung der Polarisationsebene einer Welle durch eine metallische Wendel (Abb. A 9, 6 b). Die Wendel kann im Sinne einer Rechts- oder einer Linksschraube gedreht sein; das sind zwei zueinander spiegelbildliche unsymmetrische Formen, die durch Rechts-Links-Vertauschung auseinander hervorgehen. Die eine Wendelform dreht deshalb die Polarisationsebene nach rechts, die andere nach links, gleichgültig, von welchem Ende her die Welle auf sie trifft (Abb. A 9, 6 b).

Von Bedeutung für die Strukturaufklärung ist die optische Aktivität organischer Moleküle. Sie kommen häufig in zwei strukturell spiegelbildlich aufgebauten *optischen Isomeren* vor, die die Polarisationsebene des Lichts in verschiedener Richtung drehen und dadurch als (+)- und (–)-Form unterschieden werden können.

Inhomogene Medien

Mitunter erstrecken sich Substanzen über ausgedehntere Bereiche nicht homogen; z. B. ist ihre Dichte nicht überall dieselbe, wie bei verschieden stark erwärmten Bereichen der Atmosphäre. Da die Brechzahl n sich mit der Dichte ändert, ist das Medium, obschon durchsichtig, doch optisch inhomo-

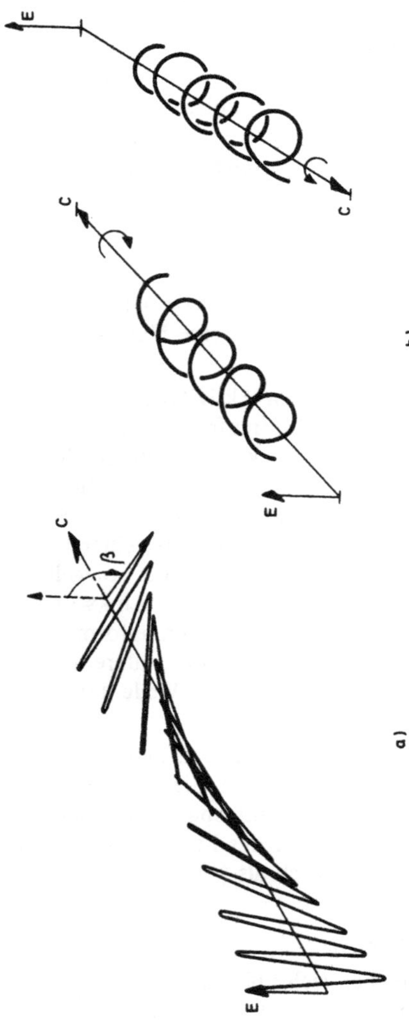

Abb. A 9, 6
Optische Aktivität
a) Drehung der Polarisationsebene
b) Wendelmodell, um die Unabhängigkeit des Drehsinns von der Richtung, in der die Welle durch die aktive Substanz läuft, zu zeigen

gen. Im einfachsten Fall ist es geschichtet, die Brechzahl hängt also nur von der Höhe h (Abb. A 9, 7) ab. Die Lichtgeschwindigkeit und damit die Wellenlänge λ ist in den Bereichen größerer Brechzahl geringer, so daß die Fronten einer

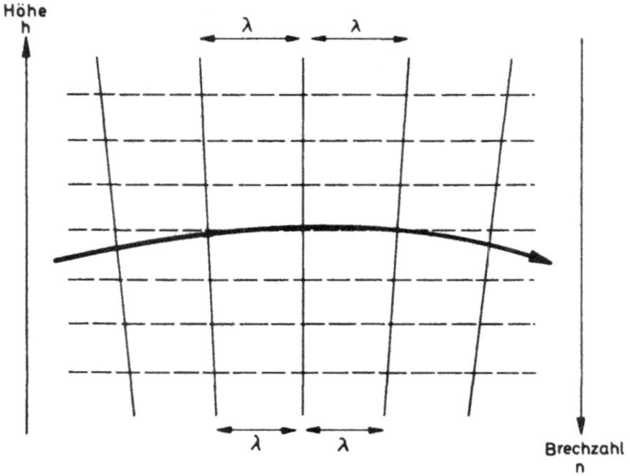

Abb. A 9, 7
Krümmung eines Lichtstrahls in einem optisch inhomogenen, geschichteten Medium (z. B. Luft). Die senkrecht zur dick gezeichneten Strahlrichtung verlaufenden Linien sind Wellenfronten

ursprünglich ebenen Welle nicht parallel bleiben. Ein Lichtstrahl wird also in Richtung auf die größere Brechzahl hin gekrümmt. Bei starken Brechzahl-Gradienten d n/d h wirkt diese Krümmung wie eine Reflexion (Spiegelungen auf heißer Straße, Fata Morgana). Der Effekt spielt auch bei Wellen technischer Frequenz eine wichtige Rolle (Reflexion von *Kurzwellen* an der Ionosphäre, wobei allerdings die Brechzahl nicht mehr von der – in einigen 100 km Höhe ohnehin sehr geringen – Dichte der Atmosphäre abhängt, sondern von ihrem Gehalt an Ionen und freien Elektronen). – Unregelmäßig verteilte Dichteunterschiede machen sich optisch als *Schlieren* bemerkbar.

d) Übergang von einem Medium ins andere (Brechung und Reflexion)

Von Abb. A 9, 7 kommt man im Grenzfall einer abrupten Änderung der Brechzahl zu zwei verschiedenen, aneinander grenzenden Medien der Brechzahlen n_1 und n_2 (beide seien im betrachteten Frequenzbereich nicht absorbierend, also „durchsichtig"). Trifft eine ebene Welle auf die ebene Grenzfläche, so wird sie zum Teil unter dem *gleichen* Winkel reflektiert *(Reflexionsgesetz)*, zum Teil tritt sie als ebene Welle in das andere Medium über. Dabei ist (vgl. Abb. A 9, 8)

$$\frac{\sin \gamma_1}{\sin \gamma_2} = \frac{n_2}{n_1} \tag{A 9, 9}$$

(Snelliussches Brechungsgesetz).

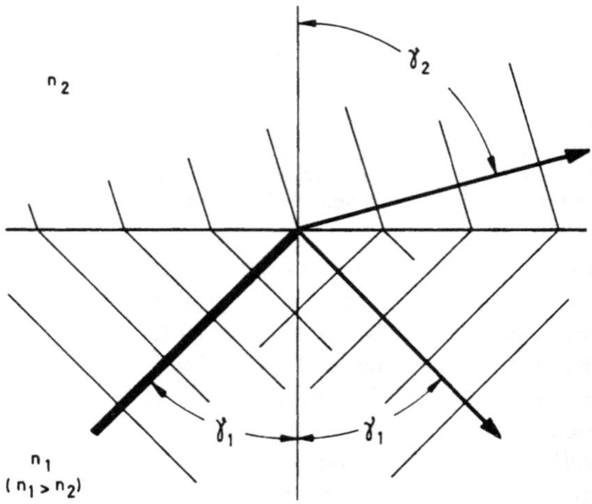

Abb. A 9, 8
Reflexion und Brechung an der ebenen Grenzfläche zweier Substanzen. Die senkrecht zur dick gezeichneten Strahlrichtung verlaufenden Linien sind Wellenfronten

Die einfallende Strahlungsleistung P_0 teilt sich auf die reflektierte und die transmittierte Leistung auf. Man nennt

$$R = \frac{P_R}{P_0}; \qquad T = \frac{P_T}{P_0} \tag{A 9, 10}$$

Reflexions- resp. Transmissionskoeffizient der Leistung. Da Absorption nicht vorkommen soll, ist

$$R + T = 1$$

(Energiesatz); es genügt also, den *Reflexionskoeffizienten* zu kennen. Er hängt ab vom Einfallswinkel, der Polarisationsrichtung und der Übergangsrichtung. Abb. A 9, 9 stellt den Zusammenhang qualitativ dar. Wichtige Details sind:

I. Bei senkrechtem Einfall ($\gamma = 0$) spielen Polarisations- und Übergangsrichtung keine Rolle. Der Reflexionskoeffizient R_0 hängt genau genommen vom Unterschied der beiden Wellenwiderstände ab (→ Kap. A 7, c). In unmagnetischen Materialien sind aber Wellenwiderstand und Brechzahl einander proportional. Deshalb kann man R_0 auch durch die Brechzahlen ausdrücken:

$$R_0 = \left(\frac{n_2 - n_1}{n_2 + n_1}\right)^2. \tag{A 9, 11}$$

Grenzen also zwei Stoffe *gleicher* Brechzahlen aneinander, so ist die Grenzfläche mangels Reflexion nicht erkennbar! – Metalle reflektieren (bei allen Einfallswinkeln) vollständig, was bei formaler Anwendung von Gl. (A 9, 11) $n \to \infty$ bedeutet.

II. Bei einem bestimmten Einfallswinkel γ_B, dem *Brewsterschen Winkel*, der durch

$$\tan \gamma_B = \frac{n_2}{n_1} \tag{A 9, 12}$$

gegeben ist, wird für *eine* Polarisationsrichtung der Reflexionsfaktor Null. Die reflektierte Strahlung bleibt also rein polari-

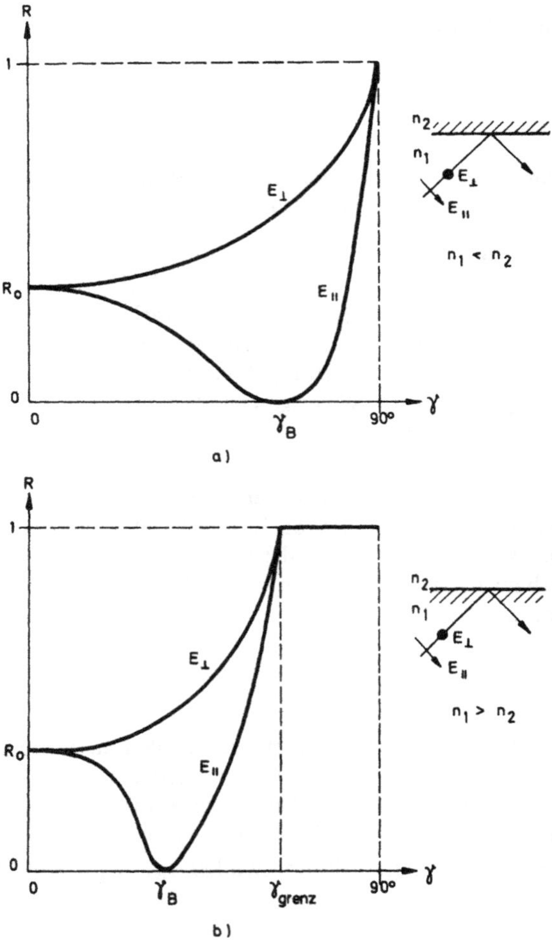

Abb. A 9, 9
Abhängigkeit des Reflexionskoeffizienten R vom Einfallswinkel γ.
a) Reflexion am „dichteren“, b) am „dünneren“ Medium

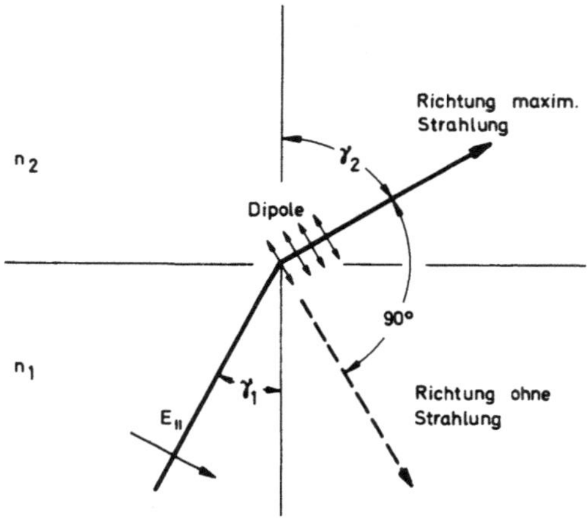

Abb. A 9, 10
Zur molekularen Deutung des Brewsterschen Winkels, Gl. (A 9, 12)

siert in der anderen Richtung übrig. Die Begründung ist folgende: Beim Brewsterschen Winkel stehen gebrochener und reflektierter Strahl senkrecht zueinander. Die in Abb. A 9, 10 gezeichnete Polarisationsrichtung erregt im Medium 2 elektrische Dipole zu Schwingungen, die (→Abb. A 5, 9b) in ihrer Achsenrichtung nicht abstrahlen, in diesem Fall also keine reflektierte Welle erzeugen können.

III. Beim Übergang 2 → 1 („dünneres" → „dichteres" Medium) wird der Reflexionskoeffizient R = 1 (100%) bei streifendem Einfall ($\gamma = 90°$). Beim Übergang 1 → 2 („dichteres" → „dünneres" Medium) wird dagegen R = 1 schon bei einem kleineren Einfallswinkel γ_{grenz} erreicht, der in Gl. (A 9, 9) durch $\sin \gamma_2 = 1$ gegeben ist:

$$\sin \gamma_{grenz} = \frac{n_2}{n_1} \qquad \text{(A 9, 13)}$$

(Grenzwinkel der Totalreflexion).

e) Übersicht über das elektromagnetische Spektrum

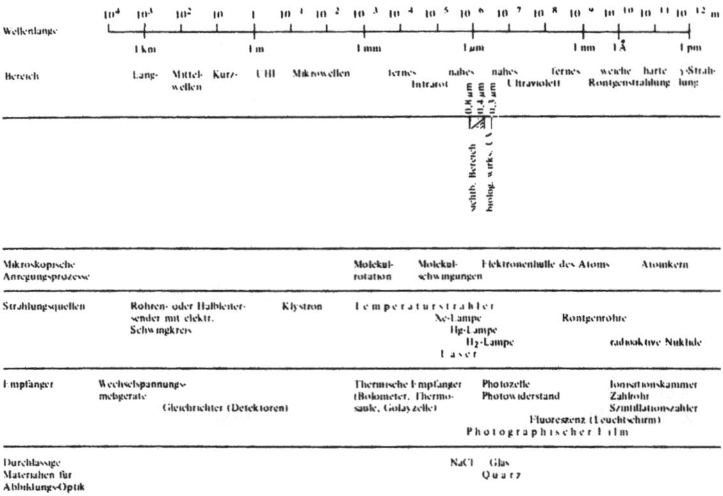

f) Optische Abbildungen

Die Abbildung von Objekten, also die Übertragung *räumlicher* Information, ist eine wichtige Funktion elektromagnetischer Wellen insbesondere im sichtbaren Spektralbereich. Gleichgültig, ob das Objekt selbst strahlt oder beleuchtet wird, sendet es von jedem „Punkt" Licht (bestimmter spektraler Zusammensetzung und bestimmter Strahlungsleistung) in Form einer divergenten Kugelwelle aus. Die *Abbildung* hat dafür zu sorgen,

I. daß diese zumindest teilweise in eine konvergente, auf einen Bildpunkt zulaufende Kugelwelle umgewandelt wird, und

II. daß darüber hinaus die Gesamtheit der Bildpunkte eine der Gesamtheit der Objektpunkte möglichst ähnliche geometrische Anordnung hat, das Bild also nicht verzerrt wird.

Zur Umformung divergenter in konvergente Kugelwellen dienen Reflexion oder Brechung an gekrümmten Flächen (*Spiegel, Linsen;* Abb. A 9, 11). Man kann die abbildende Fläche als vom Objekt beleuchtete Antenne auffassen, in deren Strahlungsfeld die Bildpunkte entstehen. Wegen der Beugung an der Antennenöffnung des endlichen Durchmessers d (→ Kap. A 7, d; insbes. Abb. A 7, 16) sind die Bild„punkte“ verwaschene *Beugungsscheibchen.* Genügend dicht benachbarten Objektpunkten entsprechen im Bild Beugungsscheibchen, die sich überdecken (Abb. A 9, 12): sie werden nicht aufgelöst. Als *Auflösungsvermögen* der abbildenden Anordnung bezeichnet man den minimalen Abstand Δs_{min} von Objektpunkten, bei dem sich die Scheibchen im Bild gerade noch nicht überdecken. Das Auflösungsvermögen ist um so besser, Δs_{min} also um so kleiner, je kleiner die Beugungsscheibchen, je größer also das Verhältnis

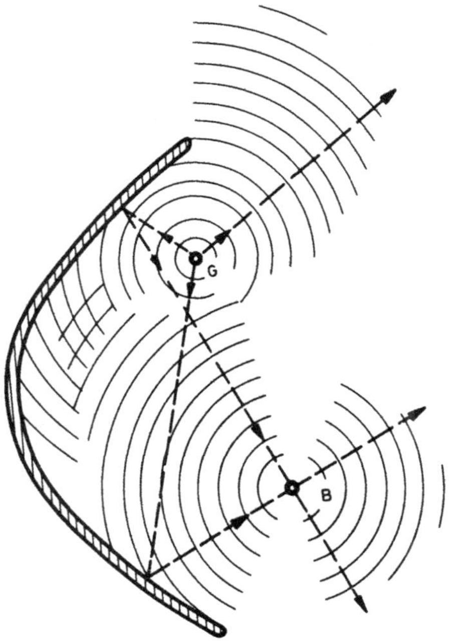

Abb. A 9, 11
Abbildung eines Gegenstandspunktes (G) in einen Bildpunkt (B) durch Reflexion (Hohlspiegel, vgl. Abb. A 7, 16)

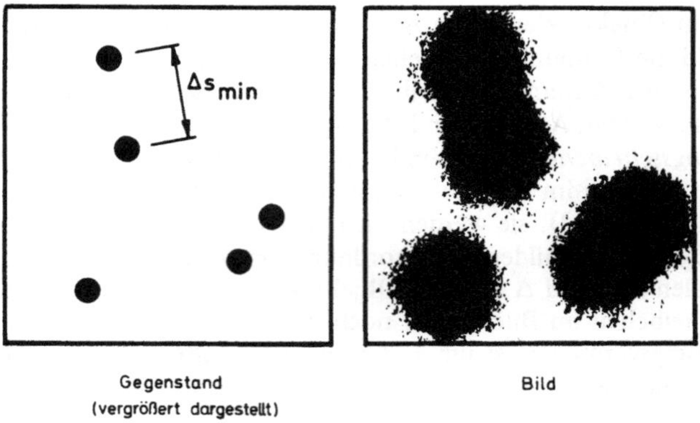

Abb. A 9, 12
Das Auflösungsvermögen abbildender Systeme ist durch die Größe der Beugungsscheibchen im Bild begrenzt. Δs_{min} ist der gerade noch auflösbare Punkt-Abstand im Objekt

d/λ ist. Bei selbststrahlenden Objekten kann es nur durch Vergrößerung der Öffnung d des Instrumentes verbessert werden (Astronomie: Spiegelteleskope einige m, Radioteleskope einige hundert m), bei beleuchteten Objekten (Mikroskopie) auch durch Verwendung kurzwelligerer Strahlung (Elektronen- statt Lichtmikroskop; Elektronenwellenlängen nach Gl. (A 1, 2) z. B. einige pm, → Tab. D 7).

Soweit man an Bilddetails im Grenzbereich der Auflösung nicht interessiert ist, kann man von Beugungserscheinungen absehen und die Lichtausbreitung geometrisch durch ihre Strahlen beschreiben *(geometrische Optik)*. Die Abbildungseigenschaften gekrümmter Flächen sind dann einfache Konsequenzen des Reflexions- oder Brechungsgesetzes. Hier sei nur auf die Abbildung durch Brechung näher eingegangen.

Abbildung durch eine brechende Fläche

Zwei Medien der Brechzahlen n_1, n_2 sollen durch eine Fläche getrennt werden, die in der Weise gekrümmt ist, daß sich die vom Objektpunkt im Medium 1 ausgehenden Strahlen im Bildpunkt im Medium 2 schneiden. Die dazu notwendige Form der

Fläche läßt sich berechnen. Sie ist rotationssymmetrisch und kann – jedenfalls in der Nähe der Achse – durch die Kugelform angenähert werden *(sphärische Fläche)*. Rein sphärische Flächen, wie sie technisch hergestellt werden, bilden deshalb nur dann fehlerfrei ab, wenn die Strahlen kleine Öffnungswinkel haben und sich nicht zu weit seitlich der Achse ausbreiten. Unter dieser Einschränkung gilt mit den Bezeichnungen der Abb. A 9, 13 für den Zusammenhang zwischen Bildweite b und Gegenstandsweite g:

$$\frac{f_1}{g} + \frac{f_2}{b} = 1 \qquad \text{(A 9, 14)}$$

(Abbildungsgleichung). Darin sind f_1 und f_2 die gegenstands- und bildseitigen Brennweiten. Es ist

$$\frac{n_1}{f_1} = \frac{n_2}{f_2} = \frac{n_2 - n_1}{r} = D\,. \qquad \text{(A 9, 15)}$$

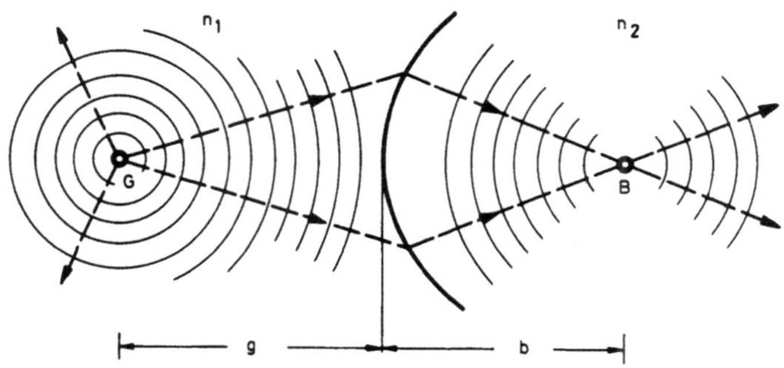

Abb. A 9, 13
Abbildung eines Gegenstandspunkte (G) auf der Achse in einen Bildpunkt (B) durch eine brechende Fläche

Man bezeichnet D als *Brechwert* der Fläche. Er hängt von ihrem Krümmungsradius r und von der Differenz der Brechzahlen ab und wird in der speziellen Einheit Dioptrie (dpt) = = 1/m angegeben.

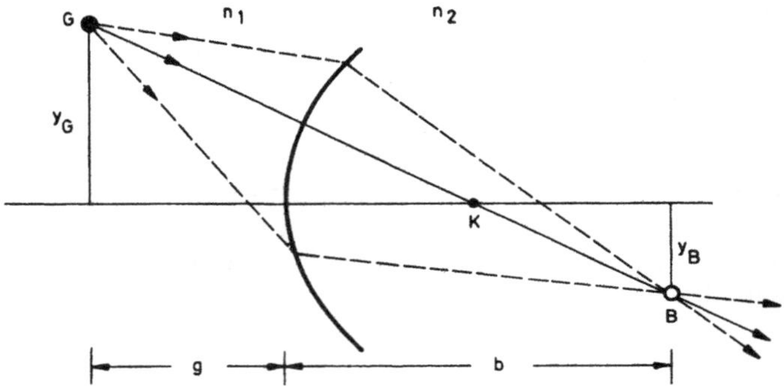

Abb. A 9, 14
Abbildung eines achsennahen Gegenstandspunktes durch eine brechende Fläche. Der Schnittpunkt des ungebrochenen Strahls mit der Achse heißt Knotenpunkt (K)

Alle Punkte, die in nicht zu großem Abstand von der Achse auf einer Gegenstandsebene liegen, werden nach Gl. (A 9, 14) in eine Bildebene abgebildet (Abb. A 9, 14). Die Längen von Strecken in der Gegenstands- und Bildebene verhalten sich wie

$$\frac{y_B}{y_G} = \frac{n_1}{n_2} \cdot \frac{b}{g} \qquad \text{(A 9, 16)}$$

(linearer oder lateraler *Abbildungsmaßstab).* Davon ist die bei subjektiver Beobachtung wichtige Vergrößerung des Sehwinkels durch optische Instrumente zu unterscheiden (→ Gl. (B 16, 1)).

Abbildung durch Linsen

Eine Linse ist nichts anderes als die Aufeinanderfolge zweier brechender Flächen nach Abb. A 9, 13, wobei sich gewöhnlich beiderseits das gleiche Medium (Brechzahl n_1) befindet. Bei genügend kleinem Abstand der Flächen mit den Radien r_1 und r_2 *(dünne Linse)* addieren sich deren Brechwerte zum *Brechwert der Linse:*

$$D = (n_2 - n_1)\left(\frac{1}{r_1} + \frac{1}{r_2}\right) = \frac{n_1}{f}\,. \qquad \text{(A 9, 17)}$$

Hierbei werden die Radien positiv gerechnet, wenn die Linsenfläche nach außen gekrümmt (konvex) ist, andernfalls negativ. Demzufolge sind die Brennweiten und Brechwerte von Sammellinsen positiv, von Zerstreuungslinsen negativ anzugeben. Gegenstands- und bildseitige Brennweite sind beide gleich, und die *Abbildungsgleichung* Gl. (A 9, 14) vereinfacht sich etwas zu

$$\frac{1}{g} + \frac{1}{b} = \frac{1}{f} = D\ . \qquad \text{(A 9, 18)}$$

Da dünne Linsen vorausgesetzt wurden, dürfen g, b, f von der Linsenmitte aus gemessen werden. Gl. (A 9, 16) gilt für Linsen in der einfacheren Form $y_B/y_G = b/g$.

Zwei dünne Linsen (I, II), die mit gemeinsamer Achse (zentrisch) im Abstand a hintereinander stehen *(Linsensystem)*, haben den resultierenden Brechwert

$$D = \frac{1}{f} = \frac{1}{f_I} + \frac{1}{f_{II}} - \frac{a}{f_I\, f_{II}} \qquad \text{(A 9, 19a)}$$

resp. bei Kontakt (a = 0)

$$D = D_I + D_{II}\ . \qquad \text{(A 9, 19b)}$$

Linsen mit negativem Brechwert (Zerstreuungslinsen) geben formal nach Gl. (A 9, 18) negative Bildweiten, sie entwerfen also keine reellen Bilder. Trotzdem können sie zusammen mit einer Sammellinse ein abbildendes System darstellen, wenn der resultierende Brechwert positiv ist. Man kann sich diese Abbildung in zwei Schritte zerlegt denken (Abb. A 9, 15): Zunächst entwirft die Zerstreuungslinse ein *virtuelles Bild* V (negative Bildweite v, also auf der Seite des Gegenstandes!), das die Sammellinse dann als neuen Gegenstand nach B abbildet. Häufig spricht man bei *visueller* Beobachtung von virtuellen Bildern. In diesen Fällen ist das Auge, ohne eigens genannt zu werden, anstelle der Sammellinse der zweite Teil des abbildenden Systems.

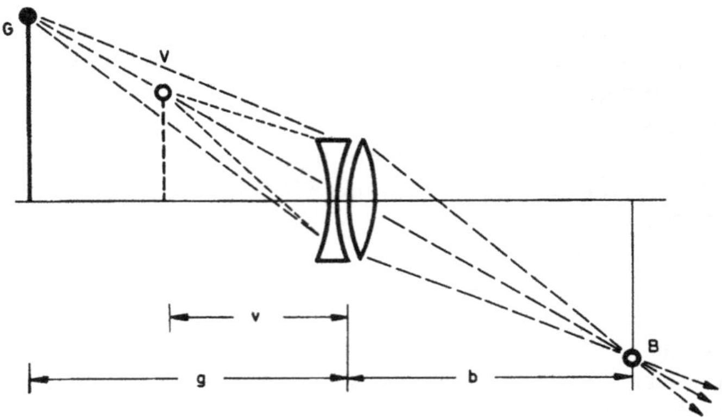

Abb. A 9, 15
Das von einer Zerstreuungslinse allein entworfene virtuelle Bild (V) und das von einer Linsenkombination (Zerstreuungs- und Sammellinse) entworfene reelle Bild (B)

Dicke Linsen. Die Abbildungsgleichung Gl. (A 9, 18) gilt nicht nur für dünne Linsen, sondern allgemein, sofern man g, b, f statt von der Linsenmitte von den jeweiligen *Hauptebenen* H_G, H_B aus mißt, die senkrecht zur Achse durch die *Hauptpunkte* gehen. Bei einer beiderseits gleich stark gekrümmten Linse liegen die Hauptpunkte ungefähr um ein Drittel der Linsendicke hinter dem Scheitel (Abb. A 9, 16); bei Linsensystemen können sie weit außerhalb der Linsen selbst liegen.

Ein gedachter Gegenstand in der einen Hauptebene würde ein gleich großes, aufrechtes Bild in der anderen Hauptebene entwerfen. Deshalb braucht man den Strahlengang zwischen den Hauptebenen eines optischen Systems nicht zu untersuchen und kann trotzdem den Bildort *konstruieren.* Man verfährt bei Kenntnis der Hauptebenen wie folgt: Ein von einem Gegenstandspunkt ausgehender Brennpunktstrahl wird bis zur gegenstandseitigen Hauptebene, von dort ab parallel zur Achse gezeichnet. Den Bildort erhält man durch Schnitt mit dem entsprechend gezeichneten Parallelstrahl. Diese Konstruktion besagt nichts darüber, ob die gezeichneten Strahlen existieren

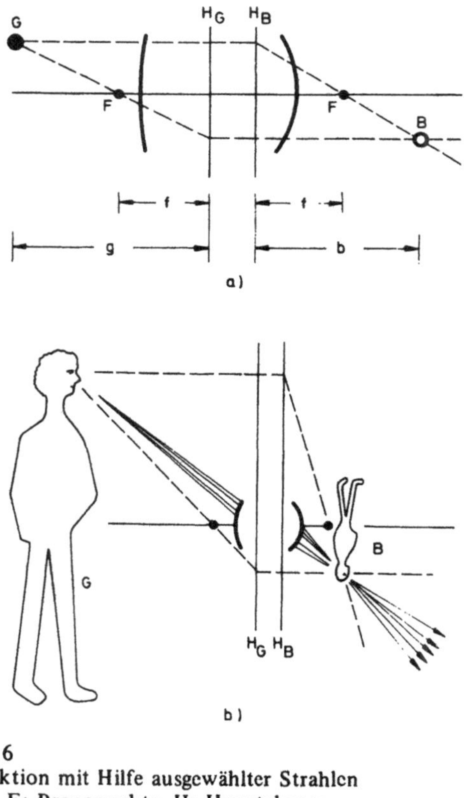

Abb. A 9, 16
Bildkonstruktion mit Hilfe ausgewählter Strahlen
a) Schema. F: Brennpunkte, H: Hauptebenen
b) Strahlenbündel, das an der Bildentstehung beteiligt ist. Die gestrichelten Hilfsstrahlen der Konstruktion gehören nicht dazu

und zur Bildentstehung beitragen; sie kann formal auch ausgeführt werden, wenn das nicht der Fall ist (Abb. A 9, 16b). Natürlich liefert die Konstruktion das gleiche Ergebnis wie die Rechnung nach Gln. (A 9, 16), (A 9, 18).

Linsenfehler. Mit Lichtbündeln größerer Öffnung ist die fehlerfreie (scharfe und verzeichnungsfreie) Abbildung einer beliebi-

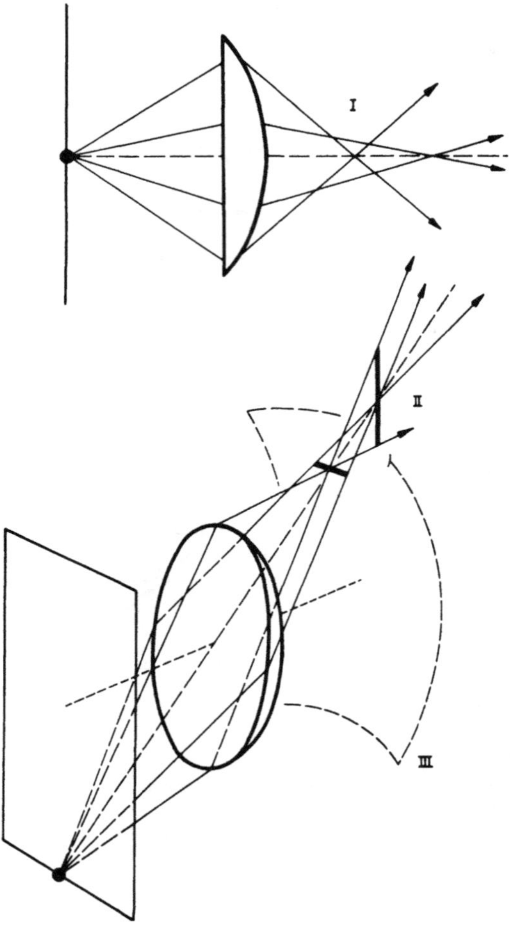

Abb. A 9, 17
Abbildungsfehler sphärischer Linsen
I) Öffnungsfehler: Bildpunkt unscharf
II) Astigmatismus schiefer Bündel: Bildpunkt unscharf, bestenfalls strichförmig
III) Bildfeldwölbung

gen Fläche, die sich nicht nur in der Nähe der Achse erstreckt, auf eine Bildfläche nicht möglich.

I. Bei großer Öffnung des Lichtbündels macht sich bemerkbar, daß die sphärische Fläche nur eine Annäherung an die erforderliche kompliziertere Flächenform ist. Gegenstandspunkte werden deshalb auch auf der Achse unscharf abgebildet (Abb. A 9, 17; sphärische Aberration, *Öffnungsfehler*).

II. Von *achsenfernen* Gegenstandspunkten kommende Bündel werden auch bei geringen Öffnungen nicht scharf abgebildet. Sie erscheinen in einer Richtung „scharf", in der dazu senkrechten verwaschen in zwei verschiedenen Bildebenen (*Astigmatismus* schiefer Bündel).

III. Wenn die Gegenstandsfläche eine Ebene ist, wird trotzdem die durch schiefe Bündel entworfene Bildfläche im allgemeinen gekrümmt sein *(Bildfeldwölbung)*.

IV. Ein materialbedingter Fehler, der auch durch enge, achsennahe Bündel nicht zu beseitigen ist und sich bei Benutzung weißen Lichts bemerkbar macht, rührt von der Frequenzabhängigkeit der Brechzahl (und damit der Brennweite) her (chromatische Aberration, *Farbfehler*).

In Linsensystemen können diese Fehler, dem Verwendungszweck entsprechend, mehr oder weniger kompensiert werden. Man benutzt dazu Linsen aus verschiedenen Gläsern, die sich in der *mittleren* Brechzahl und der Dispersion (Brechzahl*differenz* z. B. zwischen Violett und Rot, → Tab. D 30) unterscheiden. Die Schärfe der Abbildung läßt sich aber grundsätzlich nicht über die durch die Beugungserscheinungen gesetzten Grenzen hinaus steigern.

Abbildung durch Faseroptik

Licht, das sich in einer Glasfaser in einem kleinen Winkel zur Achse ausbreitet, wird an der Faseroberfläche total reflektiert und kann sie nicht verlassen. Solche Fasern lassen sich in großer Zahl zu biegsamen Bündeln zusammenfassen. Wenn die Fasern an beiden Enden des Leiters in gleicher Weise geordnet sind, kann ein Bild von der einen zur anderen Endfläche über-

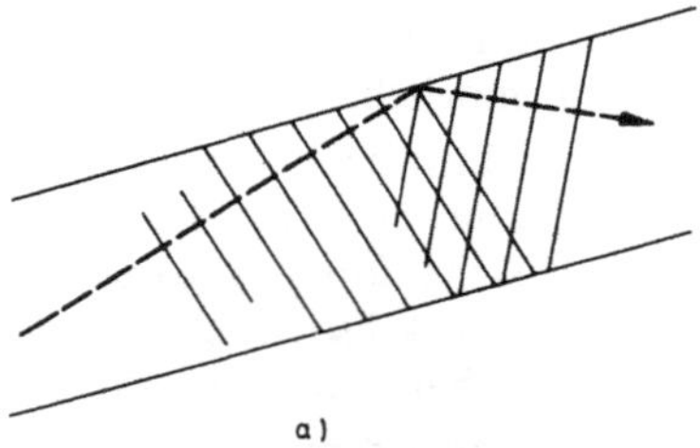
a)

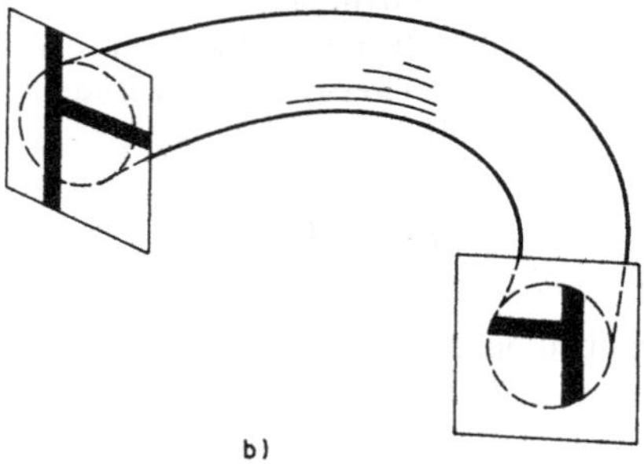
b)

Abb. A 9, 18
Faseroptik a) Lichtleitung durch Totalreflexion in einer einzelnen Faser, b) Abbildung durch ein geordnetes Faserbündel

tragen werden. Jede Faser gibt einen Bildpunkt wieder; der Abstand der Fasern bestimmt das Auflösungsvermögen (Analogien: Dichte der Rezeptoren auf der Retina; Zeilenzahl des Fernsehbildes).

g) Lichtempfindung

Subjektiv empfindet man die Frequenz des Lichtes als *Farbe,* die Amplitude als *Helligkeit.* Die empfundene Helligkeit hängt in ähnlicher Weise wie die Schallempfindung von der Amplitude ab, d.h. es gilt sinngemäß Gl. (A 8, 7) (mit $a \approx 0{,}2$ für weißes Licht).

Bei gleicher Strahlungsleistung ist der Helligkeitseindruck von monochromatischem Licht stark von seiner Wellenlänge abhängig und folgt etwa dem in Abb. A 9, 19 dargestellten Empfindlichkeitsverlauf des Auges. Der sichtbare Frequenzbereich umfaßt nur eine Oktave. Beim Vergleich verschiedenfarbigen Lichtes erhält man z. B. die subjektiv empfundene *Beleuchtungsstärke,* indem man die physikalisch gemessene Bestrahlungsstärke mit V_λ multipliziert. Die entsprechende Einheit der Beleuchtungsstärke heißt Lux (lx). Bei 555 nm (Empfindlichkeitsmaximum, $V_\lambda = 1$) entspricht 1 lx der Bestrahlungsstärke 1,5 mW/m².

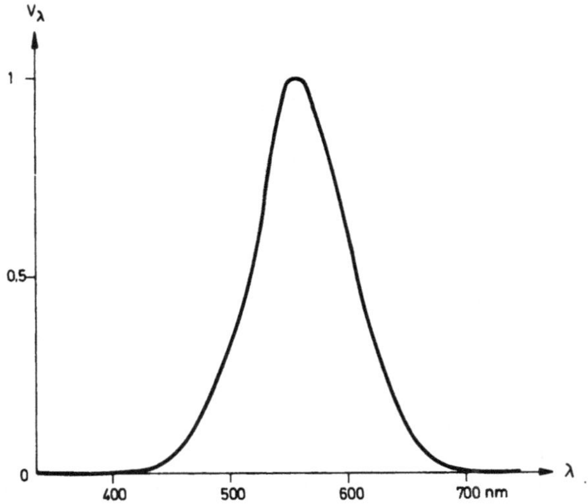

Abb. A 9, 19
Empfindlichkeit V_λ des helladaptierten Auges

A 10 Regelung

Unter Regelung versteht man die Beeinflussung einer physikalischen Größe in der Weise, daß sie einem vorgegebenen Sollwert trotz störender Einflüsse möglichst nahe kommt. Das wird im allgemeinen durch ständigen *Vergleich* des Istwertes der Größe mit ihrem Sollwert und daraus abgeleitete Korrekturen erreicht. Beispielsweise wäre es zwar nach den Gesetzen der Mechanik möglich, eine Rakete mit so genau berechneter Richtung und Geschwindigkeit zu starten, daß sie einen bestimmten Platz auf dem Mond trifft; praktisch erfordert das aber sowohl eine nicht erreichbare Präzision beim Start als auch das Ausbleiben jeglicher Störung während des Fluges. Die tatsächliche Treffsicherheit kommt erst durch ständigen Vergleich der Bahn mit der Sollbahn und die nötigen *Bahnkorrekturen* zustande.

Die Regelung eines Prozesses, oder einfacher: einer physikalischen Größe, z.B. der Temperatur (Körper-, Raumtemperatur), kommt in Natur und Technik oft vor. Regelungsprobleme werden nicht als eigenständiges physikalisches Teilgebiet behandelt, denn sie beziehen sich auf die *Verknüpfung* verschiedener, im einzelnen oft bekannter Vorgänge, die etwa mechanischer, thermischer oder elektrischer Natur sein können. Allen Regelungsvorgängen ist ein begrifflicher Rahmen gemeinsam. Nur er soll im folgenden skizziert werden, wobei ein konkretes Beispiel der Veranschaulichung dienen mag.

a) Rückkopplung, Regelkreis

Es bestehe die Aufgabe, die elektrische Spannung einer Quelle (Abb. A 10, 1) unabhängig vom angeschlossenen Verbraucherwiderstand R_V konstant zu halten. Nach Gl. (A 6, 7) ist das im allgemeinen wegen des Innenwiderstandes der Spannungsquelle nicht möglich. Die Aufgabe läßt sich aber lösen durch einen *veränderlichen* Innenwiderstand, der so geregelt wird, daß auch bei Änderung des Verbraucherwiderstandes immer die gleiche Spannung resultiert. Dazu könnte ein den ohnehin vorhandenen Innenwiderstand ergänzender Schiebewiderstand in die Spannungsquelle eingebaut werden, der durch einen Regler mechanisch verstellbar ist. Der *Regler* ist ein Gerät, der die Ist-Spannung U mit der Soll-Spannung U_S vergleicht. Ist $U > U_S$, vergrößert er R_i, so daß U sinkt. Ist $U < U_S$, verringert er R_i, so daß U steigt, bis – in beiden Fällen – $U = U_S$ ist.

Folgende Bezeichnungen sind gebräuchlich: Die Abweichung der zu regelnden Größe von ihrem Sollwert – hier die Span-

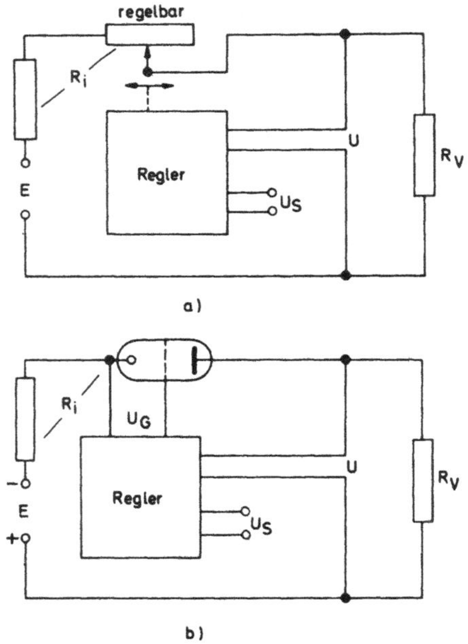

Abb. A 10, 1
Anordnungen zur Regelung (Konstanthaltung) der Spannung am Verbraucher (R_V) durch Veränderung des Innenwiderstandes (R_i) der Spannungsquelle
a) mechanisch
b) elektronisch

nungsdifferenz $U - U_S$ – heißt *Regelgröße* X. Die korrigierende Größe – Stellung des Schleifkontaktes am Widerstand – heißt *Stellgröße* Y. Das Gerät oder System, das die Regelgröße liefert und an dem die Stellgröße korrigierend wirksam werden kann – Innenwiderstand –, heißt *Regelstrecke*, das Gerät oder System, welches die Regelgröße mit dem Sollwert vergleicht und die Stellgröße liefert, heißt *Regler*. Der Sollwert wird auch als Führungsgröße bezeichnet, weil – wenn man ihn ändert – die Regelgröße ihm nachgeführt wird.

Der kausale Zusammenhang: Regelstrecke liefert X, Regler nimmt X auf und liefert Y, Regelstrecke nimmt Y auf und liefert korrigiertes X . . . läßt sich als *Regelkreis* schematisieren (Abb. A 10, 2). Von der Regelstrecke aus beurteilt, wirkt die von ihr ausgehende Größe X über Regler und Stellgröße Y zurück auf ihren Eingang; sie ist zurückgekoppelt. Die *Rückkopplung (Feedback)* ist das wesentliche Merkmal eines Regelkreises.

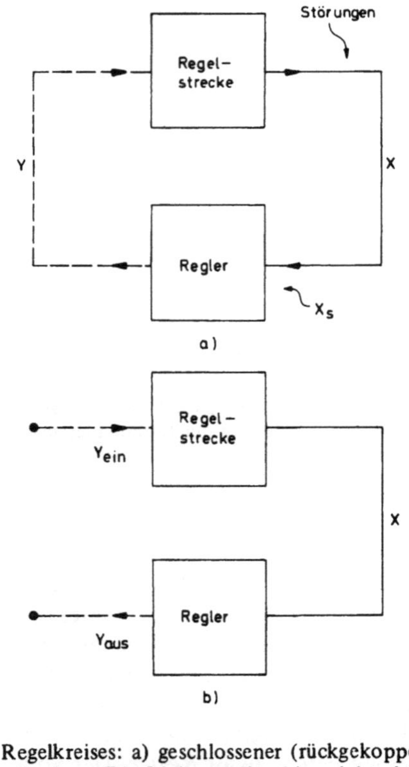

Abb. A 10, 2
Schema eines Regelkreises: a) geschlossener (rückgekoppelter), b) offener Regelkreis. – Die Linien stellen hier nicht elektrische Leitungen dar, sondern deuten nur den kausalen Zusammenhang der betreffenden Größen an

Das Beispiel zeigt, daß die Rückkopplung in zwei Richtungen wirken kann. Zum Zwecke der Regelung muß sie, um die Störungen abzuschwächen, als *Gegenkopplung* wirken. Sie könnte aber auch umgekehrt (als *Mitkopplung*) gepolt sein, so daß sie dann die Wirkung einer Störung verstärkt statt schwächt.

Ein veränderlicher Innenwiderstand im genannten Beispiel läßt sich elektronisch einfacher realisieren als mechanisch. Man kann z. B. einen Transistor oder eine Röhrentriode verwenden, deren Widerstand durch den Basisstrom resp. die Gitterspannung beeinflußbar ist (Abb. A 10, 1b). Wird, im Beispiel der Röhrenschaltung, U_G positiver, so steigt der Anodenstrom, d. h. der Innenwiderstand R_i wird kleiner (Abb. A 6, 20).

b) Charakterisierung von Regler und Regelstrecke

Die Aufteilung eines Regelkreises in Regler und Regelstrecke unterliegt mitunter einer gewissen Willkür. Sie ist jedoch zweckmäßig, weil man auf mathematischem Wege die Wirkung der Regelung verfolgen kann, wenn man die Eigenschaften von Regler und Regelstrecke kennt. Man erfaßt sie jeweils durch das Verhältnis der Ausgangs- zur Eingangsgröße und charakterisiert den Regler durch

$$\frac{Y_{aus}}{X_{ein}} = V_1 \qquad \text{(A 10, 1a)}$$

und die Regelstrecke durch

$$\frac{X_{aus}}{Y_{ein}} = V_2 \; . \qquad \text{(A 10, 1b)}$$

Das Ergebnis des Regelvorganges hängt von dem dimensionslosen Produkt $V_1 V_2$ ab, welches positiv gerechnet sei, wenn der Regler gegengekoppelt ist, andernfalls negativ. Besteht ohne Regelung die Abweichung vom Sollwert X_0, so geht sie mit Regelung im Gleichgewichtszustand (d. h. keine zeitliche Veränderung mehr) auf

$$X = \frac{X_0}{1 + V_1 V_2} \qquad \text{(A 10, 2)}$$

zurück.

$V_1 V_2$ gibt das Verhältnis von Y_{aus} (hinter dem Regler) zu Y_{ein} (vor der Regelstrecke) an, wenn man die Rückkopplung vom Regler zur Regelstrecke unterbrochen denkt (Abb. A 10, 2b). Man bezeichnet diesen Zustand als *aufgeschnittenen* oder *offenen Regelkreis.* In ihm sind Regelstrecke und Regler hintereinandergeschaltet.

Gl. (A 10, 2) entnimmt man, daß noch eine Restabweichung X übrig bleibt, die allerdings sehr viel kleiner als X_0 sein kann. Das ist in Abb. A 10, 3 skizziert. Das Verhältnis der Abweichungen (Regelgrößen) mit und ohne Regelung wird als *Regelfaktor* bezeichnet. Abb. A 10, 3 zeigt zugleich, daß extreme Störungen nicht mehr ausgeregelt werden ($R_V \rightarrow 0$ führt notwendig zu $U \rightarrow 0$): Die Regelung kann nur Störungen innerhalb eines gewissen *Regelbereichs* kompensieren.

Die Ausregelung *zeitlich veränderlicher Störungen* (Beispiel Abb. A 10, 3), die ja die Hauptaufgabe der Regeleinrichtung darstellt, hängt nicht allein von den Eigenschaften des Reglers und der Regelstrecke im Gleichgewicht (d.h. praktisch: bei *langsam* sich ändernden Störungen) ab. Eine wichtige Rolle spielen auch die Eigenschaften bei *schnelleren* Änderungen. Man charakterisiert Regler, Regelstrecke und ihre Hintereinanderschaltung nach wie vor durch Verhältnisangaben entsprechend Gln. (A 10, 1a), (A 10, 1b), nimmt aber eine zeitlich veränderliche Eingangsgröße an. Es gibt dann zwei verschiedene, im Prinzip aber gleichwertige Beschreibungen des zeitlichen Verhaltens. Beide Beschreibungsweisen, die hier am Beispiel des Reglers erläutert werden, sind ganz allgemein anwendbar, um die dynamischen Eigenschaften eines Systems (etwa eines Verstärkers) zu erfassen (→ Kap. A 6, b).

In der ersten nimmt man als zeitlich veränderliche Eingangsgröße eine *Stufenfunktion,* das heißt einen plötzlichen Sprung von Null auf X, an und verfolgt die „Antwort“ der Größe Y. Je nach der Form dieser *Übergangsfunktion* gibt es verschiedene Namen für den Typ des Reglers, die in Abb. A 10, 4 zusammengestellt sind.

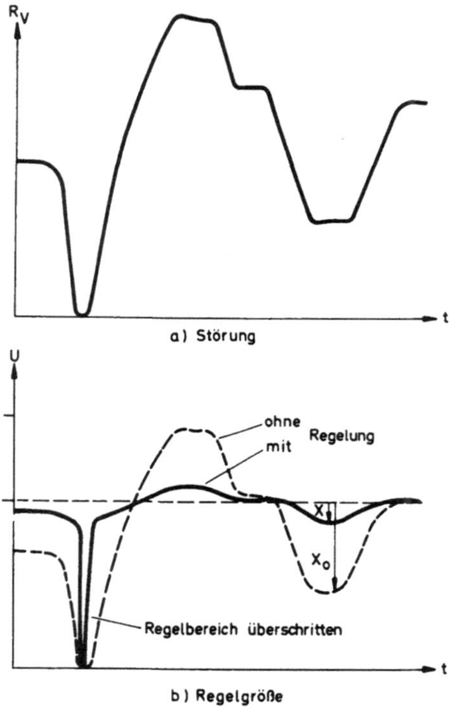

Abb. A 10, 3
Wirkung der Regelung bei einer zeitlich langsam veränderlichen Störung am Beispiel des Modells von Abb. A 10, 1

In der zweiten Beschreibungsweise wird eine *periodisch* veränderliche Eingangsgröße, $X = \hat{X} \cos \omega t$, angenommen. Die „Antwort" besteht in der mit gleicher Frequenz periodischen Ausgangsgröße $Y = \hat{Y} \cos(\omega t + \Delta\varphi)$, die im allgemeinen gegenüber X um $\Delta\varphi$ phasenverschoben ist. Gewöhnlich werden $\hat{Y}/\hat{X}$ und $\Delta\varphi$ im Zeigerdiagramm aufgetragen. Wenn sie von der Frequenz abhängen, ergibt sich die von $\omega = 0$ bis $\omega \rightarrow \infty$ laufende *Frequenzgangkurve* (Abb. A 10, 5).

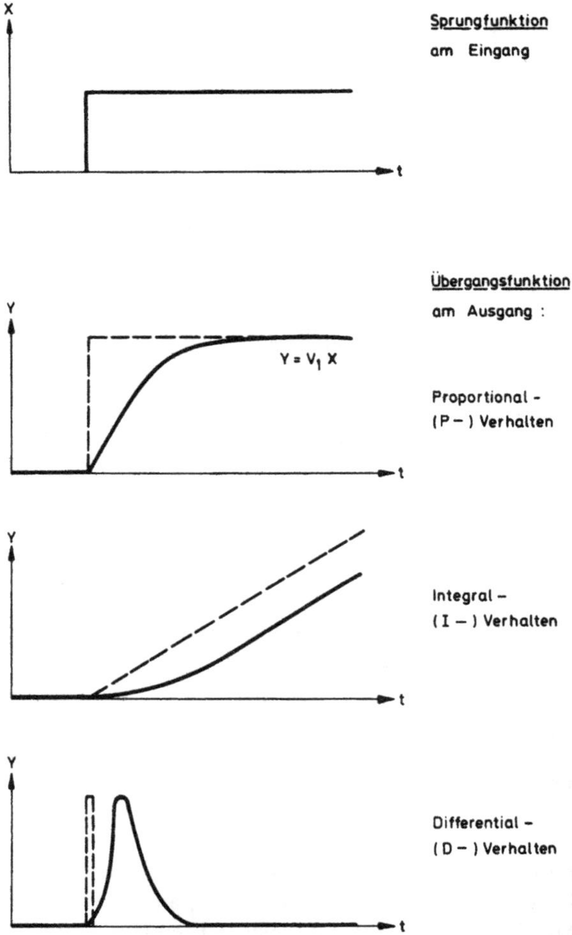

Abb. A 10, 4
Übergangsfunktionen eines Reglers. Gestrichelt: Ideales Verhalten, ausgezogen: reales Verhalten (Regler mit Verzögerung). – Andere Übergangsfunktionen lassen sich durch Addition aus den drei Grundtypen erhalten; sie werden mit entsprechenden Buchstabenkombinationen (PI, PD, PID) bezeichnet

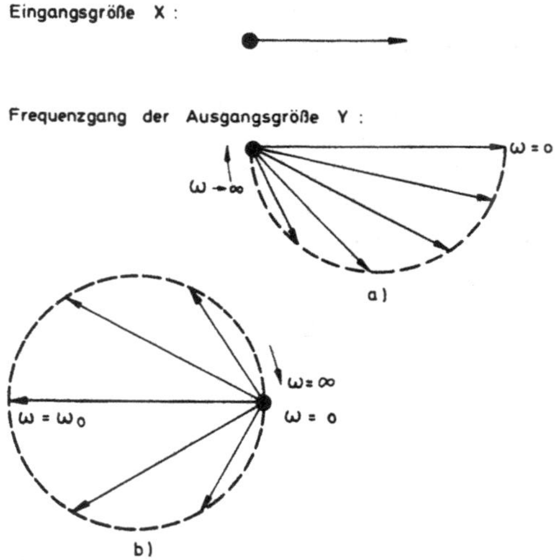

Abb. A 10, 5
Frequenzgang eines Reglers, Zeigerdarstellung. – Periodische Eingangsgröße X, periodische, phasenverschobene Ausgangsgröße Y. Die gestrichelte Linie ist die Ortskurve (Frequenzgang-Kurve)
a) P-Regler mit Verzögerung, → Abb. A 10, 4. Polung: Gegenkopplung
b) Regler, bestehend aus Resonanzkreis, → Abb. A 10, 6. Polung: Mitkopplung

c) Rückkopplung und Schwingungserregung

Ein Regler, der im wesentlichen bei nur *einer* bestimmten Frequenz zurückkoppelt, wäre in Abb. A 10, 1b durch Einfügen eines Filters (z. B. LC-Serie) zu realisieren. Wenn man ihn „falsch" polt (Abb. A 10, 6a), also *mitkoppelt*, so kann man erreichen, daß für die Filterfrequenz (hier $\omega_0 = 1/\sqrt{LC}$) das Produkt $V_1 V_2 = -1$ und damit der Nenner von Gl. (A 10, 2) Null wird. Eine Störung mit der Frequenz ω_0 wird also nicht abgeschwächt, sondern zunächst einmal immer weiter verstärkt, und da sich zufällig immer solche kleinen Störungen finden, beginnt die rückgekoppelte Anordnung mit zunehmender Amplitude in der Frequenz ω_0 zu schwingen. Das ist die – das

Prinzip der Regelung umkehrende – Methode der *Selbsterregung* von Schwingungen, wie sie in Sendern (Generatoren, Oszillatoren) technisch angewandt wird (→ Kap. A 9, a). In der technischen Ausführung reduziert sich der „Regler" auf wenige einfache Schaltelemente, wie an den zwei in Abb. A 9, 1b und Abb. A 10, 6b dargestellten Beispielen ersichtlich ist.

Dienen Rückkopplungsschaltungen der Schwingungserregung, so liefern sie die durch Dämpfung oder Abstrahlung ver-

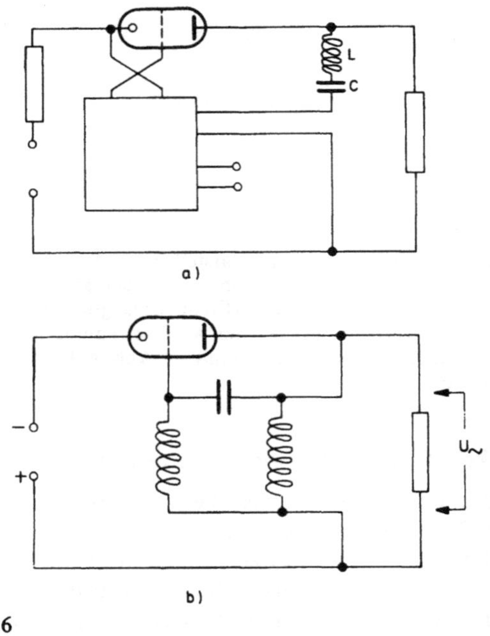

Abb. A 10, 6
Mitkopplung zur Schwingungserregung
a) Schema. Gegenüber Abb. A 10, 1b ist vor dem Regler ein Filter eingefügt und der Gitteranschluß umgepolt worden.
b) Praktische Schaltung eines Röhrenoszillators (Dreipunktschaltung). Im Unterschied zu Abb. A 9, 1b hier direkte Rückkopplung ohne Transformator („Übertrager"). Frequenzbestimmend ist der Parallel-L-C-Kreis

brauchte Energie aus einem Reservoir nach, *entdämpfen* also die Schwingung. Ihre Amplitude bleibt nach dem Einschwingen konstant; sie wird im vorliegenden Beispiel (Abb. A 10, 6) durch die Größe der anliegenden Gleichspannung begrenzt. Ein entsprechendes mechanisches Beispiel ist die Unruhschwingung einer Uhr (→ Kap. B 1, a).

Zuweilen kommt es vor, daß ein Regelkreis, der eine bestimmte Regelgröße konstant halten soll, infolge eines komplizierten Frequenzganges zwar langsame Störungen ausregelt, zugleich aber unbeabsichtigt mit einer bestimmten Frequenz schwingt, die Regelgröße also nur im zeitlichen *Mittel* konstant hält. Man spricht dann von *Regelschwingungen.*

B. Meßtechnischer Teil

B 1 Zeit

Uhren sind im Grunde Zähler, die die Perioden eines möglichst stabilen Schwingungsvorganges bekannter Schwingungsdauer (also eines *Frequenznormals*) abzählen.

a) Mechanische Uhren

Prinzip

Mechanische Schwingungen als Frequenznormal.

a) *Unruh*uhren benutzen eine schwingende Scheibe (Unruh, Abb. B 1, 1). Ihre Eigenfrequenz hängt von ihrem Trägheitsmoment J und dem Direktionsmoment D* der Spiralfeder ab (analog Gl. (A 7, 6)):

$$\nu_0 = \frac{1}{2\pi}\sqrt{\frac{D^*}{J}} . \qquad \text{(B 1, 1)}$$

Zur Gangregulierung wird D* variabel gehalten, indem man die wirksame Länge der Feder durch ein verschiebbares Stiftpaar begrenzt.

b) Bei ortsfesten Uhren kann ein *Pendel* als Frequenznormal dienen. Beim *mathematischen Pendel* – punktförmige Masse m

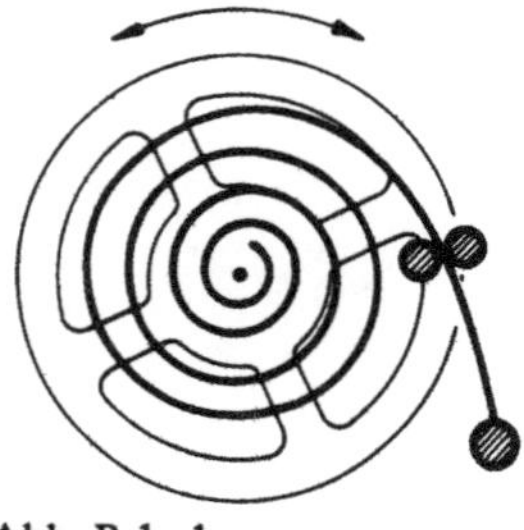

Abb. B 1, 1
Unruh einer mechanischen Uhr

an gewichtsloser Stange der Länge l – ist

$$\nu_0 = \frac{1}{2\pi}\sqrt{\frac{g}{l}}\,. \tag{B 1, 2}$$

Gangregulierung durch die Länge l. Die Schwerebeschleunigung g ist etwas vom Ort abhängig (Einfluß der Erdform und der Fliehkraft, → Tab. D 32).

Ausführung

Die freie Unruh- oder Pendelschwingung wird entdämpft, indem sie während jeder Halbperiode einen ganz kurzen Antrieb

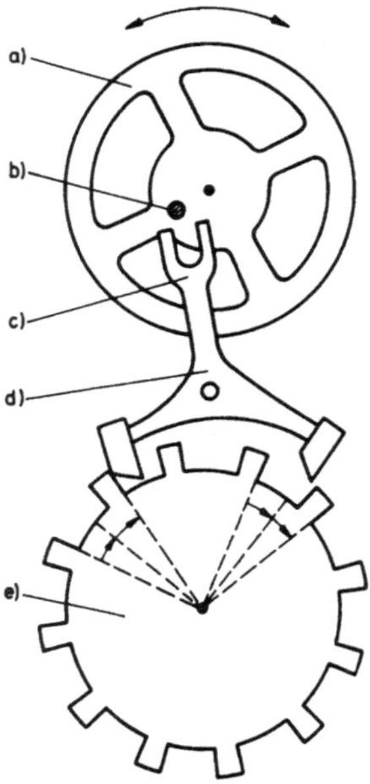

Abb. B 1, 2
Ankerhemmung einer mechanischen Uhr. –
a Unruh, b Unruhhebel, c Ankergabel, d Anker, e Hemmrad

erhält. Die Antriebsenergie wird von der Aufzugfeder oder Gewichten aufgebracht und durch einen speziellen Mechanismus *(Hemmung)* auf Unruh oder Pendel übertragen (Abb. B 1, 2). Die Hemmung ist ein Sperrgetriebe, das zugleich das Zeigerwerk der Uhr, welches ebenfalls von der Aufzugfeder angetrieben wird, in kleinen Sprüngen von der Dauer einer Halbperiode (bei Unruh-Uhren oft 0,2 s) ablaufen läßt.

b) Synchronuhren

Prinzip

Netz-Wechselspannung als Frequenznormal

Ausführung

Elektrische Uhren, bei denen ein *Synchronmotor,* dessen Umdrehungsgeschwindigkeit streng proportional der Netzfrequenz ist, das Zeigerwerk antreibt. Ihre Ganggenauigkeit hängt davon ab, wie genau die Frequenz der Netzspannung überwacht wird.

c) Quarzuhren

Prinzip

Wie andere ausgedehnte Körper auch (→ Kap. A 7, d), kann eine Quarzscheibe elastische Eigenschwingungen ausführen, deren Eigenfrequenz durch ihre Abmessungen bestimmt ist. Diese Schwingung dient als Frequenznormal. Dank der Eigenschaft des Quarzes, *piezoelektrisch* zu sein (→ Kap. B 5, c), kann er als Bestandteil eines elektrischen Schwingkreises geschaltet werden. Die elektrische Wechselspannung mit der durch den Quarz festgelegten Frequenz betreibt schließlich ein elektronisches Zählwerk.

Ausführung

Über den elektrischen Schwingkreis wird dem Schwingquarz die zur Entdämpfung erforderliche Energie zugeführt, die letzten Endes dem Netz oder (bei Armbanduhren) einer galvanischen Zelle entstammt. – Präzisionsquarzuhren sind aufwendige elektronische Geräte, bei denen z. B. die Temperatur des Quarzkristalls extrem konstant gehalten werden muß. Sie erreichen hohe Ganggenauigkeiten, was in gewissem Maße schon aus der höheren Eigenfrequenz (über 10 kHz) im Vergleich zu Unruhuhren (2,5 Hz) resultiert. Die Gangabweichungen sind größenordnungsmäßig:

Unruhuhren	1 min/Woche,
Gebrauchsquarzuhren	10 s – 1 min/Jahr,
Präzisionsquarzuhren	geringer als 10^{-2} s/Jahr.

B 2 Masse

Prinzip

Balkenwaage: Massenvergleich durch Gewichtsvergleich. Am gleichen Ort, d.h. bei gleicher Schwerebeschleunigung g, haben gleiche Massen m gleiches Gewicht G:

$$G = m g \,. \tag{B 2, 1}$$

Die Gewichtskräfte werden verglichen durch das Gleichgewicht der Drehmomente M, die sie an Hebelarmen l hervorrufen (Abb. B 2, 1):

$$M = G\, l \cos\alpha \,. \tag{B 2, 2}$$

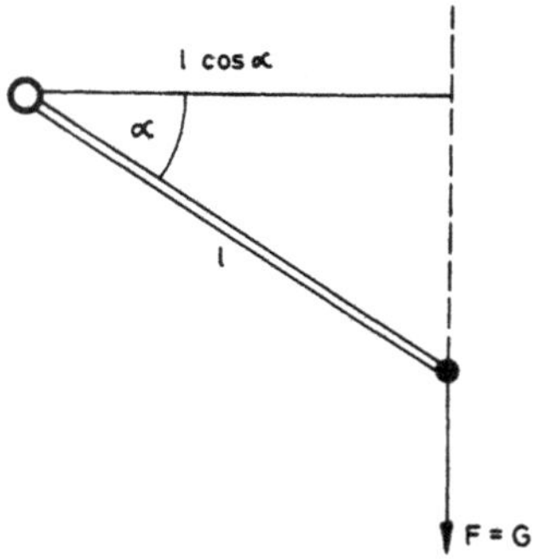

Abb. B 2, 1
Drehmoment bei schräg am Hebelarm l angreifender Kraft (Abstand zwischen Wirkungslinie der Kraft und Achse: $l \cos a$)

Ausführung

Gleicharmige Hebelwaage: Der Waagebalken ist leicht drehbar (auf Schneiden) so aufgehängt, daß der Drehpunkt sich etwas (s) oberhalb des Schwerpunktes (S) befindet (Abb. B 2, 2). In S greift das Gewicht G_W des Waagebalkens an, in gleichen Abständen l vom Drehpunkt greifen die Gewichte G_1, G_2 der zu vergleichenden Massen an (l ist durch den Aufhängepunkt der Waagschalen gegeben). Es gibt also *drei* Hebelarme und *drei* Drehmomente M_W, M_1 und M_2. Im Gleichgewicht neigt sich die Waage um den Winkel α. Er stellt sich so ein, daß das resultierende Drehmoment Null ist:

$$M_W + M_1 + M_2 = 0 \,,$$
$$G_W\, s \sin\alpha + G_1\, l \cos\alpha - G_2\, l \cos\alpha = 0 \,.$$

Bei kleinen Winkeln ist (→ Kap. C 2) $\cos\alpha \approx 1$ und $\sin\alpha \approx \alpha$ (Bogenmaß!), also

$$\alpha = \frac{l}{s\, G_W}(G_2 - G_1) \,. \qquad \text{(B 2, 3)}$$

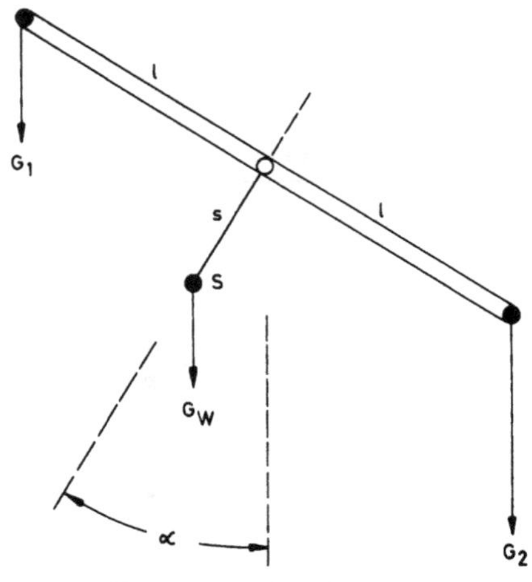

Abb. B 2, 2
Gleichgewicht der drei Drehmomente an der Balkenwaage

Die Waage wird durch ein Vergleichsgewicht ungefähr austariert; der verbleibende Ausschlagwinkel α ist der Differenz zwischen gesuchtem und Vergleichgewicht proportional. Vergleichsgewichtsstücke werden z. B. in Stufen bis zu 100 mg herunter (manuell oder automatisch) aufgelegt. Genauere Ablesung zwischen diesen Stufen an einer den Ausschlag α vergrößert darstellenden Projektionsskala, die direkt z. B. in 1-mg-Schritten unterteilt ist.

Die *Empfindlichkeit* ist um so größer, je größer α bei gegebener Massendifferenz (z. B. 1 mg) ist; sie ist nach Gl. (B 2, 3) proportional $l/(s\,G_W)$, also bautechnisch bedingt. Von der Empfindlichkeit zu unterscheiden ist die *Genauigkeit,* die u. a. von der Genauigkeit der Gewichtsstücke und der Skaleneichung abhängt. Bei genauen Wägungen ist der Auftrieb in Luft zu berücksichtigen. Er bedingt bei der Dichte der üblichen festen und flüssigen Stoffe einen relativen Fehler von höchstens 1‰ (→ Tab. D 33).

B 3 Dichte

(→ Tab. D 13, 15)

Unter Dichte wird hier, präziser gesagt, die Massendichte (kg/m^3) verstanden. Andere mögliche Dichteangaben sind z. B. die Stoffmengendichte (mol/m^3) oder die Teilchendichte (m^{-3}).

a) Dichtebestimmung durch Wägung

Prinzip

Die Dichte ist als

$$\rho = m/V \qquad \text{(B 3, 1)}$$

definiert. Bei bekannten Volumen V der Materialprobe bleibt noch die Masse m durch Wägung zu bestimmen.

Ausführung

Bei *festen* Stoffen kann V aus der geometrischen Form berechnet oder z. B. durch die Verdrängung eines Flüssigkeitsvolu-

Abb. B 3, 1
Pyknometer (Ausführung mit eingeschliffenem Aufsatz, durch den das Volumen reproduzierbar festgelegt wird)

mens bestimmt werden. *Flüssige* Stoffe füllt man in spezielle kleine Flaschen *(Pyknometer)* mit geeichtem Volumen (Abb. B 3, 1). Relativmessung (resp. Volumeneichung) mit dest. Wasser.

b) Hydrostatische Waage

Prinzip

Die Dichte von Flüssigkeiten kann man nach dem Archimedischen Prinzip, Gl. (A 2, 25), aus der Auftriebskraft ermitteln, die ein in ihr *untergetauchter* fester Senkkörper von bekanntem Volumen V_K erfährt.

Ausführung

Es gibt Waagenkonstruktionen, die – mit geeichten Senkkörpern – die Dichte unmittelbar abzulesen gestatten.

Mohr-Westphalsche Waage (Abb. B 3, 2): In Luft ist die Waage mit dem Senkkörper austariert. Taucht er in die Flüssigkeit, so wird die Auftriebskraft durch Auflegen U-förmiger Draht-

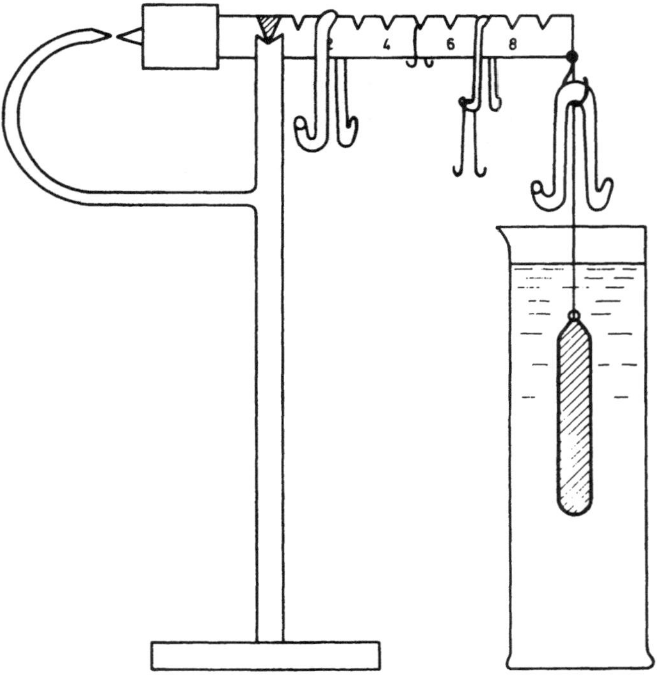

Abb. B 3, 2
Mohr-Westphalsche Waage. Im Bild ist $\rho = 1{,}2775\ g/cm^3$

stücke (Reiter) auf den senkkörperseitigen Arm der Waage wieder kompensiert. Die Reiter werden in Kerben gehängt, die den Arm in 10 gleiche Teile teilen. Es gibt meist 4 verschieden schwere Reitersorten, deren Massen sich wie $1 : 10^{-1} : 10^{-2} : 10^{-3}$ verhalten und die so geeicht sind, daß der schwerste in Kerbe 10 gerade den Auftrieb bei der Dichte $1{,}0000\ g/cm^3$ kompensiert. Die Nummer der Kerbe gibt also – vom schwersten zum leichtesten Reiter gehend abzulesen – unmittelbar die erste bis vierte Dezimalstelle an, wenn die Dichte in g/cm^3 gemessen wird. – Meßgenauigkeit (entsprechend der Zahl der Reitersorten): besser als 1 ‰.

c) Aräometer

Prinzip

Dichte von Flüssigkeiten nach dem Archimedischen Prinzip, Gl. (A 2, 25), aus der Eintauchtiefe eines *schwimmenden* festen Körpers. Aus Auftriebskraft = Gewicht G folgt, daß das eintauchende Teilvolumen V umgekehrt proportional der Dichte

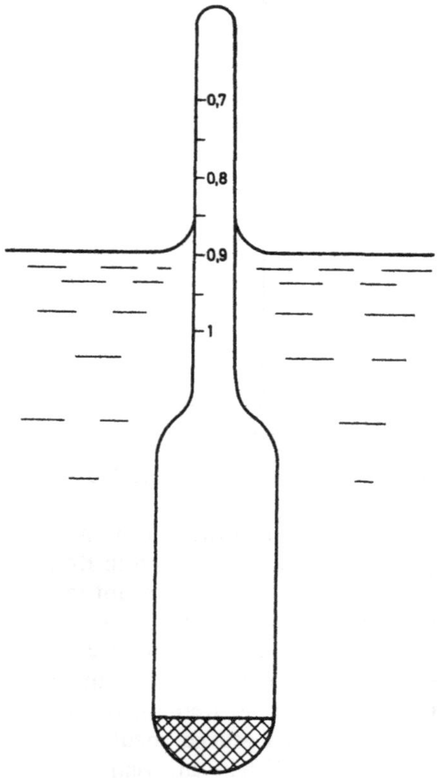

Abb. B 3, 3
Aräometer. Im Bild ist ρ = 0,89 g/cm^3

ρ_{fl} der Flüssigkeit ist:

$$V = G/\rho_{fl} \; . \qquad (B\,3,\,2)$$

Ausführung

Aufrecht schwimmende Aräometer (Abb. B 3, 3) mit Skala, an der in Höhe der Flüssigkeitsoberfläche die Dichte direkt abgelesen wird. Der Meniskus ist dabei außer Acht zu lassen! – Der Meßbereich hängt vom Durchmesser des Oberteils ab. – Es gibt mannigfache Ausführungsformen, auch mit Skalen zur Ablesung anderer, dichtebestimmender Größen *(Alkoholometer, Saccharometer)*.

d) Schwebemethode

Prinzip

Zur Dichtebestimmung von festen Körpern, deren Volumen nicht genau meßbar ist, bereitet man eine Flüssigkeit (Mischung, Lösung), in der der untersuchte Stoff gerade schwebt. Dann ist seine Dichte gleich der der Flüssigkeit, die nach a, b oder c gemessen wird. – Umgekehrt kann mit Schwebekörpern bekannter Dichte die der Flüssigkeit kontrolliert werden.

B 4 Kraft und Drehmoment

Prinzip

Eine unbekannte Kraft F oder ein unbekanntes Drehmoment M werden mit einer betragsmäßig gleich großen, entgegengerichteten Größe ins Gleichgewicht gebracht. Man erhält diese durch *Dehnung* (um Δl) oder *Verdrillung* (um φ) einer elastischen Feder. Bei nicht zu großen Deformationen gilt das Hookesche Gesetz (Gl. (A 1, 10)), wonach

$$|F| = |F_{elast}| = k\,\Delta l \; , \qquad (B\,4,\,1a)$$

$$|M| = |M_{elast}| = D^*\varphi \; . \qquad (B\,4,\,1b)$$

Ausführung

Dynamometer (*Federwaagen,* Abb. B 4, 1) mit in Krafteinheiten geeichter Längenskala. – Die Drehmomentmessung spielt

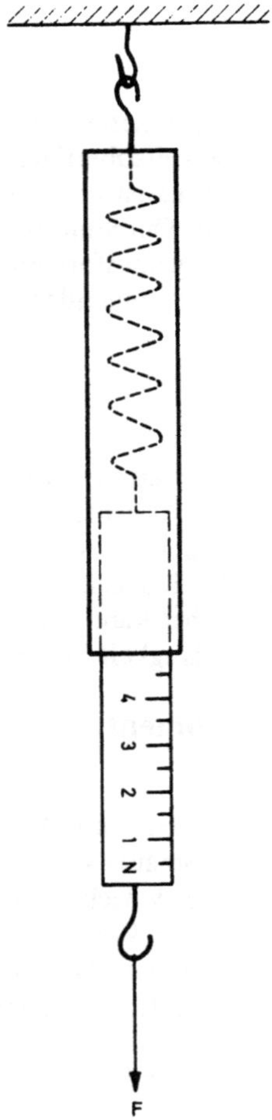

Abb. B 4, 1
Kraftmessung mit Schraubenfeder: Dynamometer. Im Bild ist $F = 4{,}9$ N

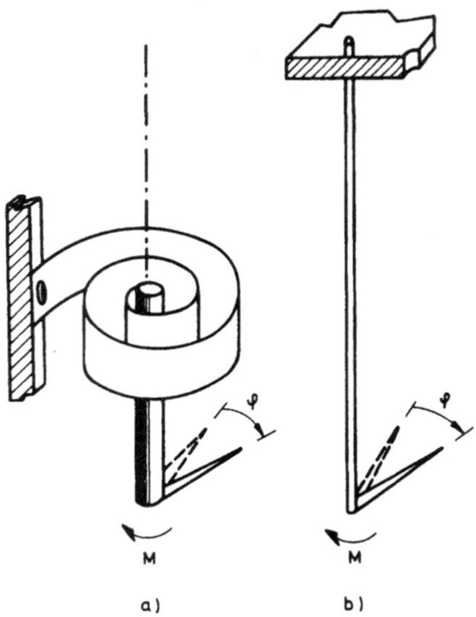

Abb. B 4, 2
Drehmomentmessung mit Spiralfeder (a; die Achse ist starr!) oder Torsionsfaden (b)

bei *Zeigerinstrumenten* für die verschiedensten Meßgrößen eine Rolle, die zunächst ein *Drehmoment* erzeugen, welches dann mittels Spiralfeder und Drehwinkel φ (Zeiger!) gemessen wird (→ z. B. Kap. B 10, b). Anstelle der Spiralfeder werden auch axial verlaufende Torsionsfäden aus einem elastischen Material verwendet (Abb. B 4, 2).

Um die Proportionalitätsfaktoren k *(Federkonstante)* resp. D* *(Direktionsmoment)* zu bestimmen, kann das Gewicht G eines Körpers bekannter Masse (F = G = m g) benutzt werden.

B 5 Druck

(→ Tab. D 4)

Nach der Definition

$$p = F/A \qquad \text{(B 5, 1)}$$

ist der Druck p durch eine Kraftmessung (F) zu bestimmen, wenn F *gleichmäßig* auf die Fläche A wirkt. Das ist z. B. der Fall bei festen Körpern mit ebener Auflage- und Unterlagefläche, im übrigen bei ruhenden Flüssigkeiten und Gasen (→ Kap. A 4, c). Die folgenden Druckmesser *(Manometer)* dienen der Messung von *Gas*drucken.

a) Flüssigkeitsmanometer

Prinzip

Der unbekannte Druck p wird im U-Rohr-Manometer mit dem hydrostatischen Druck einer Flüssigkeitssäule verglichen (Abb. B 5, 1 a). Auf dem gezeichneten Niveau N ist

$$p = \rho g \Delta h + p_{Atm} ; \qquad (B\,5,\,2)$$

die darunter liegende Flüssigkeit beeinflußt das Druckgleichgewicht nicht.

Ausführung

Offene Manometer der in Abb. B 5, 1 dargestellten Form messen *Druckdifferenzen* gegen den äußeren Luftdruck, also $p - p_{Atm}$. Im Fall a) ist $p > p_{Atm}$, Δh in Gl. (B 5, 2) ist positiv einzusetzen. Im Fall b) ist $p < p_{Atm}$, Δh ist negativ. – Als Manometerflüssigkeit kann Wasser für kleinere, Quecksilber für größere Druckunterschiede dienen (Dichten → Tab. D 13 und D 15).

Zur *absoluten* Druckmessung muß der rechte Schenkel geschlossen werden und darf über der Flüssigkeit keine Luft enthalten *(geschlossenes Manometer)*. Dann entfällt p_{Atm} in Gl. (B 5, 2), allenfalls ist an seiner Stelle noch der Dampfdruck der Manometerflüssigkeit zu berücksichtigen (z. B. bei Quecksilber: $p_D = 0{,}0017$ mbar bei 20 °C). Geschlossene Quecksilbermanometer dienen zur Messung kleiner Drucke (*Vakuummeter*, Abb. B 5, 2) wie auch zur Messung des Luftdrucks (*Barometer*, mit entsprechend etwa 80 cm langem rechten Schenkel).

Das Produkt $\rho g \Delta h$ in Gl. (B 5, 2) ergibt sich, wenn man ρ in g/cm^3 und Δh in cm einsetzt, zahlenmäßig zu $98{,}1\, \rho \Delta h$ Pa

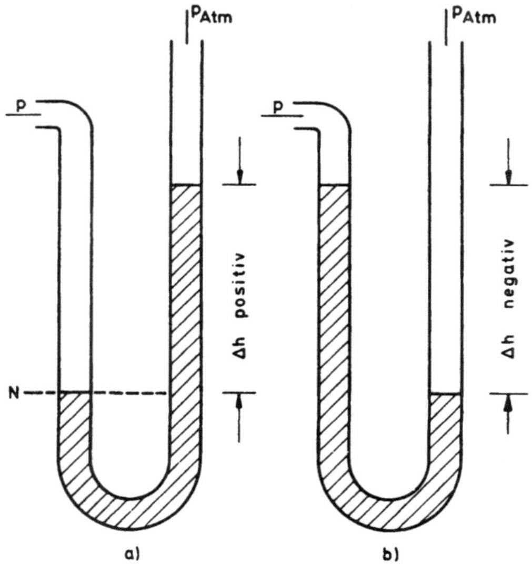

Abb. B 5, 1
Offenes Flüssigkeitsmanometer. Im Vergleich zum Luftdruck herrscht bei a) Überdruck, bei b) Unterdruck

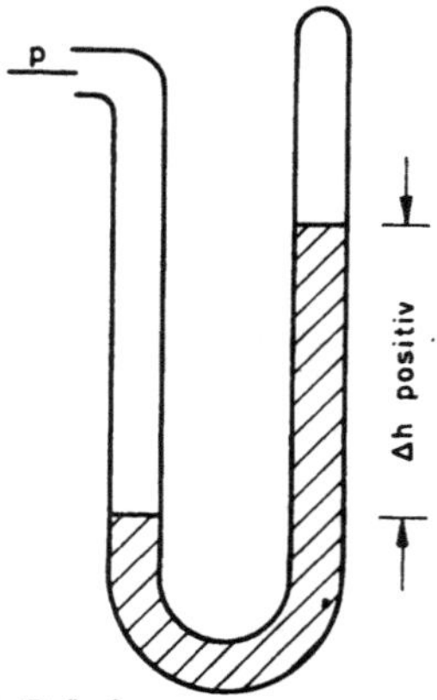

Abb. B 5, 2
Geschlossenes Flüssigkeitsmanometer

(1 Pa = 1 N/m²) oder 0,981 $\rho\,\Delta h$ mbar. Auf die Verwendung von Quecksilber zugeschnitten ist die spezielle Druckeinheit Torr (→ Tab. D 4), die zahlenmäßig gleich Δh (Quecksilber!), angegeben in mm, ist.

Der Querschnitt des Manometerrohres spielt für die Druckmessung keine Rolle, sofern er nicht so eng ist, daß Kapillareffekte auftreten.

b) Membranmanometer

Prinzip

Elastische Verformung einer Membran, auf die einseitig der zu messende Druck wirkt (Schema Abb. B 5, 3). Die Verbiegung Δx ist ein Maß für die *Differenz* der Drucke auf beiden Membranseiten.

Ausführung

Die Deformation der metallischen Membran wird auf einen Zeiger übertragen. Verschiedene Bauformen, insbesondere auch für höhere Drucke (> p_{Atm}). Eine Abb. B 5, 3 ähnliche Anordnung, die Luft unter vermindertem Druck enthält, dient als Dosenbarometer *(Aneroidbarometer)* zur Luftdruckmessung.

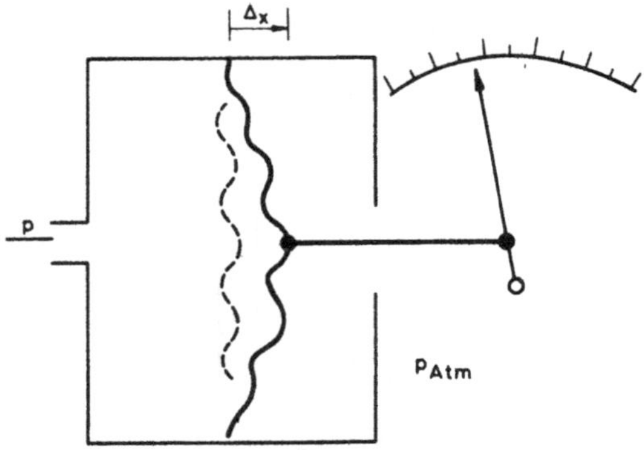

Abb. B 5, 3
Membranmanometer, schematisch. (Hier dient der Luftdruck p_{Atm} zum Vergleich)

c) Elektrische Druckaufnehmer

Prinzip

Es gibt verschiedene elektrische Erscheinungen, die druckabhängig sind und den Druck daher mit elektrischen Methoden zu messen gestatten.

I. *Widerstandsänderungen.* Der Widerstand einer Schicht aus Kohlekörnchen sinkt mit zunehmendem Druck.

II. *Piezoelektrischer Effekt.* Auf den Begrenzungsflächen mancher anisotropen Kristalle treten unter Druck Ladungen auf. Sie haben auf beiden Flächen verschiedene Vorzeichen und sind dem Druck p proportional, kehren sich also bei Zug um. Zwischen den an den Flächen angebrachten metallischen Belegungen (Elektroden, Abb. B 5, 4) mißt man eine Spannung

$$U \sim p \,. \qquad \text{(B 5, 3)}$$

Umgekehrt verkürzt oder verlängert sich die Kristallscheibe, wenn man eine Spannung anlegt *(inverser piezoelektrischer Effekt).* Die piezoelektrischen Eigenschaften des Quarzes sind von großer Bedeutung für *Frequenznormale* (→ Kap. B 1, c) und *Schallsender* (Umkehrung der Mikrophon-Wirkung: Die mechanischen Schwingungen des Quarzes folgen der angelegten

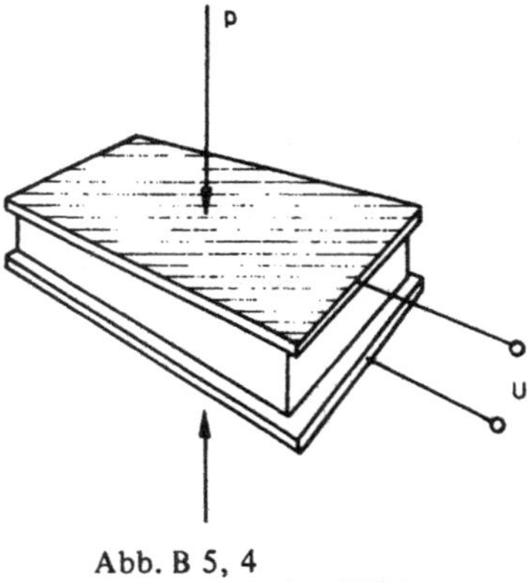

Abb. B 5, 4
Piezoelektrischer Effekt

Wechselspannung. Angewandt insbesondere für Ultraschallsender, bis einige 100 MHz).

Ausführung

Die elektrischen Druckaufnehmer sind weniger zur Messung konstanter Drucke als vielmehr *zeitlich veränderlicher* Drucke – z. B. des Schalldrucks – von Bedeutung.

I. Die Widerstandsänderung dient zur Umwandlung kleiner Druckschwankungen in Stromschwankungen im *Kohlemikrophon* (Telefon).

II. Piezoelektrische Kristalle (Quarz, Bariumtitanat) dienen ebenfalls der Messung rasch veränderlicher Drucke (*Kristallmikrophon,* Kristalltonabnehmer). Sie benötigen, im Gegensatz zum Kohlemikrophon, keine äußere Spannungsquelle.

III. Im Zusammenhang mit akustischen Anwendungen ist das *elektrodynamische Aufnahmesystem* zu erwähnen, obschon es nicht auf Druck, sondern (evtl. durch ihn hervorgerufene)

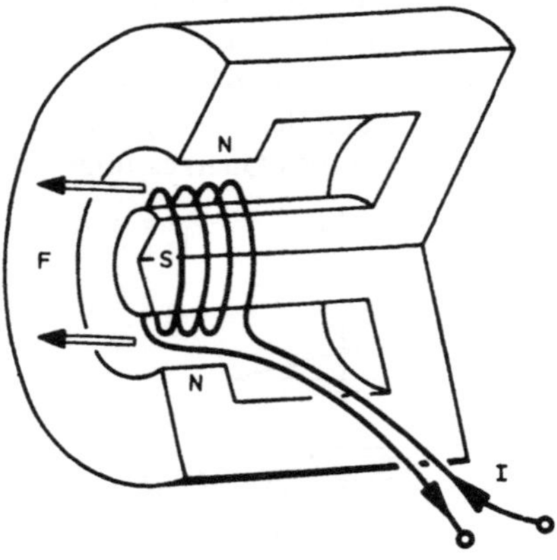

Abb. B 5, 5
Schema eines elektrodynamischen Lautsprechersystems. Die mit der Lautsprechermembran fest verbundene Spule wird durch die Lorentzkraft F (~ Strom I, Gl. (A 5, 6)) im radialsymmetrischen, zeitlich konstanten Feld eines Topfmagneten (hier aufgeschnitten gezeigt) bewegt. Das Magnetfeld kann durch Permanentmagnete oder eine stromdurchflossene Spule im Topf erzeugt sein

Bewegungen anspricht. Es beruht auf dem Induktionsgesetz, Gl. (A 5, 16): Die Bewegung einer Spule im Magnetfeld induziert eine im allgemeinen der Geschwindigkeit proportionale Spannung. – Die Umkehrung ist das in Lautsprechern viel verwendete Wiedergabesystem, Abb. B 5, 5, welches die Spule infolge der Lorentzkraft in Bewegung setzt. (Diese Umkehrbarkeit findet man auch bei anderen Anwendungen des elektrodynamischen Prinzips. So lassen sich elektrische Maschinen, die ebenfalls darauf beruhen, wahlweise als Generator oder Motor betreiben.)

B 6 Oberflächenspannung

(→ Tab. D 16)

Die Oberflächenspannung wird für eine ausgedehnte Oberfläche definiert (→ Kap. A 2, d); genauer für die Grenzfläche zwischen der Flüssigkeit und ihrem – im thermischen Gleichgewicht immer vorhandenen – Dampf. In gleicher Weise kann man, wenn die Flüssigkeit an einen anderen Stoff grenzt, die entsprechende *Grenzflächenspannung* betrachten, die dann auch

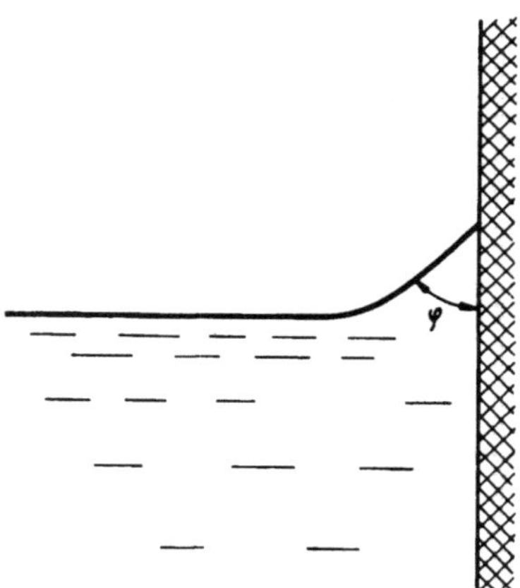

Abb. B 6, 1
Randwinkel (φ) einer Flüssigkeit

von diesem Stoff abhängig ist. Wo die Oberfläche der Flüssigkeit den Rand des Gefäßes trifft, stoßen drei Grenzflächen zusammen (Abb. B 6, 1): Flüssigkeit–Dampf (oder Luft), Gefäß–Dampf und Flüssigkeit–Gefäß. Die drei Grenzflächenspannungen bestimmen den Winkel, der sich zwischen Wand und Flüssigkeitsoberfläche ausbildet (*Randwinkel*, φ in Abb. B 6, 1). Bei manchen Kombinationen von Flüssigkeit und Gefäßmaterial ist der Randwinkel Null, und die Flüssigkeit überzieht die ganze Gefäßwand. In diesem Fall spricht man von einer *benetzenden* Flüssigkeit. Die Benetzung ist eine Folge der zwischenmolekularen Kräfte und tritt immer dann ein, wenn die anziehenden Kräfte zwischen Molekülen der Flüssigkeit und des Gefäßes (Adhäsionskräfte) wesentlich stärker sind als die zwischen Flüssigkeitsmolekülen untereinander (Kohäsionskräfte).

a) Abreißmethode

Prinzip

Bestimmung der Oberflächenspannung σ nach der Definition Gl. (A 2, 24b). Es wird die Kraft $F_{||}$ gemessen, die ein Oberflächenstück der Breite b gerade zu zerreißen vermag.

Ausführung

Die an einem Ring oder Bügel (Abb. B 6, 2) haftende Flüssigkeitslamelle wird nach oben gezogen und die maximale Kraft, die die Lamelle aufnehmen kann ($F_{||}$), kurz vor ihrem Zerreißen an einem Dynamometer abgelesen. Da die Lamelle zwei Oberflächen hat, ist die Länge l des Bügels doppelt zu berücksichtigen ($b = 2l$), also

$$\sigma = F_{||}/2l \, . \qquad \text{(B 6, 1)}$$

b) Tropfenmethode

Prinzip

Ein Tropfen einer benetzenden Flüssigkeit bleibt an der Unterseite einer ebenen Fläche hängen, solange sein Gewicht einen Maximalwert G, den die Oberflächenspannung resultierend

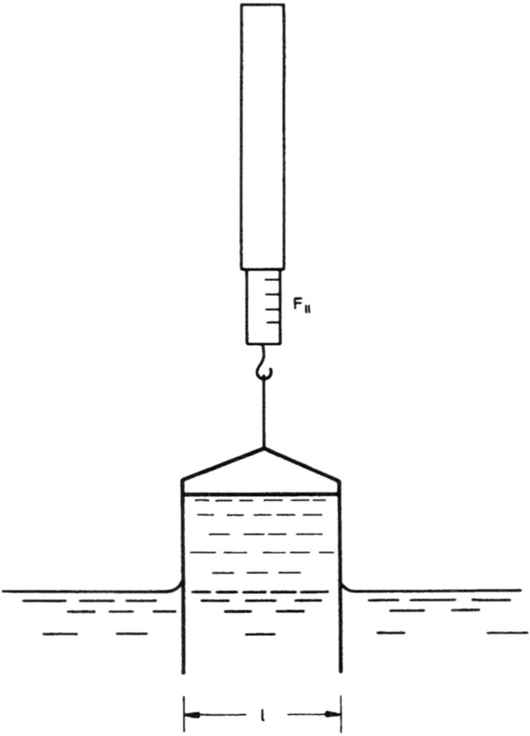

Abb. B 6, 2
Abreißmethode zur Messung der Oberflächenspannung

noch aufnehmen kann, nicht überschreitet. Es ist

$$G \sim \sigma \,. \qquad \text{(B 6, 2)}$$

Das Tropfengewicht G wird mit dem einer Flüssigkeit bekannter Oberflächenspannung verglichen und daraus σ bestimmt.

Ausführung

Stalagmometer. Das einer Bürette ähnelnde Gerät endigt unten in einer Kapillare mit breiter, ebener Abtropffläche. Man läßt

Flüssigkeit sehr langsam auslaufen. Dann fallen Tropfen stets gleicher Größe ab, deren Volumen V an der Bürette abgelesen wird. Das Tropfengewicht ist $G \sim \rho V$; beim Vergleich von zwei Flüssigkeiten bekannter Dichten ρ ist also

$$\sigma_1 : \sigma_2 = \rho_1 V_1 : \rho_2 V_2 . \qquad \text{(B 6, 3)}$$

c) Steighöhenmethode

Prinzip

Unter der Wirkung der Oberflächenspannung steigen *benetzende* Flüssigkeiten in vertikal stehenden Kapillaren höher als das normale Flüssigkeitsniveau (Abb. B 6, 3). Ein Film der benetzenden Flüssigkeit überzieht die ganze Innen- und Außenfläche der Kapillare. In ihrem Inneren bewirkt seine Oberflächenspannung die Kraft $F_{\parallel} = \sigma \cdot 2\pi r$ (r: Innenradius), unter deren Einfluß

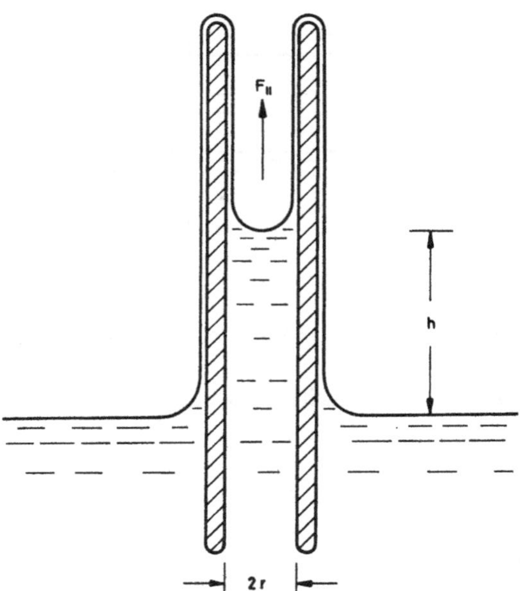

Abb. B 6, 3
Kapillarität; vollständig benetzende Flüssigkeit

sich der Film zusammenzuziehen versucht und dabei die Flüssigkeit so weit anhebt, daß $F_{\parallel}$ gerade das Gewicht G = = $\rho\, g \cdot \pi r^2 h$ der gestiegenen Flüssigkeitssäule trägt. Aus $F_{\parallel} = G$ folgt

$$\sigma = \frac{\rho g r}{2} h \,. \qquad \text{(B 6, 4)}$$

Die Steighöhe ist, umgekehrt gelesen, der Oberflächenspannung proportional und dem Kapillarradius umgekehrt proportional.

Ausführung

Sind Radius r und Dichte ρ der Flüssigkeit bekannt, so kann σ nach Gl. (B 6, 4) absolut bestimmt werden. Bei unbekanntem r sind Relativmessungen zweier Flüssigkeiten möglich:

$$\sigma_1 : \sigma_2 = \rho_1 h_1 : \rho_2 h_2 \,. \qquad \text{(B 6, 5)}$$

Auf gute Benetzung der Kapillare ist zu achten. Sie wird durch ihre sorgfältige Reinigung vor der Messung erleichtert (organische Lösungsmittel; Chromschwefelsäure).

Für nicht vollständig benetzende Flüssigkeiten (Randwinkel $\varphi \neq 0$) gilt Gl. (B 6, 4), wenn $h/\cos\varphi$ anstelle von h geschrieben wird.

B 7 Viskosität

(→Tab. D 14, 15)

Die folgenden Methoden sind zur Messung der Viskosität von *Flüssigkeiten* geeignet. Es wird angenommen, daß die Substanzen der *Newtonschen Gleichung*, Gl. (A 4, 20), folgen, daß also Geschwindigkeitsgefälle $d v_x/d y$ und Schubspannung τ einander proportional sind und somit die Viskosität η überhaupt definiert ist (Abb. B 7, 1; sog. *newtonsche Flüssigkeiten*). Bei manchen Flüssigkeiten (Suspensionen, Blut; kolloidale Lösungen) ist das nicht der Fall; τ und $d v_x/d y$ hängen nichtlinear zusammen (b und c in Abb. B 7, 1; *nicht-newtonsche* Flüssigkeiten). Man kann dann zwar mit den beschriebenen Viskosimetern eine *apparente Viskosität* bestimmen; ihre Angabe hat aber nur Sinn im Zusammenhang mit festgelegten

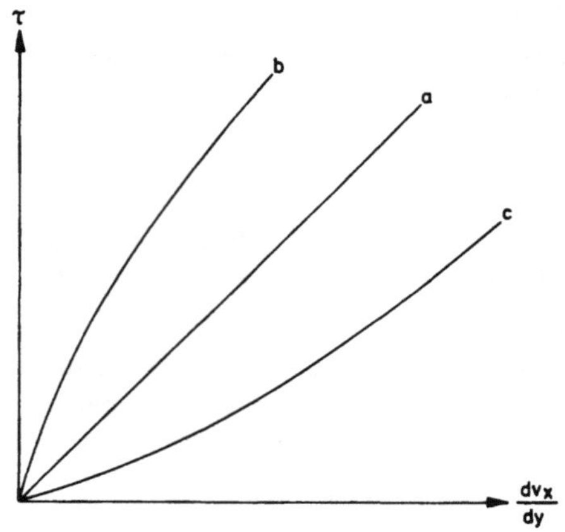

Abb. B 7, 1
Zusammenhang zwischen Schubspannung τ und Geschwindigkeitsgefälle $d v_x/d y$ in einer laminaren Strömung bei a) newtonschen, b), c) nicht-newtonschen Flüssigkeiten

Meßvorschriften und apparativen Parametern. Am übersichtlichsten ist es, wie in Abb. B 7, 1 τ in Abhängigkeit von $d v_x/d y$ zu bestimmen (→ Abschn. a). – Besondere Meßverfahren sind nötig zur Untersuchung *viskoelastischer Substanzen,* die sich bei langsamer Verformung zwar wie eine Flüssigkeit, bei kurzdauernder Beanspruchung, etwa durch einen Stoß, aber wie ein fester Körper verhalten.

Die Viskosität hängt stark von der Temperatur ab. Für Präzisionsmessungen sind deshalb die Viskosimeter mit einem Temperiermantel umgeben.

Bei den Relativmethoden nach Abschn. b) und c) muß zusätzlich die Dichte der Flüssigkeiten gemessen werden (→ Kap. B 3).

a) Rotationsviskosimeter

Prinzip

In der Flüssigkeit wird eine laminare Strömung mit überall konstantem Geschwindigkeitsgefälle $d v_x/d y$ hervorgerufen *(lineares Geschwindigkeitsprofil)* und η nach der Definitionsgleichung, Gl. (A 4, 20), durch Messung der Schubspannung τ bestimmt. Das wäre durch eine ruhende und eine in geringem Abstand d parallel zu ihr mit der Geschwindigkeit v bewegte ebene Platte möglich, zwischen denen $d v_x / d y = v/d$ ist. Aus praktischen Gründen realisiert man statt dessen rotierende Anordnungen.

Ausführung

I. Rotationszylinder-Viskosimeter *(Couette-Hatschek-Viskosimeter)*. Die Flüssigkeit befindet sich zwischen zwei koaxialen Zylindern (Abb. B 7, 2), von denen der äußere rotiert. Der innere ist drehbar mit einer Spiralfeder oder einem Torsionsdraht zur Messung des Drehmomentes gelagert. Durch die Schubspannung τ und das ihr proportionale Drehmoment M wird er gegenüber seiner Ruhelage um einen Winkel $\varphi \sim \tau$ ausgelenkt. Im übrigen bleibt er in Ruhe, während sich der äußere Zylinder mit der zu v/d proportionalen Winkelgeschwindigkeit ω dreht. Es ist bei newtonschen Flüssigkeiten

$$\eta = K \frac{\varphi}{\omega} . \qquad \text{(B 7, 1)}$$

Die Apparatekonstante K ergibt sich (vgl. Abb. B 7, 2) zu

$$K = \frac{D^* d}{2 \pi r^3 l}, \qquad \text{(B 7, 2)}$$

falls die beiden Zylinderradien etwa gleich sind ($r_i \approx r_a \approx r$) und ihr Abstand d im Vergleich dazu genügend klein ist ($d \ll r$). D* ist das Direktionsmoment der Drehmoment-Messung, l die wirksame Höhe des inneren Zylinders. – Damit die veränderte Strömung an den Zylinderrändern nicht stört, können zusätzlich Schutzringe (S in Abb. B 7, 2) angebracht sein.

Wegen des linearen Geschwindigkeitsprofils und damit wohlbestimmten Wertes $d v_x / d y$ kann das Couette-Viskosimeter benutzt werden, um auch bei *nicht-newtonschen* Flüssigkeiten den Zusammenhang zwischen τ und $d v_x / d y$ – wie in Abb. 1 – zu ermitteln, indem man φ bei verschiedenen ω mißt.

b) Drehspulamperemeter

Prinzip

Messung der Lorentzkraft F auf den Strom I im Magnetfeld. Bei konstantem Magnetfeld ist nach Gl. (A 5, 6)

$$F \sim I\,. \tag{B 10, 4}$$

Ausführung

Im Luftspalt zwischen den Polschuhen eines Permanentmagneten und einem zylindrischen (unbeweglichen) Eisenkern ist das Magnetfeld *radial* gerichtet (Abb. B 10, 3). Eine Spule, die von dem zu messenden Strom I durchflossen wird, ist drehbar so angebracht, daß zwei Teile ihrer Windungen mit entgegengesetzter Stromrichtung durch das Feld im Luftspalt verlaufen. An ihnen greift ein Paar von Lorentzkräften an, die ein Drehmoment $M \sim I$ erzeugen. Durch die radiale Form des Feldes wird erreicht, daß F immer senkrecht zum Hebelarm angreift und damit M im ausgenutzten Winkelbereich von der Stellung der Spule unabhängig ist.

M wird gemessen durch eine Spiralfeder, deren zum Winkel φ proportionales elastisches Drehmoment gerade M kompensiert, so daß sich im Gleichgewicht die Spule um

$$\varphi \sim I \tag{B 10, 5}$$

gegenüber ihrer Nullstellung gedreht hat. Mit Hilfe eines Zeigers wird die Stromstärke an einer entsprechend geeichten, wegen Gl. (B 10, 5) linear geteilten Skala abgelesen.

Die Richtung des Ausschlages ist von der Stromrichtung abhängig. Das Drehspulgerät ist deshalb nur für *Gleichstrom* brauchbar. Zur wahlweisen Messung von *Wechselstrom* sind oft *Gleichrichter* eingebaut (Umschaltung von Gleich- auf Wechselstrommessung erforderlich!). Da der vom Gleichrichter gelieferte Gleichstrom dem Wechselstrom nicht proportional ist, gibt es für Wechselstrom eine gesonderte, nicht linear geteilte Skala.

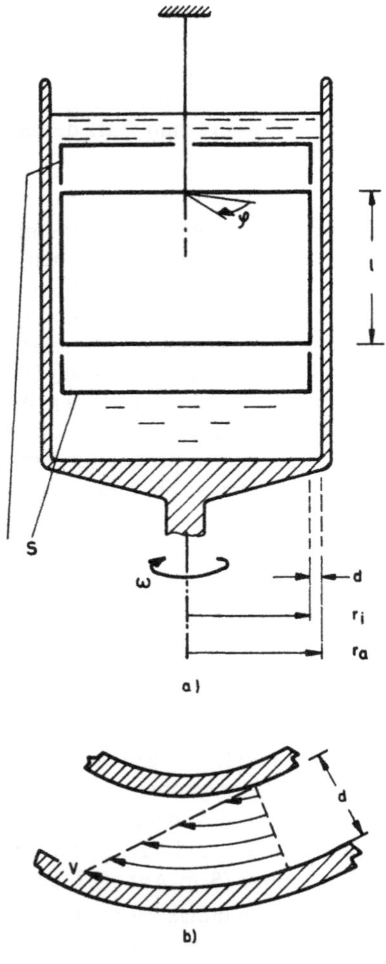

Abb. B 7, 2
Rotationsviskosimeter. a) schematischer Aufbau, b) Geschwindigkeitsprofil im Raum zwischen den Zylindern

II. Die Proportionalität Gl. (B 7, 1) gilt auch für andere Anordnungen aus ruhender und rotierender Fläche, solange zwischen ihnen eine laminare Strömung besteht. Es gibt dementsprechend eine ganze Reihe anderer Typen von Rotationsviskosimetern (flacher Kegel und Scheibe, zwei Scheiben usw.), zu denen jeweils andere Apparatekonstanten K gehören. Wenn sie nicht berechenbar sind, lassen sie sich durch Vergleich mit einer Flüssigkeit bekannter Viskosität bestimmen. – Für Betriebszwecke gibt es *Eintauchviskosimeter,* die die Flüssigkeit ohne Umfüllen zu untersuchen gestatten.

b) Kapillarviskosimeter

Prinzip

Bei Strömung durch eine enge Röhre kann η nach dem Hagen-Poiseuilleschen Gesetz, Gln. (A 4, 23 und 24), bestimmt werden. Ist t die Zeit, in der ein vorgegebenes Flüssigkeitsvolumen unter Einfluß seines eigenen hydrostatischen Druckes (der der Dichte ρ proportional ist) durch die senkrecht stehende Kapillare strömt, so ist

$$\eta = K \rho t \,. \qquad \text{(B 7, 3)}$$

Die Konstante K wird durch Vergleich mit einer Flüssigkeit bekannter Viskosität bestimmt.

Ausführung

Es gibt verschiedene standardisierte Bauformen meist U-förmiger Kapillarviskosimeter. Abb. B 7, 3 zeigt schematisch ein *Ostwald-Viskosimeter.* Mit einer Meßpipette wird das bestimmte Flüssigkeitsvolumen in den linken Schenkel gefüllt und in den rechten bis über die Marke 1 hochgesaugt. Dann läßt man die Flüssigkeit zurückströmen und mißt die Zeit t, während der obere Meniskus von Marke 1 auf Marke 2 sinkt.

Es ist immer mit demselben Volumen zu arbeiten, da andernfalls die in den hydrostatischen Druck eingehende Füllhöhe nicht unbeachtet bleiben dürfte.

Für verschiedene Meßbereiche gibt es Viskosimeter mit unterschiedlichen Kapillardurchmessern.

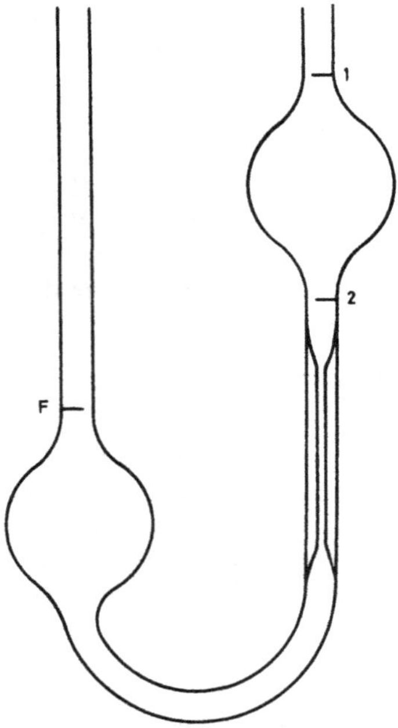

Abb. B 7, 3
Kapillarviskosimeter. F: Füllhöhe, 1,2: Marken für Zeitmessung

c) Kugelfallviskosimeter

Prinzip

Ein Körper, der in einem zähen Medium fällt, nimmt eine *konstante* Endgeschwindigkeit v an. Sie ist proportional der auf ihn wirkenden Kraft, das ist Gewicht G abzüglich Auftriebskraft F_A, und umgekehrt proportional der Viskosität η:

$$v \sim \frac{G - F_A}{\eta} . \qquad (B\,7,\,4)$$

Daraus kann η bestimmt werden. Der Proportionalitätsfaktor ist allerdings nur für einfache Fälle berechenbar (Kugel im aus-

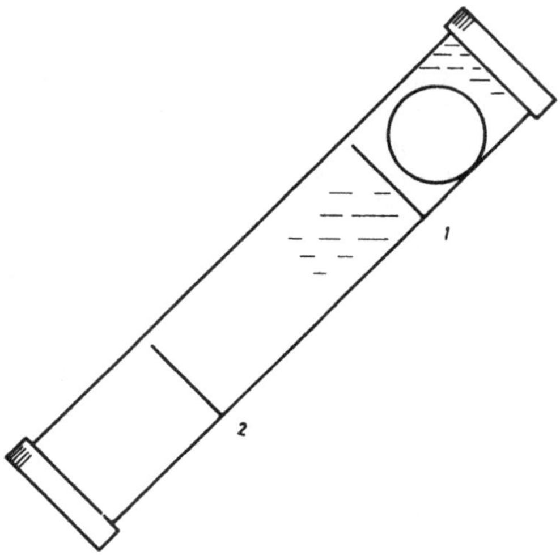

Abb. B 7, 4
Kugelfallviskosimeter. 1,2: Marken für Zeitmessung

gedehnten Medium fallend); sonst ist er durch Vergleichsmessungen zu bestimmen.

Ausführung

Höppler-Viskosimeter. Eine Stahl- oder Glaskugel bekannter Dichte rollt in einem schrägstehenden Glasrohr, das die Meßflüssigkeit enthält, mit konstanter Geschwindigkeit nach unten. Der Rohrdurchmesser ist nur wenig größer als der Kugeldurchmesser. Gemessen wird die Zeit t, die die Kugel zwischen zwei Marken (1, 2 in Abb. B 7, 4) benötigt. Ist ρ_K die Dichte der Kugel und ρ die der Flüssigkeit, kann man statt Gl. (B 7, 4)

$$\eta = K(\rho_K - \rho)\,t \qquad \text{(B 7, 5)}$$

schreiben, wo K wieder eine Apparatekonstante ist.

B 8 Temperatur

Die thermodynamische Temperaturskala ist durch das allgemeine Gasgesetz, Gl. (A 3, 9) festgelegt: Die Kelvin-Temperatur läßt sich durch Messung von Druck und Volumen eines idealen Gases bestimmen *(Gasthermometer).* Die praktisch benutzten Thermometer beruhen allerdings auf der Messung verschiedener anderer Effekte, die von der Temperatur abhängen. Im Prinzip können sie immer durch Vergleich mit einem Gasthermometer geeicht werden.

Praktisch wichtig ist die Festlegung von *Fixpunkten (Fundamentalpunkten)* der Temperaturskala (0 °C und 100 °C) durch reproduzierbare Anordnungen. Man benutzt dazu Phasengleichgewichte, speziell für die Fixpunkte der Celsiusskala das Schmelz- und Siedegleichgewicht des Wassers. Allgemein sind bei gegebenem Druck zwei Phasen nur dann im thermischen Gleichgewicht, wenn sie eine ganz bestimmte Temperatur haben, die sich aus dem Zustandsdiagramm, Abb. A 3, 10, ablesen läßt. Feste und flüssige Phase koexistieren bei der Schmelz-, flüssige und gasförmige Phase (letztere in den Dampfblasen) bei der Siede-Temperatur, → Kap. A 3, k.

Man realisiert die Temperatur 0 °C durch eine Mischung von Eisstücken und Wasser (nach Temperaturausgleich!), die Temperatur 100 °C durch bei 1013 mbar Luftdruck siedendes Wasser (Siedetemperaturen bei anderen Luftdrucken → Tab. D 18). – Die Schmelztemperatur ist, wie die steil verlaufende Schmelzdruckkurve in Abb. A 3, 10 zeigt, nur wenig vom äußeren Druck abhängig; normale Luftdruckschwankungen beeinflussen sie praktisch nicht.

a) Ausdehnungsthermometer

Prinzip

Das Volumen eines Körpers ist temperaturabhängig. Es ändert sich über nicht zu große Temperaturbereiche ΔT linear mit der Temperatur:

$$V(T + \Delta T) = V(T)(1 + \gamma \Delta T) . \qquad (B\,8,\,1)$$

Der *räumliche (kubische) Ausdehnungskoeffizient* γ ist eine Materialkonstante. Als Thermometersubstanz sind verschiedene Flüssigkeiten im Gebrauch, die sich aus einem Vorratsgefäß in eine Kapillare hinein ausdehnen können. Die Temperaturmessung wird auf die Längenmessung der Flüssigkeitssäule in der Kapillare zurückgeführt.

Ausführung

Die gebräuchlichste Thermometerflüssigkeit ist Quecksilber (Schmelztemperatur – 39 °C, Siedetemperatur 356 °C). Für hohe Temperaturen gibt es Quecksilberthermometer mit einem Füllgas unter erhöhtem Druck über der Flüssigkeitssäule, wodurch die Siedetemperatur steigt und der Meßbereich bis etwa 750 °C ausgedehnt wird. – Thermometer für tiefe Temperaturen enthalten (gefärbten) Alkohol oder Toloul (bis etwa – 100 °C).

Die Empfindlichkeit (Längenänderung der Säule pro K Temperaturdifferenz) hängt vom Kapillardurchmesser und dem Volumen des Vorratsgefäßes ab. Empfindliche Thermometer zur Messung von Temperatur*differenzen (Beckmann-Thermometer)* bieten die Möglichkeit, den nicht benötigten Teil des Quecksilbervorrates in ein Reservegefäß oberhalb der Kapillare abzutrennen.

b) Widerstandsthermometer

Prinzip

Die Resistivität eines Metalles steigt über nicht zu große Temperaturbereiche linear mit der Temperatur:

$$\rho(T + \Delta T) = \rho(T)(1 + \alpha \Delta T) . \qquad \text{(B 8, 2)}$$

Der Koeffizient α ist eine Materialkonstante. Durch diese Beziehung wird die Temperaturmessung auf eine Widerstandsmessung zurückgeführt.

Ausführung

Der Widerstand des metallischen Temperaturfühlers wird nach einer der in Kap. B 12 beschriebenen Methoden bestimmt.

Dabei darf der Meßstrom nicht zu groß sein, damit sich der Fühler nicht durch ihn erwärmt.

Das gebräuchlichste Thermometermetall ist Platin. Seine Resistivität ist über einen großen Temperaturbereich (unter – 250 °C bis etwa 1000 °C) genau bekannt. Es gibt standardisierte Fühler (Widerstand z. B. 100 Ω bei Zimmertemperatur), die – ähnlich wie Quecksilberthermometer – in Glas eingeschlossen sind, und zugehörige Widerstandsmeßgeräte, an denen direkt die Temperatur abgelesen werden kann.

c) Thermoelemente

Prinzip

Thermoelektrischer Effekt, Gl. (A 6, 18). Die Temperaturmessung wird auf eine Spannungsmessung zurückgeführt.

Ausführung

Zwei Drähte aus verschiedenem Material werden kontaktiert (gelötet, geschweißt oder einfach gegenseitig verklemmt) und nach Abb. B 8, 1 zu einem Thermoelement zusammengeschaltet, dessen Spannung U_{Th} mit einem Voltmeter gemessen wird.

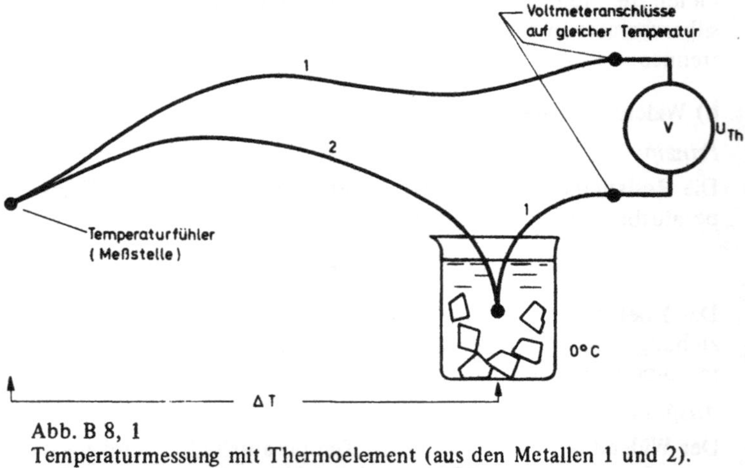

Abb. B 8, 1
Temperaturmessung mit Thermoelement (aus den Metallen 1 und 2). Referenztemperatur hier durch Eiswasser, 0 °C

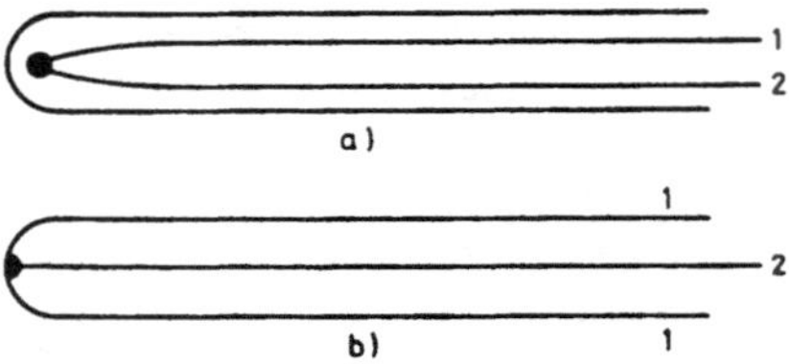

Abb. A 8, 2
Ausführung ummantelter Thermoelemente a) Mantel unabhängig, b) Mantel zugleich eines der Metalle des Thermoelements

Das Thermoelement mißt Temperatur*differenzen* zwischen den Kontaktstellen; für absolute Messungen ist also die eine Kontaktstelle auf einer bekannten Referenztemperatur (z. B. Eis–Wasser: 0 °C) zu halten. Die Thermospannung pro K Temperaturdifferenz („*Thermokraft*" ϑ) hängt von der Metallkombination ab (→ Tab. D 27). Für einfache Zwecke kann man irgendwelche geeigneten Metallkombinationen benutzen und zur Eichung die Spannung bei $\Delta T = 100\,K$ messen, indem man die Meß-Kontaktstelle in siedendes Wasser, die andere in Eis-Wasser bringt. Die Proportionalität $U_{Th} \sim \Delta T$ gilt zwar nicht streng über große Temperaturbereiche; ihre Annahme genügt aber oft praktischen Erfordernissen für $\Delta T \lesssim 100\,K$, so daß man mit *einer* Eichmessung auskommt.

In der Technik wird die Meß-Kontaktstelle oft *ummantelt* ausgeführt (Abb. B 8, 2). Es lassen sich so Temperaturfühler mit sehr kleiner Berührungsfläche am Meßobjekt (Durchmesser unter 0,1 mm), geringer Wärmeaufnahme *(Wärmekapazität)* und daraus resultierender kurzer *Ansprechzeit* (um 1 ms) herstellen. Diese Eigenschaften kennzeichnen die Vorteile des Thermoelements gegenüber anderen Thermometertypen.

B 9 Wärmeenergie

(→ Tab. D 4, 17)

Die Messung von Wärmeenergien spielt – soweit sie nicht unmittelbar als Aufgabe gestellt ist, z. B. um einen biologischen Energieumsatz zu ermitteln – auch eine Rolle bei der Bestimmung von kalorischen Stoffeigenschaften. Um z. B. die *spezifische Wärmekapazität* c eines Stoffes zu bestimmen, mißt man die Wärmeenergie, die eine Probe beim Abkühlen abgibt und berechnet c nach Gl. (A 2, 12). Sinngemäß verfährt man, um eine *spezifische Umwandlungswärme*, z. B. die Verdampfungs- (= Kondensations-)wärme, zu messen: man läßt bei konstanter Temperatur eine bestimmte Substanzmenge kondensieren, mißt die dabei freiwerdende Wärmeenergie und errechnet die Umwandlungswärme nach Gl. (A 2, 13).

Zur Messung von Wärmeenergien dienen als *Kalorimeter* bezeichnete Apparate verschiedener Ausführung.

Prinzip

Die zu messende Wärmeenergie Q wird einer Kalorimetersubstanz bekannter Masse m und bekannter spezifischer Wärmekapazität c zugeführt, die sich dadurch erwärmt. Die Temperaturerhöhung ΔT wird mit einem Thermometer gemessen. Man erhält Q aus

$$Q = m c \Delta T \,. \qquad \text{(B 9, 1)}$$

Ausführung

Es ist dafür Sorge zu tragen, daß kein Wärmeaustausch der Kalorimetersubstanz mit der Umgebung stattfindet (Dewargefäße oder andere thermisch isolierte Kalorimetergefäße). Zumindest ein Teil des Gefäßes erwärmt sich aber ebenfalls um ΔT, so daß statt Gl. (B 9, 1) genauer

$$Q = (m c + m_G c_G) \Delta T \qquad \text{(B 9, 2)}$$

zu schreiben ist; m_G ist die Masse des erwärmten Gefäßteiles, c_G seine spezifische Wärmekapazität. Der Summand $m_G c_G$ wird auch als *Wasserwert* des Kalorimeters bezeichnet.

Die Wahl der Kalorimetersubstanz richtet sich nach den Umständen. Häufig wird Wasser verwendet (spez. Wärmekapazität → Tab. D 17), für Biokalorimeter auch Luft.

B 10 Elektrischer Strom

Strommesser sind an der Stelle in ein Netzwerk einzufügen, wo der Strom bestimmt werden soll. Die Stromverteilung soll sich dadurch möglichst wenig ändern. Das ist nur gewährleistet, wenn der Eigenwiderstand R_A des Strommessers *sehr klein* im Vergleich zum Widerstand R_n ist, der zwischen zwei Knoten des Netzwerkes in der gleichen Strombahn, also in Serie zum Meßinstrument, liegt (Abb. B 10, 1):

$$R_A \ll R_n \,. \qquad \text{(B 10, 1)}$$

Zur Messung kann jede der *drei Stromwirkungen* (chemische Wirkung, Magnetfeld, Stromwärme) herangezogen werden; letztere ist allerdings von geringer *meß*technischer Bedeutung.

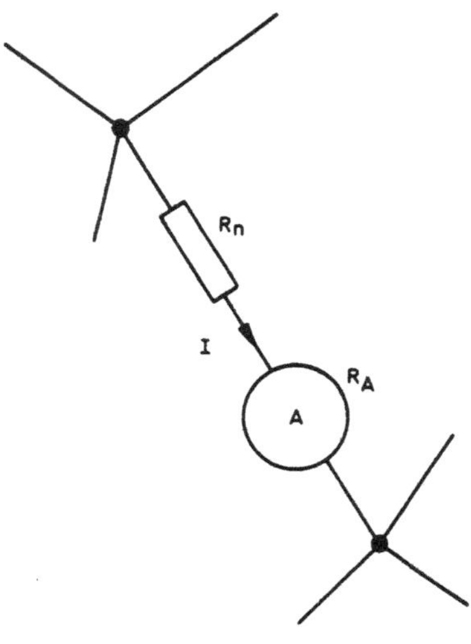

Abb. B 10, 1
Schaltung eines Amperemeters, das den Strom I durch einen Widerstand eines Netzwerks mißt

a) Coulombmeter (Coulometer, Voltameter)

Prinzip

Strommessung nach der Definitionsgleichung (A 5, 11) durch Ladungsmessung. Die während einer Zeit t geflossene Ladung Q wird aus der elektrolytisch abgeschiedenen Stoffmenge nach dem Faradayschen Gesetz bestimmt. Die Stromstärke ist

$$I = Q/t \ . \qquad \text{(B 10, 2)}$$

Falls der Strom während der Meßdauer t nicht konstant ist, mißt man mit dieser Methode seinen Mittelwert.

Ausführung

Es können verschiedenartige elektrolytische Lösungen benutzt werden. Die Menge fest abgeschiedener Stoffe ist durch Wägung,

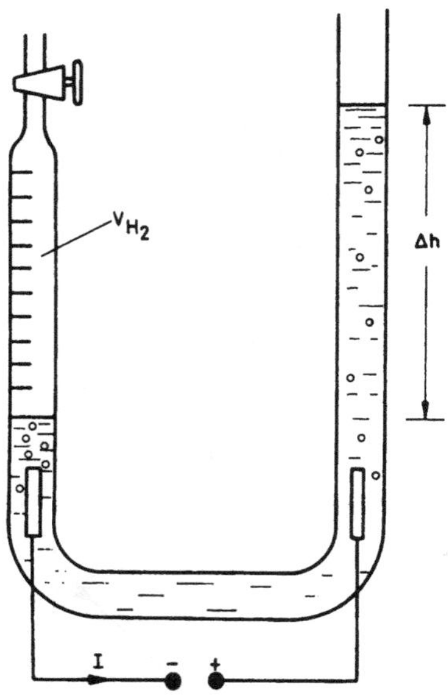

Abb. B 10, 2
Wasser-Coulometer

die gasförmig abgeschiedener durch Volumenmessung zu bestimmen.

Wassercoulombmeter: Es enthält die verdünnte Lösung eines Elektrolyten, der sich durch Sekundärreaktionen immer wieder regeneriert, so daß im Endeffekt Wasser in H_2 und O_2 zersetzt wird. Beispiel: KOH. Die Ionen K^+ und OH^- reagieren nach Entladung an den Elektroden wie folgt:

$$2\,K + 2\,H_2O \rightarrow 2\,KOH + H_2 \ ,$$

$$2\,OH \rightarrow H_2O + \frac{1}{2}\,O_2 \ .$$

Man mißt (Abb. B 10, 2) das Wasserstoffvolumen V_{H_2} (Sauerstoff reagiert mitunter weiter, daher ist die Messung seines Volumens ungenauer). Ein H_2-Molekül entsteht, wenn 2 Elementarladungen transportiert wurden, 1 Mol H_2-Gas also beim Transport der Ladung 2 F (Faradaykonstante F → Tab. D 3). Es verhält sich demnach

$$V_{H_2} : V_{mol} = Q : 2\,F \ , \qquad \text{(B 10, 3)}$$

woraus Q berechnet werden kann. H_2 kann als ideales Gas angesehen werden: $V_{mol} = 22{,}4 \cdot 10^3\,cm^3$ *) bei 0 °C und 1013 mbar. Das gemessene Volumen V_{H_2} ist für genauere Messungen nach dem allgemeinen Gasgesetz Gl. (A 3, 9) auf diese Normalbedingungen umzurechnen, wobei außer dem äußeren Luftdruck auch der hydrostatische Druck der um Δ h (Gl. (A 4, 18)) überstehenden Wassersäule zu berücksichtigen ist. Strommessungen mit dem Coulombmeter sind präzise (Genauigkeit besser als 0,1 ‰), aber zeitraubend und daher in der Praxis von geringer Bedeutung. Sie können zur Eichung anderer Strommesser dienen. Das Ampere war früher durch eine coulombmetrische Meßvorschrift definiert.

---

*) Genauer ist für H_2 $V_{mol} = 22{,}428 \cdot 10^3\,cm^3$, für ein ideales Gas $22{,}414 \cdot 10^3\,cm^3$.

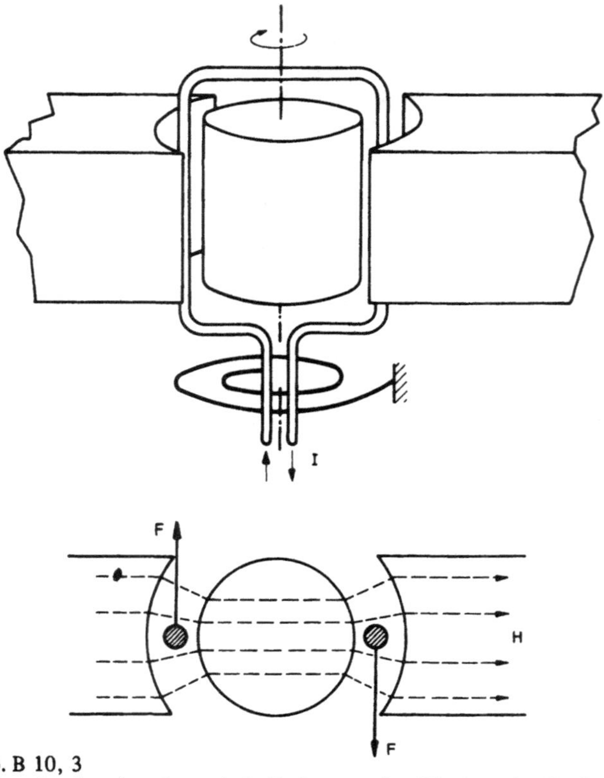

Abb. B 10, 3
Drehspulmeßwerk, schematisch. Es ist nur eine Windung der Spule gezeigt. Der Magnet ist hufeisenförmig geschlossen zu denken

Drehspulamperemeter werden als Einbauinstrumente oder Vielfachinstrumente mit umschaltbaren Meßbereichen hergestellt. Häufig dienen sie, mit entsprechend umgeeichter Skala, zur mittelbaren Anzeige anderer Größen (→ z.B. elektronische Voltmeter). – Meßgenauigkeit: Bei robusten Betriebsgeräten einige %, bei Präzisionsgeräten einige ‰.

Besonders empfindliche Ausführungsformen von Drehspul-Strommessern heißen *Galvanometer*. Zur Ablesung dient nicht mehr ein Zeiger, sondern die Reflexion einer Lichtmarke an einem kleinen Spiegel, der sich zusammen mit der Spule dreht, auf eine Skala. Das wirkt wie ein wesentlich verlängerter Zeiger. Meßbar sind noch Ströme in der Größenordnung von Zehntel nA. – Zur Messung noch geringerer Ströme → Kap. B 20, a.

c) Dreheisenamperemeter

Prinzip

Messung der Anziehungskraft F, die auf ein magnetisierbares, *magnetisch weiches* Eisenstück vom Magnetfeld H einer Spule ausgeübt wird, durch die der zu messende Strom I fließt. Die Magnetisierung ist in diesem Falle proportional zu H; die Kraft F ist dem Produkt aus Magnetisierung und Feldstärke und damit H^2 proportional. Da andererseits $H \sim I$ ist, folgt

$$F \sim I^2 \,. \qquad \text{(B 10, 6)}$$

Ausführung

Durch drehbare Anordnung wird von F ein Drehmoment hervorgerufen und, wie beim Drehspulgerät, durch eine Spiralfeder kompensiert. Der Drehwinkel im Gleichgewicht ist

$$\varphi \sim I^2 \qquad \text{(B 10, 7)}$$

Die Richtung des Ausschlags ist von der Stromrichtung unabhängig, das Gerät ist daher für Gleich- und Wechselstrom brauchbar. Die Skala ist wegen Gl. (B 10, 7) nicht linear geteilt. – Die Meßgenauigkeit ist etwas geringer als bei Drehspulgeräten. Dreheisengeräte werden vorzugsweise für Wechselstrom verwendet.

d) Bemerkungen zu Drehspul- und Dreheisenamperemetern

Meßbereichserweiterungen: Die beiden beschriebenen *Meßwerke* benötigen für Vollausschlag einen bestimmten Strom I_M. Durch Parallelschaltung eines Widerstandes R_p *(Shunt)* erweitert man den Meßbereich, erhält also Vollausschlag erst bei einem größeren Strom $I > I_M$. Ist R_M der Widerstand des Meß-

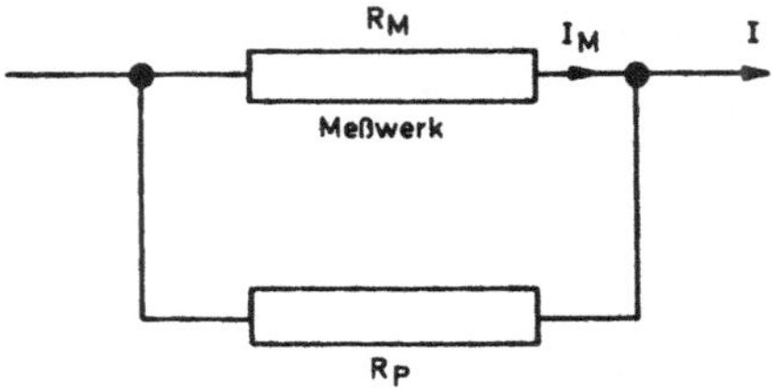

Abb. B 10, 4
Parallelschaltung zur Erweiterung des Strom-Meßbereichs

werks, so verhält sich (Kirchhoffsche Regel; Abb. B 10, 4)

$$\frac{I}{I_M} = 1 + \frac{R_M}{R_p} . \qquad \text{(B 10, 8)}$$

Kleinere Ströme als I_M mit Vollausschlag zu messen (also eine Erhöhung der Empfindlichkeit), ist durch derartige Schaltungen nicht möglich.

In *Vielfachinstrumente* sind geeignete dimensionierte Parallelwiderstände umschaltbar eingebaut. Am Bereichsschalter wird die Stromstärke für *Vollausschlag* (nicht pro Skalenteil!) angegeben. – Ein Widerstand zur Meßbereichserweiterung kann ohne weiteres auch äußerlich parallel zum Amperemeter gelegt werden.

Wechselstromeichung: Auf den Skalen für Wechselstrom sind Effektivwerte (I_{eff}) angegeben.

Symbole auf Amperemetern (ebenso auf Voltmetern; → auch Kap. B 11, e).

—	Gleichstrom		zu gebrauchen in
∼	Wechselstrom	⌐¬	waagrechter
$\overline{\sim}$	Gleich- und Wechselstrom	⊥	senkrechter Stellung
	Drehspulmeßwerk		Dreheisenmeßwerk

e) Strommessung mit Spannungsmeßgeräten

Man läßt den Strom I durch einen (wegen Gl. (B 10, 1) möglichst kleinen) bekannten Widerstand R_A fließen und mißt die an ihm nach dem Ohmschen Gesetz abfallende Spannung $U = R_A I$. Anwendung z.B., wenn die Zeitabhängigkeit eines Stromes auf dem Oszillographen (Spannungsmeßgerät) dargestellt werden soll.

B 11 Elektrische Spannung

Spannungsmesser sind an die zwei Stellen eines Netzwerkes anzuschließen, zwischen denen die Spannung bestimmt werden soll. Die Spannungsverteilung soll sich dadurch möglichst wenig ändern. Das ist nur gewährleistet, wenn der Eigenwiderstand R_V des Spannungsmessers *sehr groß* ist im Vergleich zu allen Widerständen R_n, die an den gleichen Anschlußstellen

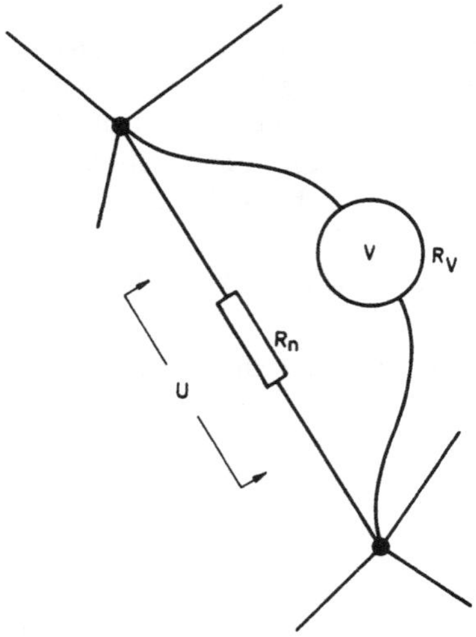

Abb. B 11, 1
Schaltung eines Voltmeters, das die Spannung U an einem Widerstand eines Netzwerkes mißt

(parallel zum Meßgerät) liegen (Abb. B 11, 1):

$$R_V \gg R_n \,. \qquad \text{(B 11, 1)}$$

a) Drehspul- und Dreheisenvoltmeter

Prinzip

Umgeeichte Amperemeter (für Gleich- oder Wechselstrom). Jedes Meßwerk (Widerstand R_M) kann auch benutzt werden, um durch den Strom zugleich die Spannung nachzuweisen, so daß z. B. bei Vollausschlag

$$U_M = R_M I_M \qquad \text{(B 11, 2)}$$

ist.

Ausführung

Gewöhnlich ist der Widerstand R_M wegen Gl. (B 10, 1) zu klein und wird durch einen zusätzlichen Serienwiderstand R_s ergänzt (Abb. B 11, 2), der zugleich den Meßbereich festlegt. Bei Vollausschlag (Strom I_M) wird dann

$$\frac{U}{U_M} = 1 + \frac{R_s}{R_M} \,. \qquad \text{(B 11, 3)}$$

Der Meßbereich läßt sich auf Spannungen $U > U_M$ erweitern. In Analogie zu Amperemetern ist es dagegen nicht möglich,

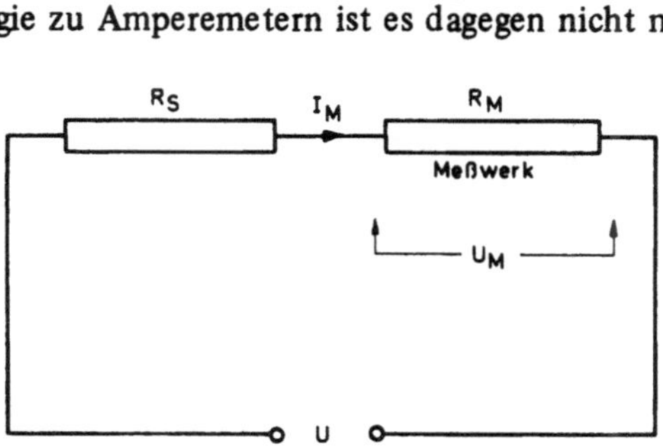

Abb. B 11, 2
Serienschaltung zur Festlegung der Spannungs-Meßbereiche von Drehspul- und Dreheisen-Voltmetern

kleinere Spannungen als U_M mit Vollausschlag zu messen. – In Vielfachinstrumente sind für die Spannungsmeßbereiche geeignet dimensionierte Serienwiderstände umschaltbar eingebaut.

Der Eigenwiderstand derartiger Voltmeter kann, da es sich im Grunde um Strommesser handelt, nicht beliebig vergrößert werden. Er liegt im Bereich 1 – 10 kΩ für 1 V Vollausschlag, für größere Vollausschläge proportional höher. Zu Spannungsmessungen an Quellen, die selbst einen hohen Innenwiderstand in dieser Größenordnung haben, sind diese Voltmetertypen nicht brauchbar, weil dann Gl. (B 11, 1) nicht befriedigt wird. Die im folgenden dargestellten Meßmethoden dagegen vermögen dieser Bedingung praktisch immer zu genügen.

b) Kompensationsmethode

Prinzip

Der zu messenden Spannung U_x wird eine bekannte, veränderbare Spannung U_1 *entgegen*geschaltet und so eingestellt, daß die Spannung Null resultiert, was durch ein empfindliches Volt- oder auch Amperemeter festzustellen ist (Abb. B 11, 3). Dann ist

$$U_x = U_1 \,. \qquad \text{(B 11, 4)}$$

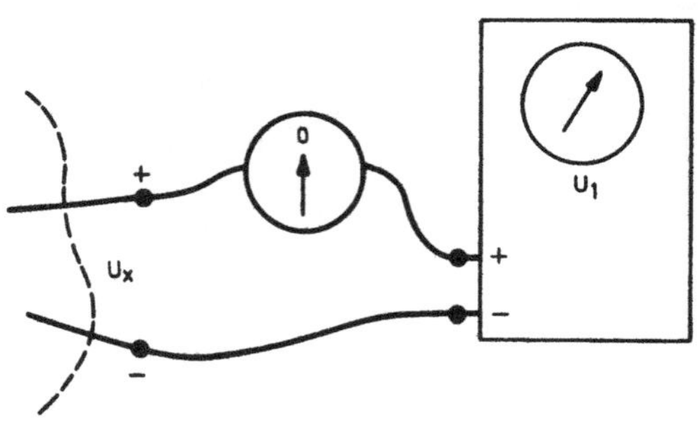

Abb. B 11, 3
Spannungsmessung durch Kompensation. U_x ist die unbekannte, U_1 eine einstellbare, bekannte Spannung

Ausführung

Die veränderbare Spannung U_1 kann z. B. an einem Potentiometer abgegriffen werden (→ Abb. A 6, 5 und Gl. (A 6, 8); *Kompensationsmethode nach Poggendorf*). Im Zustand des Abgleichs fließt kein Strom, es wird also weder das Potentiometer noch die untersuchte Spannungsquelle belastet. Die Meßgenauigkeit hängt vor allem von der Genauigkeit ab, mit der U_0 durch ein beliebiges anderes Voltmeter gemessen wird, und von der Genauigkeit, mit der die Teilwiderstände des Potentiometers bekannt sind.

c) Elektronische Zeiger-Voltmeter

Prinzip

Die zu messende Spannung steuert praktisch leistungslos (also ohne daß der Spannungsquelle Strom entnommen wird) den Kollektorstrom eines Transistors oder den Anodenstrom einer Röhrentriode (→ Kap. A 6, d). Deren Änderung gegenüber dem Ruhestrom ist der Spannung proportional und wird mit einem Zeigerinstrument (Drehspulmeßwerk) gemessen. Die Funktion ist so aufzufassen, daß zwischen Spannungsquelle und gewöhnliches Drehspulvoltmeter eine elektronische Zwischenstufe geschaltet wird, die den Eingangswiderstand im Vergleich zum unmittelbar benutzten Drehspulmeßwerk beträchtlich erhöht.

Ausführung

Die prinzipielle Arbeitsweise eines *Röhrenvoltmeters* ist aus den Abb. A 6, 19 und A 6, 20 ersichtlich. Durch die Schaltung im Gerät wird eine *negative* Gitter-Vorspannung erzeugt, die den *Arbeitspunkt* festlegt. Die Meßspannung (ΔU_G in Abb. A 6, 20), die zur Vorspannung hinzutritt, wird so klein gehalten, daß beide zusammen noch negativ bleiben, so daß kein Gitterstrom fließt. Im Anodenkreis wird der am Arbeitspunkt fließende Ruhestrom von dem durch die Meßspannung erzeugten zusätzlichen Strom ΔI_A abgetrennt und nur letzterer angezeigt.

Elektronische Voltmeter sind für Gleich- und Wechselspannungsmessungen eingerichtet, häufig als Universalgeräte („Multi-

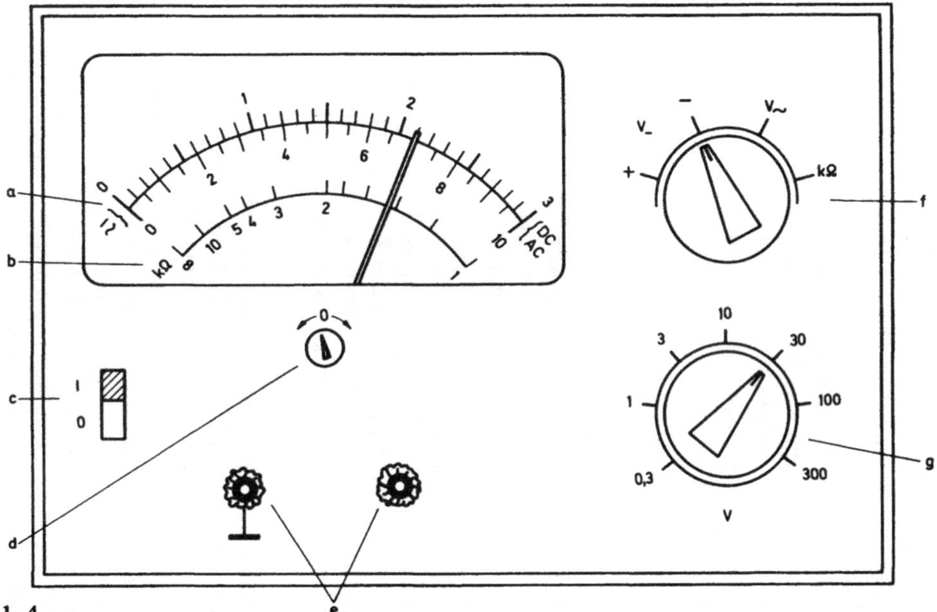

Abb. B 11, 4
Elektronisches Voltmeter. Der Übersichtlichkeit halber ist ein Gerät ohne Strommeßbereiche und mit nur einem Widerstandsmeßbereich dargestellt.
a Skalen mit zwei verschiedenen, den Spannungs-Meßbereichen angepaßten Teilungen (für Gleich- *und* Wechselspannungen) b Skala für Widerstandsmessungen (in diesem Beispiel rückwärts laufend!) c Einschalter d Nullpunktsjustierung e Eingangsbuchsen, eine davon geerdet f Umschalter für Meßgröße g Meßbereichs-Schalter. – Im Bild wird eine Gleichspannung von 21 V angezeigt; negativer Pol an der nicht geerdeten Buchse

meter“), zudem auch noch für Strom- und Widerstandsmessungen (mit einer eingebauten Konstantspannungsquelle nach dem Ohmschen Gesetz, → Gl. (A 6, 1)). Empfindlichster Meßbereich bei einfachen Geräten ungefähr 1 V Vollausschlag; Meßbereichserweiterung durch eingebaute, umschaltbare Widerstände. Wenn man Transistor resp. Röhre nicht nur als Trennstufe, sondern zugleich als Verstärker betreibt, lassen sich auch wesentlich empfindlichere Meßgeräte (μV-Meter) herstellen.

Abb. B 11, 4 zeigt schematisch den äußeren Aufbau und die wichtigsten Bedienungselemente. Der Nullpunkt ist bei vielen Geräten elektrisch verstellbar. Man überprüft ihn vor der Messung, indem man die beiden Eingangsbuchsen kurzschließt (durch ein Steck-Kabel überbrückt).

d) Elektronische Digital-Voltmeter

In der Meßtechnik werden *analog* anzeigende und *digital* anzeigende Geräte unterschieden. Die Analoganzeige geschieht mit Mitteln, die sich kontinuierlich einstellen (Zeiger, Steighöhe) und (im Prinzip) beliebig kleine Veränderungen der Meßgröße abzulesen gestatten. Die Digitalanzeige geschieht mit Mitteln, die sich schrittweise einstellen (meist Ziffernanzeige, also im Grunde Zählwerke) und Veränderungen der Meßgröße nur in Vielfachen der Einstellschritte abzulesen gestatten.

Die Meßgröße selbst ist normalerweise in analoger Form gegeben. In digitale Form wird sie erst durch einen elektronischen *Analog-Digital-Wandler* gebracht, der sie z. B. nach einem bestimmten Code in eine Impulsfolge umsetzt. In dieser Form könnte nun der Meßwert mit elektronischen Mitteln (z. B. in einer Rechenmaschine) weiterverarbeitet werden. Digitalvoltmeter sind relativ einfache Geräte, in denen sich diese Weiterverarbeitung auf die ziffernmäßige Anzeige beschränkt.

Prinzip

Digitalvoltmeter führen die Spannungsmessung auf eine *Zählung* zurück, sind also eigentlich Zähler. Sie erzeugen z. B. im Gerät eine schrittweise ansteigende Treppenspannung U_n

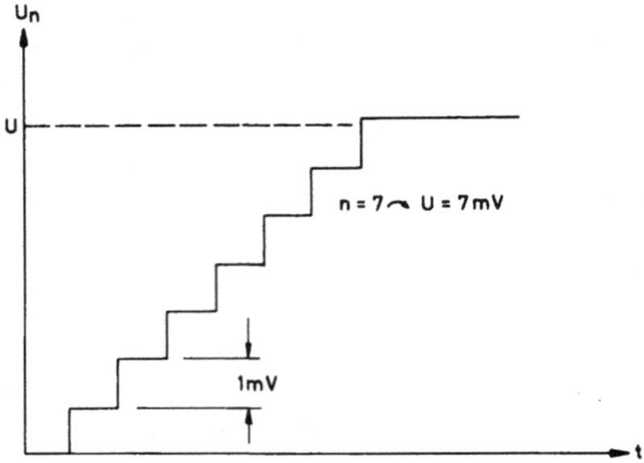

Abb. B 11, 5
Stufenspannung zur digitalen Spannungsmessung (n: Zählschritte)

(Abb. B 11, 5) mit genau festgelegter Stufenhöhe (z. B. 1 mV), die solange ansteigt, bis sie die zu messende Spannung U gerade erreicht oder erstmals überschreitet. Das Zählwerk zeigt die Zahl der dazu erforderlichen Schritte an, die gleich U (in mV) ist.

Ausführung

Bedienungselemente und äußerer Aufbau sind dem eines elektronischen Zeigervoltmeters ähnlich, abgesehen vom Ersatz des Drehspulinstruments durch eine Leuchtziffernanzeige, die oft zugleich die Polarität einer Gleichspannung und die Maßeinheiten angibt, also das vollständige Meßergebnis unmittelbar abzulesen gestattet. Die Meßgenauigkeit ist höher als bei analog anzeigenden Voltmetern (besser als 1‰).

e) Oszillograph

Prinzip

Der Oszillograph ist ein universelles Spannungsmeßgerät, das die Spannung in ihrem zeitlichen Ablauf (als U-t-Diagramm) auf dem Leuchtschirm einer Kathodenstrahlröhre darstellt. Die zu messende Spannung wird zunächst – wie bei allen elektronischen Spannungsmessern – einer Transistor- oder Röhren-Eingangsstufe zugeführt, dann aber nicht einer Zeiger- oder Ziffernanzeige, sondern dem *Vertikal*-Ablenksystem *(U-Ablenkung)* der Kathodenstrahlröhre. Die *Horizontal*-Ablenkung *(t-Ablenkung)* wird zugleich zeitproportional durch eine im Gerät erzeugte Spannung gesteuert.

Ausführung

Die funktionellen Einheiten des Oszillographen sind Oszillographenröhre, U-Ablenkung und t-Ablenkung.

Oszillographenröhre (Kathodenstrahl-, Elektronenstrahlröhre): Der prinzipielle Aufbau nach Abb. A 6, 22 wird in der technischen Ausführung durch weitere elektronenoptische Maßnahmen ergänzt. Durch die Spannungen an den entsprechenden Elektroden kann die Strahlintensität (Bildfleck-Helligkeit) und die Strahlfokussierung (Bildschärfe) getrennt eingestellt werden. – Der Bildfleck läßt sich auf dem Leuchtschirm durch die Spannung an je einem Plattenpaar des Strahlablenksystems führen. Im elektrischen Feld zwischen den Platten eines Paares, die nichts anderes als einen Kondensator darstellen, erfahren die Elektronen eine Kraft (→ Kap. A 5, a), so daß sie im Bereich des Feldes einer parabelförmig gekrümmten Bahn folgen. Auf dem Schirm verschiebt sich der Leuchtfleck um eine zum Ablenkwinkel proportionale Strecke, die an einem Raster abzulesen ist (Abb. B 11, 6); sie ist der Ablenkspannung proportional. – Eine Oszillographenröhre, von deren Ablenkplatten wie in Abb. B 11, 6 nur *ein* Paar benutzt wird, stellt s bereits ein Gleichspannungs-Meßgerät dar.

U-Ablenkung (y-Ablenkung, Vertikalablenkung): Man könnte die zu messende Spannung direkt an die Vertikalablenkplatten legen. Zur Ablenkung über die gesamte Leuchtschirmhöhe benötigt man aber Spannungen von einigen Volt und höher, und das ist für viele Anwendungen zu unempfindlich. Daher wird die Transistor oder Röhren-Eingangsstufe für die Meßspannung als Verstärker benutzt, so daß schon die Größenordnung von mV zur Ablenkung über die Leuchtschirmhöhe ausreicht. Die Meßbereiche werden an einem Bereichsschalter

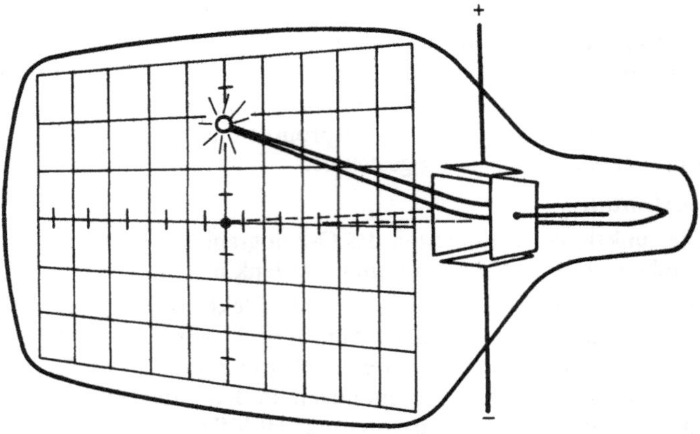

Abb. B 11, 6
Oszillographenröhre. Vertikalablenkung durch eine Gleichspannung, keine Horizontalablenkung

eingestellt, der die U-Ablenkempfindlichkeit als Spannung pro Rasterteil (nicht für Vollausschlag!) angibt. Die Vertikalachse ist damit als U-Achse eingeteilt.

Besondere Anforderungen sind an den *Verstärkerteil* zu stellen, der alle Frequenzen gleich verstärken muß, damit die Ablenkempfindlichkeit frequenzunabhängig ist und Spannungsbilder mit kompliziertem Zeitverlauf (die also ein Spektrum verschiedener Frequenzen enthalten) unverzerrt aufgezeichnet werden. Das ist nur bis zu einer oberen *Grenzfrequenz* möglich, die mit zunehmendem technischen Aufwand bis etwa 100 MHz zu steigern ist. Einfachere Oszillographen haben Grenzfrequenzen von einigen MHz. Der Bereich niedriger Frequenzen ist meist vollständig – einschließlich der Gleichspannung – darstellbar *(DC-Kopplung)*. Durch Zwischenschalten eines Kondensators können Gleichspannung und niedrige Frequenzen aber auch unterdrückt werden *(AC-Kopplung)*.

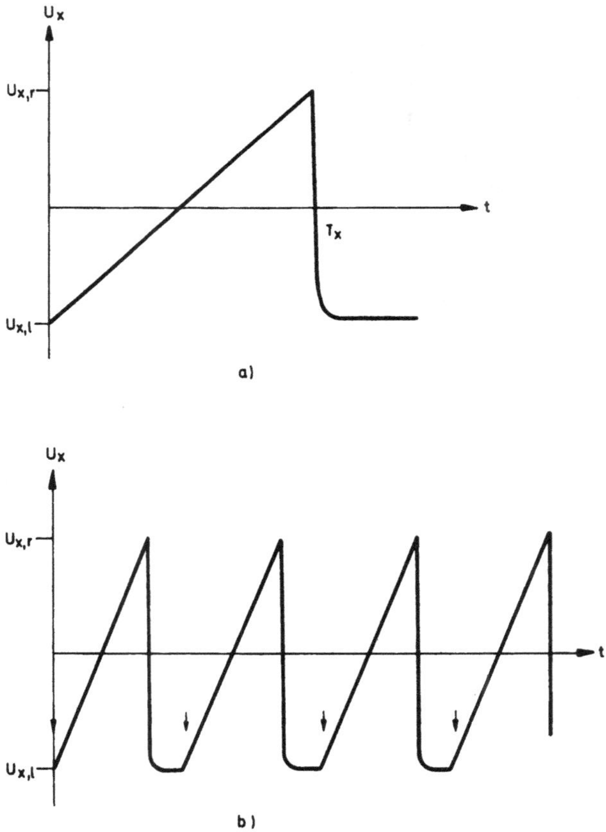

Abb. B 11, 7
Spannung für die Horizontalablenkung (t-Ablenkung) im Oszillographen (Kippspannung, Sägezahnspannung)
a) einmalige, b) periodische, getriggerte Ablenkung.
Die Triggerzeitpunkte sind durch Pfeile markiert

t-Ablenkung (x-Ablenkung, Horizontalablenkung): Um den zeitlichen Ablauf der Spannungen aufzuzeichnen, läuft der Leuchtfleck mit konstanter Geschwindigkeit in horizontaler

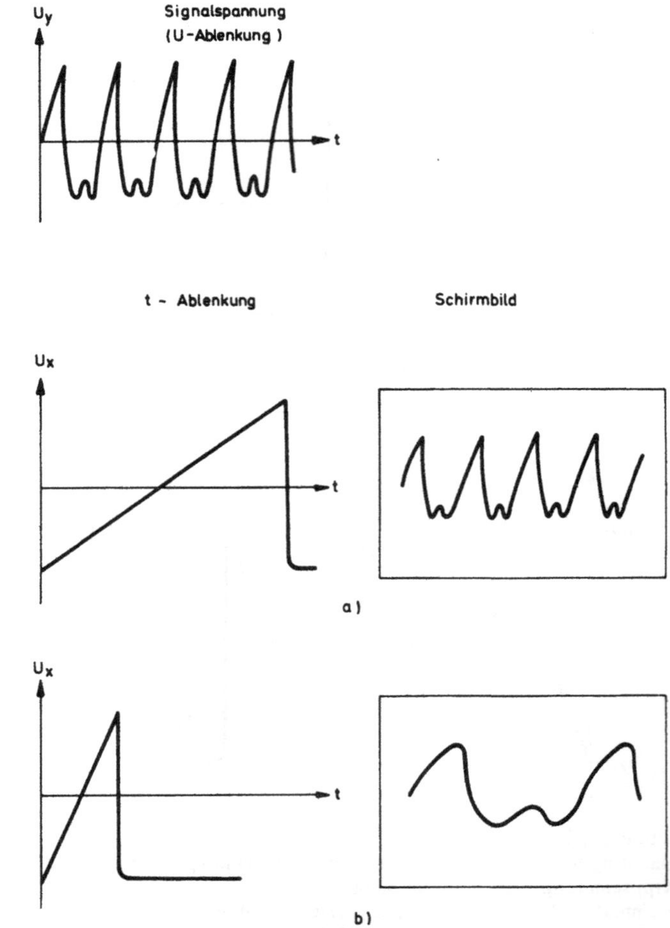

Abb. B 11, 8
Abhängigkeit des Oszillographenbildes von der Geschwindigkeit der Horizontalablenkung. Die gleiche Signalspannung (oben) erscheint bei langsamer Horizontalablenkung (a) in gedrängtem Maßstab auf dem Bildschirm; bei schnellerer Horizontalablenkung (b) wird ein kürzerer Zeitbereich in gedehntem Maßstab dargestellt

Richtung. Dazu wird an die x-Ablenkplatten eine im Gerät erzeugte, zeitproportional (also linear) zunehmende Spannung U_x gelegt (Abb. B 11, 7a). Das Bild der zeitabhängigen Spannung auf dem Schirm hängt von der Zeit T_x ab, während der Leuchtfleck vom linken zum rechten Schirmrand läuft (Abb. B 11, 8). Sie kann meist stufenweise umgeschaltet werden; der Bereichsschalter gibt die Zeit pro Rasterteil an. Die Horizontalachse ist damit als Zeitachse eingeteilt.

Bei einer periodischen Meßspannung (wie in Abb. B 11, 8) erscheint nur dann eine ganze Periode auf dem Bild, wenn ihre Dauer T mit der Zeit T_x übereinstimmt. Ist $T_x = n\,T$, so gibt das Bild n Perioden des Vorgangs wieder. Um stets übersichtliche Bilder, d. h. nicht zu große n, zu haben, muß die Ablenkfrequenz $1/T_x$ über einen weiten Bereich verstellbar sein, der ungefähr den Frequenzbereich des y-Verstärkers überdeckt.

Die beschriebene Zeitablenkung wird laufend wiederholt. Man bekommt so den Eindruck eines stehenden Bildes, sofern dafür gesorgt wird, daß die Einzelbilder alle gleich sind, also immer den gleichen Ausschnitt der periodischen Spannung wiedergeben. Das wäre der Fall, wenn $T_x = n\,T$; aber die genaue Einstellung dieser Bedingung ist praktisch unmöglich. Daher wird häufig eine getriggerte Zeitablenkung benutzt. Unter *Triggerung* versteht man folgendes: Die x-Ablenkspannung verharrt bei $U_{x,1}$, der Leuchtfleck also am linken Schirmrand, bis die Meßspannung ihr Vorzeichen wechselt, z. B. gerade, von negativen zu positiven Werten laufend, durch Null geht. In diesem Moment beginnt die lineare Änderung von U_x nach Abb. B 11, 7a abzulaufen („Trigger" = Auslöser). Nach der Zeit T_x springt die Ablenkspannung auf $U_{x,1}$ zurück und wartet auf den nächsten Nulldurchgang der Meßspannung. Auf diese Weise werden lauter gleiche Bildausschnitte dargestellt. Abb. B 11, 7b zeigt den Verlauf dieser periodischen Ablenkspannung. Nur in dem speziellen Fall $T_x = n\,T$ entfallen, wie in Abb. A 7, 1b, die „Wartezeiten".

Durch die Triggerung ist es möglich, auch einmalige Ereignisse oszillographisch darzustellen.

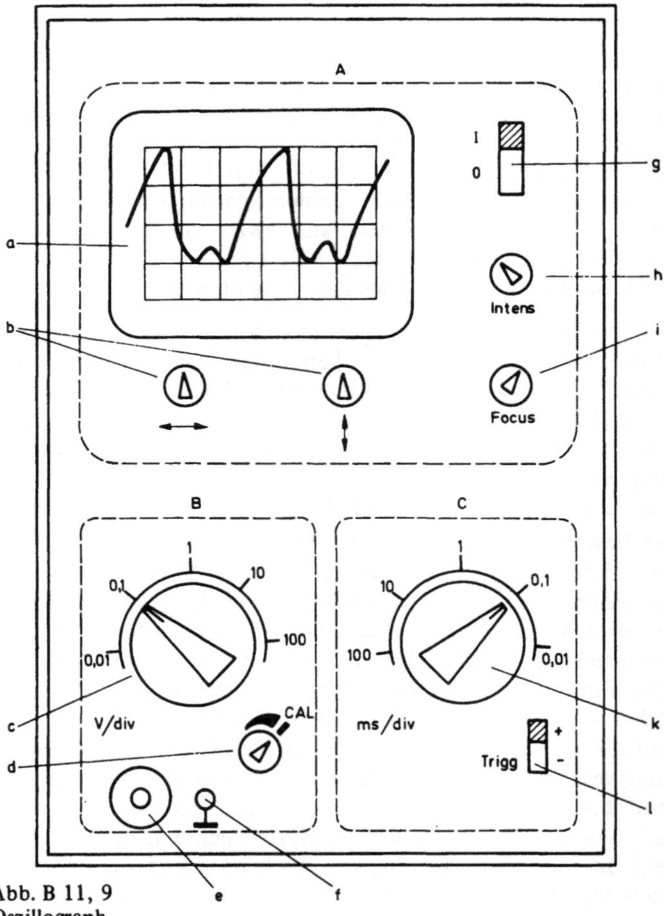

Abb. B 11, 9
Oszillograph.
A Oszillographenröhre B U-Ablenkung C t-Ablenkung
a Leuchtschirm b Bildverschiebung in horizontaler und vertikaler Richtung c Bereichsschalter für die y-Ablenkempfindlichkeit (die Angaben gelten nur, wenn d auf „cal" steht) d kontinuierliche Verstärkungseinstellung (Variation zwischen den durch c gegebenen festen Werten)
e koaxiale Eingangsbuchse f zusätzliche geerdete Buchse g Einschalter h Bildhelligkeit i Bildschärfe k Umschalter für Zeitablenkung l Trigger-Umschalter
Im Bild wird eine periodische Wechselspannung von 0,3 V_{ss} („Spitze-Spitze") und einer Periodendauer T = 0,3 ms, entsprechend ν = 3,33 kHz, angezeigt

Die Polarität der Triggerung ist gewöhnlich umschaltbar, d. h. die Zeitablenkung setzt entweder bei einem (–/+)-Durchgang oder bei einem (+/–)-Durchgang der Meßspannung ein. Zu ihrer Funktion ist in jedem Fall eine gewisse Mindestspannung des Signals erforderlich. Sie spricht deshalb nur an, wenn das Schirmbild in vertikaler Richtung genügend hoch ist, was sich durch Wahl der y-Verstärkung bei nicht zu schwachen Signalen einstellen läßt.

Äußerer Aufbau: An der Frontseite eines Oszillographen finden sich Leuchtschirm, Anschlußbuchsen und die Bedienungselemente der funktionellen Einheiten (Abb. B 11, 9). *Zweikanal*-Oszillographen, die gleichzeitig zwei verschiedene Spannungsabläufe bei gleicher Zeitablenkung darstellen, haben zwei Eingänge, und die Bedienungselemente der U-Ablenkung sind doppelt vorhanden. – Oft benutzt man englische Beschriftungen am „oscilloscope". Es bedeuten:

AC	Wechselspannung, alternating current
AMPL oder GAIN	Verstärkung, amplification
CAL	Kalibrierte (geeichte) Einstellung
DC	Gleichspannung, direct current
INPUT	Eingang
LINE	Netzschalter (ON an, OFF aus)
TIME BASE	Zeitablenkung
TRIGG	Triggerung

f) Abschirmung und Erdung beim Gebrauch elektronischer Geräte

Abschirmung: Ein einfaches Drahtstück kann als Empfangsantenne wirken. Eben diesen Effekt haben auch gewöhnliche Kabel, wenn man sie als Zuleitung zu einem empfindlichen

Meßgerät wie dem Oszillographen verwendet. Sie empfangen Störungen aus der Umgebung, vor allem mit der Netzfrequenz (50-Hz-„Brumm"), aber auch hochfrequente Signale, z. B. von nahegelegenen Rundfunksendern. Diese Störspannungen können eine schwache Meßspannung völlig überdecken. Es empfiehlt sich daher, abgeschirmte Zuleitungen zu verwenden, das sind *koaxiale Kabel* (Abb. B 11, 10), deren Innenleiter mit einem Pol der Spannungsquelle und deren Außenleiter mit einem Erdanschluß verbunden wird. Dadurch wirkt der Außenleiter als Abschirmung gegen Störungen. Bei Meßgeräten mit Koaxial-Anschlußbuchse ist deren Außenteil normalerweise schon geerdet; die Erdverbindung der Kabel-Abschirmung braucht also nicht gesondert hergestellt zu werden. Wenn von den beiden Polen der zu untersuchenden Spannungsquelle einer ohnehin geerdet ist, kann man ihn mit der Abschirmung verbinden und benötigt dann nur ein einziges Meßkabel.

Koaxiale Kabel sind unerläßlich, wenn mit hochfrequenten Wechselspannungen (MHz-Gebiet und darüber) gearbeitet wird. Die Wellenlänge elektromagnetischer Wellen kommt nämlich schließlich in die Größenordnung der Kabellängen (bei 100 MHz ist z. B. $\lambda = 3$ m), und wenn eine Kabelverbindung nicht als unerwünschte strahlende Antenne wirken soll, muß

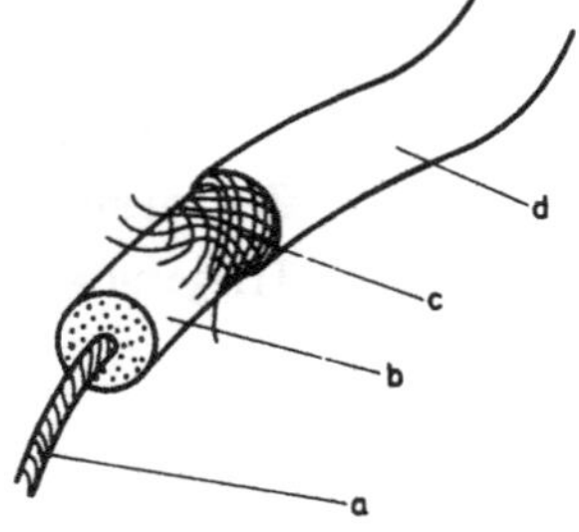

Abb. B 11, 10
Aufbau eines abgeschirmten Koaxialkabels. a Innenleiter b Isoliermaterial c Außenleiter (Abschirmung) d isolierender Mantel

sie die Funktion einer *Leitung* haben, d. h. elektromagnetische Wellen führen (→ Kap. A 7, c). Im Inneren eines Koaxialkabels ändert sich die Spannung zwischen Innen- und Außenleiter sinusförmig längs der Leitung, und diese Spannungsverteilung schreitet mit einer bestimmten (von der Brechzahl des Isolationsmaterials nach Gl. (A 9, 6) abhängigen) Geschwindigkeit fort, stellt also eine geführte Welle dar.

Erdung: Mit einem Spannungsmesser, dessen Eingang einseitig geerdet ist (z. B. Koaxial-Anschlußbuchse), lassen sich nur Spannungsquellen untersuchen, die eine der beiden folgenden Bedingungen erfüllen:

I. Die Quelle selbst hat keinerlei Verbindung zur Erde; jeder ihrer Pole kann schadlos geerdet werden. Es ist dann gleichgültig, welchen man an den Innen- resp. Außenleiter des Meßkabels anschließt.

II. Ein Pol der Quelle ist geerdet. Dann muß der Außenleiter an ihn angeschlossen werden; bei umgekehrter Polung würde die Spannungsquelle kurzgeschlossen.

Quellen, die an irgendeiner anderen als der Meßstelle geerdet sind, kann man nur mit erdfreien Voltmetern untersuchen.

B 12 Widerstand und Leitfähigkeit

(→ Tab. D 24)

Proportionalität zwischen Strom und Spannung ist vorauszusetzen, → Kap. A 6, d.

a) Widerstand aus Strom-Spannungs-Messung

Prinzip

Nach der Definitionsgleichung (A 5, 1) ergibt sich der Widerstand R aus Spannung U und Strom I:

$$R = U/I \,. \qquad \text{(B 12, 1)}$$

Ausführung

An den unbekannten Widerstand R wird eine bekannte Spannung U gelegt und der Strom I gemessen. Zwei Schaltungen

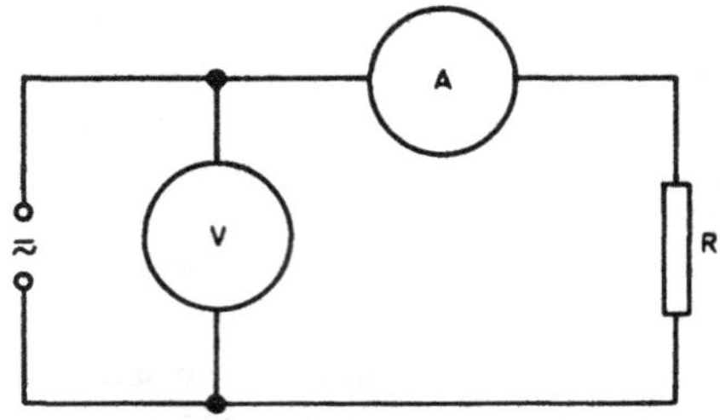

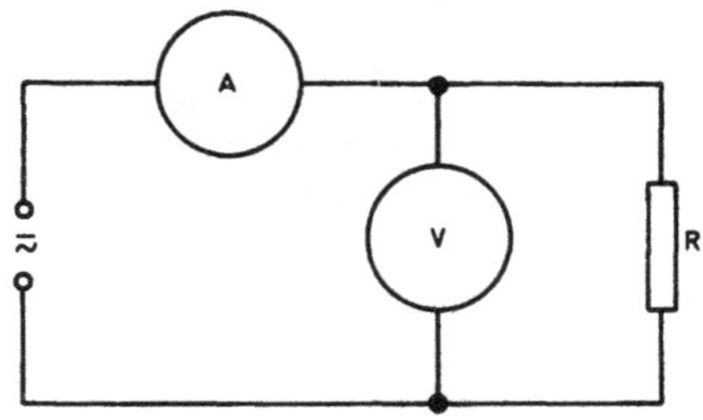

Abb. B 12, 1
Widerstandsbestimmung durch Strom- und Spannungsmessung

(Abb. B 12, 1) sind möglich. Meßfehler rühren in a) vom zusätzlichen Spannungsabfall am Amperemeter her (U wird zu groß bestimmt), in b) vom zusätzlichen Strom durch das Voltmeter (I wird zu groß bestimmt). Eine Korrektur dieser Fehler ist bei bekannten Eigenwiderständen der Instrumente nach den Kirchhoffschen Regeln möglich. Besser verwendet man Instrumente, die den Bedingungen Gln. (B 10, 1) und (B 11, 1) genügen, z. B. Schaltung b) mit einem elektronischen Voltmeter.

b) Widerstandsmessung in der Brückenschaltung

Prinzip

Spannungsteilung an einer Serienschaltung von zwei Widerständen. Es werden zwei Serien miteinander verglichen, von denen die eine zwei bekannte, die andere einen bekannten und den unbekannten Widerstand enthält.

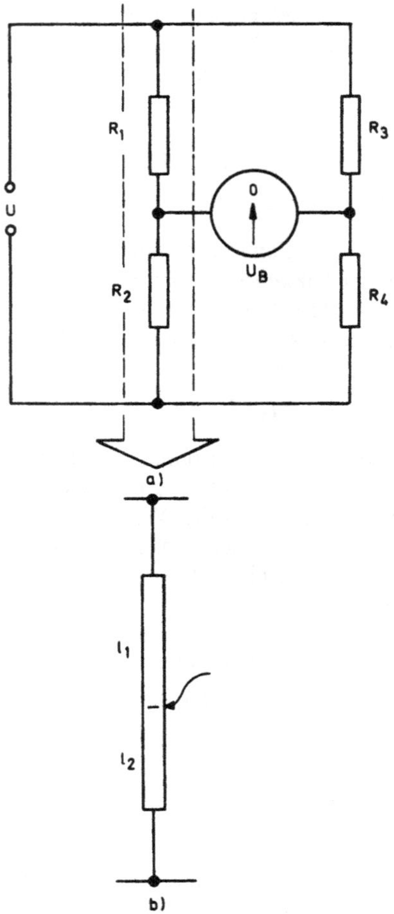

Abb. B 12, 2
Widerstandsbestimmung mit der Wheatstoneschen Brücke

Ausführung

Die vier Widerstände werden nach Abb. B 12, 2a geschaltet. Die Brückenspannung U_B wird mit einem empfindlichen Voltmeter nachgewiesen. Durch Verändern von wenigstens einem der drei bekannten Widerstände wird U_B zu Null gemacht (*Abgleich* der Brücke). In diesem Zustand wird die Speisespannung U von beiden Serien gleich geteilt:

$$U_1 : U_2 = U_3 : U_4$$

oder wegen der Kirchhoffschen Regeln

$$R_1 : R_2 = R_3 : R_4 \ . \qquad \text{(B 12, 2)}$$

Es ist gleichgültig, welcher der Widerstände der unbekannte und welcher der bekannten veränderlich ist. Die zwei in Serie liegenden bekannten Widerstände (z.B. R_1, R_2) können durch einen Schleifdraht ersetzt werden (Abb. B 12, 2b). Wenn dieser homogen ist, verhält sich

$$R_1 : R_2 = l_1 : l_2 \ . \qquad \text{(B 12, 3)}$$

Die Brückenmethode ist ein reiner Widerstandsvergleich. Die Speisespannung U beeinflußt das Ergebnis nicht (sofern sie nicht so hoch ist, daß sich die Widerstände erwärmen). Es kann auch mit Wechselspannung gemessen werden. Die Schaltung der Abb. B 12, 2 *(Wheatstonesche Brücke)* ist allerdings nur für Wirkwiderstände geeignet. Kommen im untersuchten Objekt Blindwiderstände vor, so ist auch die Brückenschaltung durch Spulen oder Kondensatoren zu ergänzen.

Widerstandsmessungen mit der Brücke sind – bei sorgfältiger Längenmessung und Verwendung geeichter Vergleichswiderstände – sehr genau.

c) Leitfähigkeitsmessung

Prinzip

Die Leitfähigkeit σ ist der Kehrwert des spezifischen Widerstandes ρ, $\sigma = 1/\rho$. Diesem ist der Widerstand proportional:

$$R = K\rho$$

also ist

$$\sigma = K/R\,, \qquad \text{(B 12, 4)}$$

mit einem nur von der geometrischen Form der Probe abhängenden Faktor K. Die Messung von σ resp. ρ läuft damit auf eine Widerstandsmessung nach Abschnitt a) oder b) hinaus.

Ausführung

Festkörper können z. B. in Form von Drähten untersucht werden, für die der Faktor $K = l/A$ (→ Gl. (A 6, 2)) bekannt ist. –

Flüssigkeiten (Elektrolyte) werden in Gefäßen *(Meßzellen)* mit zwei metallischen Elektroden untersucht. Um Polarisationseffekte auszuschließen, verwendet man Wechselspannung (50 Hz bis einige kHz) und Elektroden mit möglichst großer effektiver Oberfläche (platinierte Platinelektroden, *Platinmohr*). Der Faktor K, hier Zellenkonstante genannt, hängt von der Form der Zelle und der der Elektroden ab und muß mit einer Lösung bekannter Leitfähigkeit bestimmt werden (→ Tab. D 24), sofern die Zelle nicht vom Hersteller geeicht ist.

B 13 Frequenz

Direkte Frequenzmessungen sind nur bei verhältnismäßig „niedrigen" Frequenzen möglich, und zwar unterhalb des GHz-Bereichs, das ist etwa im Bereich der technischen Sender elektromagnetischer Wellen. Dagegen haben natürliche Quellen (Infrarot bis γ-Strahlung) so hohe Frequenzen, daß sie nicht mehr direkt, sondern nur indirekt durch Messung der Wellenlänge (→ Kap. B 14) bei Kenntnis der Lichtgeschwindigkeit bestimmt werden können.

Viele periodisch veränderliche physikalische Größen, z. B. Druck-Schwankungen (Akustik, → Kap. B 5), können zu ihrer Messung in elektrische Spannungen umgesetzt werden. Im folgenden sind daher nur Methoden zur Messung der Frequenz periodischer *Spannungen* skizziert. Sofern es sich um nichtsinusförmige Wechselspannungen handelt, wird im allgemeinen ihre Grundfrequenz (reziproke Periodendauer) gemessen.

a) Frequenzzähler

Prinzip

Der Definition der Frequenz folgend, wird die Zahl n der Perioden während der Zeit t gezählt und daraus

$$\nu = n/T \qquad \text{(B 13, 1)}$$

berechnet.

Ausführung

Geeignet sind kommerzielle elektronische Zähler, die allgemein Spannungsimpulse zählen (Sinusform der Wechselspannung ist also nicht vorausgesetzt). Für die spezielle Aufgabe, eine periodische Impulsfolge zu zählen und ihre Frequenz zu ermitteln, enthalten sie eine Quarzuhr (→ Kap. B 1, c), die das Zählwerk für eine genau bestimmte Zeit, z. B. 1 s, einschaltet. In diesem Beispiel ist die angezeigte Impulszahl sogleich die Frequenz in Hz.

b) Oszillographische Messung

Prinzip

Ist ein Oszillograph mit geeichter Zeitablenkung verfügbar, so kann die Wechselspannung auf seinem Schirm sichtbar gemacht, die Dauer T einer Periode abgelesen und $\nu = 1/T$ angegeben werden (→ Abb. B 11, 9).

c) Vergleich mit Sender bekannter Frequenz

Prinzip

Überlagert (addiert) man zwei Schwingungen mit nahe benachbarten Frequenzen ν_1, ν_2, so ergibt sich als Summe eine Schwingung mit periodisch schwankender Amplitude (*Schwebung*, Abb. B 13, 1). Die Schwebungsmaxima oder -minima haben den zeitlichen Abstand T_S. Man nennt $\nu_S = 1/T_S$ die Schwebungsfrequenz. Sie ist die Differenz der Frequenzen der überlagerten Schwingungen:

$$\nu_S = |\nu_1 - \nu_2| . \qquad \text{(B 13, 2)}$$

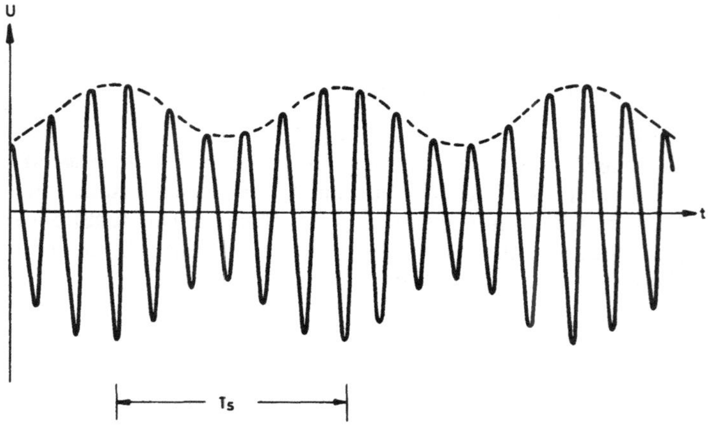

Abb. B 13, 1
Schwebung zweier Schwingungen mit nahe benachbarten Frequenzen

Die Schwebung zweier überlagerter Schwingungen gibt deshalb die Möglichkeit, die Übereinstimmung ihrer Frequenzen festzustellen.

Ausführung

Die Spannung unbekannter Frequenz (ν_2) wird in Serie mit der Spannung eines Senders bekannter, variabler Frequenz (ν_1) geschaltet und auf einem Oszillographen beobachtet. Man variiert ν_1 solange, bis die Schwebung sichtbar wird und möglichst langsam abläuft ($\nu_S \approx 0$); dann ist $\nu_1 \approx \nu_2$.

Durch Einfügen einer Diode läßt sich die in Abb. B 13, 1 dargestellte Spannung demodulieren. Auf dem Oszillographen erscheint dann nur noch eine Wechselspannung von gleicher Form wie die gestrichelt gezeichnete Einhüllende, deren Frequenz die Schwebungsfrequenz ist (→ Abb. A 7, 19). Mit Hilfe eines Lautsprechers kann sie auch hörbar gemacht werden. Nähert man sich bei Variation der Senderfrequenz dem Abgleich, $\nu_1 \to \nu_2$, so wird der Schwebungston immer tiefer, bei

$\nu_1 \approx \nu_2$ unhörbar und, bei weiterer Variation von ν_1, wieder hörbar und höher.

d) Frequenzmessung mit Filter

Prinzip

Zwischen die Wechselspannungsquelle und ein Nachweisgerät (Voltmeter, Oszillograph) wird ein Filter geringer Bandbreite (→ Abb. A 7, 3) mit abstimmbarer, bekannter Durchlaßfrequenz geschaltet und auf maximale Anzeige eingestellt. Die gesuchte Frequenz ist dann gleich der Durchlaßfrequenz.

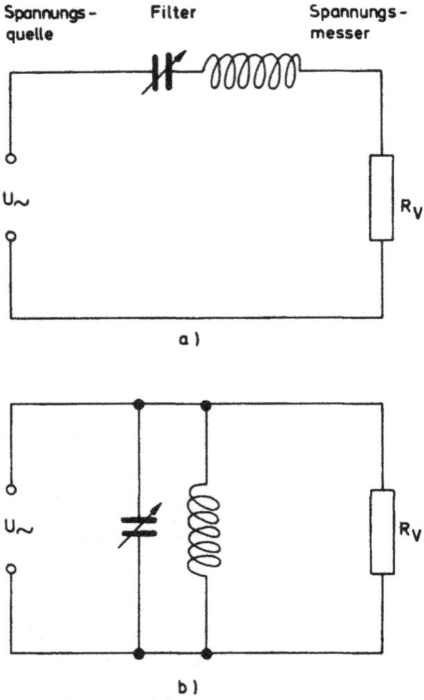

Abb. B 13, 2

Frequenzmessung mit variablem L-C-Filter. Am Nachweisgerät (R_V) liegt dann eine maximale Spannung, wenn Durchlaßfrequenz des Filters und Frequenz der Wechselspannung übereinstimmen, weil außerhalb der Resonanz der Filterwiderstand a) sehr groß b) sehr klein gegen R_V ist

Ist die Spannung nicht-sinusförmig, so können alle harmonischen Frequenzen getrennt nachgewiesen und so das Spektrum untersucht werden.

Ausführung

Als elektrische Filter werden L-C-Serien- oder Parallelschwingkreise benutzt. Erstere haben in Resonanz ein Minimum, letztere ein Maximum ihres Widerstandes (→ Kap. A 6, d). Schaltet man sie wie in Abb. B 13, 2, so zeigt das Nachweisgerät (durch R_V dargestellt) jeweils in Resonanz des Filters maximale Spannung an. Die Resonanzfrequenz, Gl. (A 6, 15), wird durch Änderung der Kapazität C verstimmt.

Das Filter läßt nicht nur die Resonanzfrequenz, sondern – mit abnehmender Amplitude – auch benachbarte Frequenzen durch. Wünschenswert ist (wie z. B. auch bei Rundfunkempfängern) eine gute Trennschärfe, für welche die Bandbreite der Filterkurve (Abb. A 7, 3) ein Maß gibt. Beim L-C-Filter kann sie wegen der stets noch vorhandenen Wirkwiderstände nicht beliebig schmal gemacht werden.

B 14 Wellenlänge des Lichts

(→ Tab. D 29)

Die Messung der Wellenlänge λ läuft auf die Untersuchung des Emissionsspektrums einer Lichtquelle hinaus, also die Messung der Strahlungsleistung in Abhängigkeit von λ.

Prinzip

Räumliche Trennung verschiedener Wellenlängen durch ein *Gitter* oder ein *Prisma.* Das zu untersuchende Licht beleuchtet einen *Spalt,* der durch Linsen auf einen Schirm oder die Retina des Beobachters abgebildet wird. Durch Einfügen des Gitters oder des Prismas in den Strahlengang entstehen viele, nebeneinanderliegende Spaltbilder *(Linien),* für jede Wellenlänge an einer anderen Stelle (Abb. B 14, 1). Aus der Lage einer Linie kann die Wellenlänge berechnet oder durch Eichung ermittelt werden.

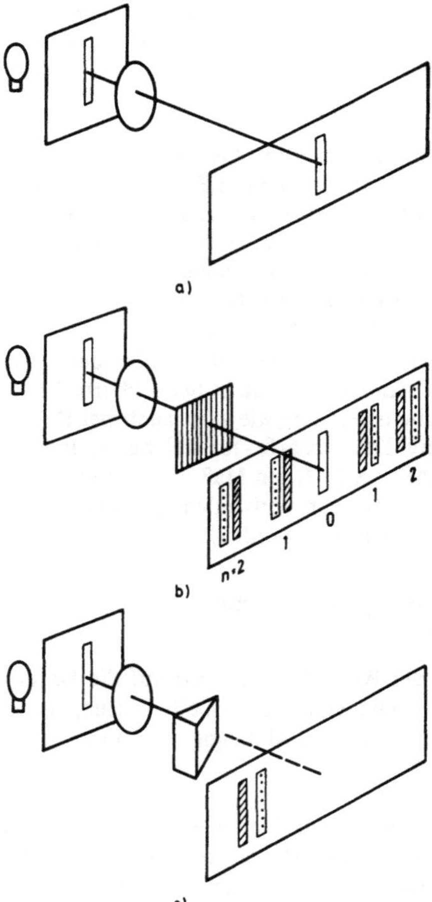

Abb. B 14, 1
Prinzipieller Aufbau von Spektrometern
a) Abbildung des Spalts durch eine Linse
b) Gitter eingefügt
c) Prisma eingefügt
Die punktierten Linien stellen eine Farbe mit größerer Wellenlänge dar als die schraffierten

Ausführung

Gitter und Prisma liefern aus verschiedenen Gründen eine spektrale Zerlegung des Lichts:

I. *Gitter* sind regelmäßige Strichanordnungen, z.B. abwechselnd lichtdurchlässige und -undurchlässige Streifen (Abb. B 14, 2). Der Abstand g gleicher Streifen heißt *Gitterkonstante*. Gitter beugen das Licht (→ Kap. A 7, d). Hinter ihnen entsteht ein Interferenzfeld, wie es Abb. A 7, 12 für monochromatisches Licht zeigt: Die konvergente Welle würde ohne Gitter *einen* Bildpunkt auf der Achse erzeugen, durch die Beugung entstehen aber neben dem ursprünglichen noch weitere Bilder. Da es sich um eine Vielstrahlinterferenz handelt, herrscht zwischen den schmalen Beugungsbildern praktisch Dunkelheit (→ Abb. A 7, 11b). Die Richtungen, in denen die Intensitäts*maxima*, also die Beugungsbilder auftreten, lassen sich für den Fall eines genügend weit entfernten Beobachtungsschirms, was der Beobachtung durch ein auf Unendlich eingestelltes Fernrohr entspricht, leicht angeben. Nach Abb. B 14, 3 liegt der erforderliche Phasenunterschied $\Delta\varphi = n \cdot 2\pi$ zwischen Elementarwellen aus benachbarten Gitteröffnungen dann vor, wenn

$$\sin \gamma_n = n \frac{\lambda}{g} . \qquad \text{(B 14, 1)}$$

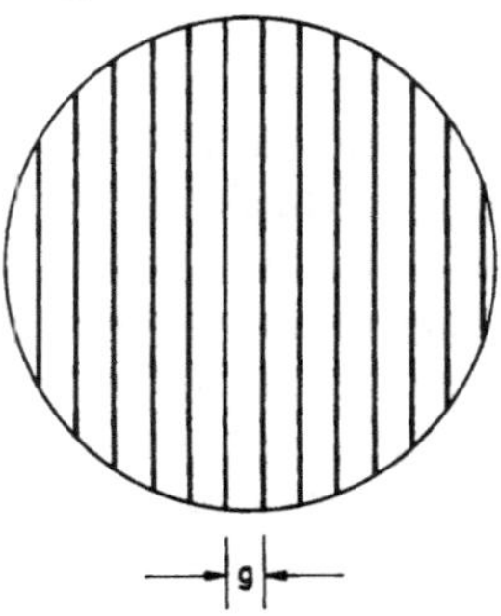

Abb. B 14, 2
Mikroskopischer Ausschnitt aus einem Strichgitter. Praktisch ist $g = 2 - 20\,\mu m$. Ein Gitter enthält einige 1000 bis zu 10 000 Striche von einigen cm Länge

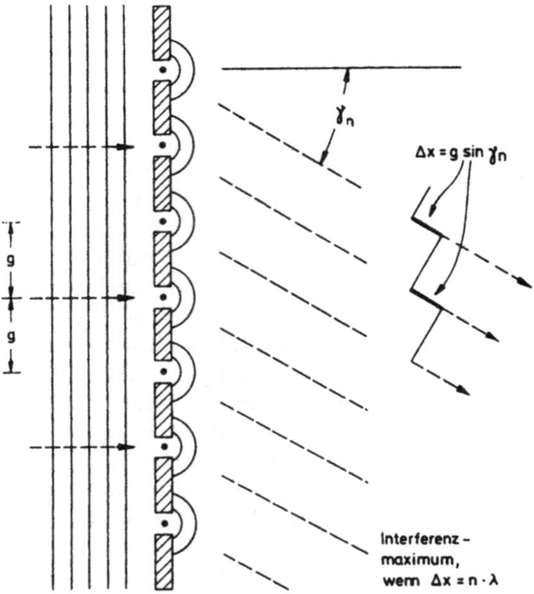

Abb. B 14, 3
Zur Ableitung der Gitterbedingung, Gl. (B 14, 1)

Es entsteht bei monochromatischer Beleuchtung also eine ganze Reihe von Spaltbildern verschiedener *Ordnung* n (n = 0: ursprüngliches Bild; n = 1, 2, 3 . . .: Beugungsbilder).

Innerhalb jeder Ordnung wird nicht-monochromatisches Licht nach den in ihm vorkommenden Wellenlängen aufgefächert. Alle Beugungsbilder verschiedener Ordnung (n = 0 also ausgenommen) wiederholen das Spektrum. Zur Messung von λ genügt im Grunde die Beobachtung einer Ordnung n. Bei bekannter Gitterkonstante g berechnet man λ nach Gl. (B 14, 1) aus dem gemessenen Beugungswinkeln γ_n. Eine Wellenlängenskala, die wegen Gl. (B 14, 1) praktisch linear zu teilen wäre, könnte am Beobachtungsschirm angebracht werden.

II. *Prismen* brechen das Licht. Die Brechzahl, und somit der resultierende Brechungswinkel (Abb. B 14, 4), ist von der Wellenlänge abhängig. Von durchsichtigen Stoffen wird kurzwelliges Licht stärker gebrochen als langwelliges (*normale Dispersion*, → Abb. A 9, 4). Man verwendet Glassorten mit möglichst starker Dispersion.

Bei monochromatischer Beleuchtung entsteht nach wie vor nur *ein* Spaltbild, allerdings in einer anderen Richtung als ohne Prisma. Nicht-monochromatisches Licht wird in sein Spektrum aufgefächert. Die Farbreihenfolge ist umgekehrt wie beim Gitter. Der Zusammenhang mit λ ist nicht allgemein (wie in Gl. (B 14, 1)) anzugeben, weil die Brechzahl keine lineare Abhängigkeit von der Wellenlänge zeigt (Beispiel in Abb. B 14, 5). Die ebenfalls nichtlineare Wellenlängenskala ist daher durch Eichung festzulegen.

Der Aufbau von *Spektrometern (Spektroskopen, Spektrographen)* gleicht im Prinzip immer den Modellanordnungen von Abb. B 14, 1. Das Spektrum kann auf einem Filmstreifen in der Bildebene photographisch festgehalten oder mit einem Fernrohr visuell beobachtet werden. Die Abbildungsoptik ist

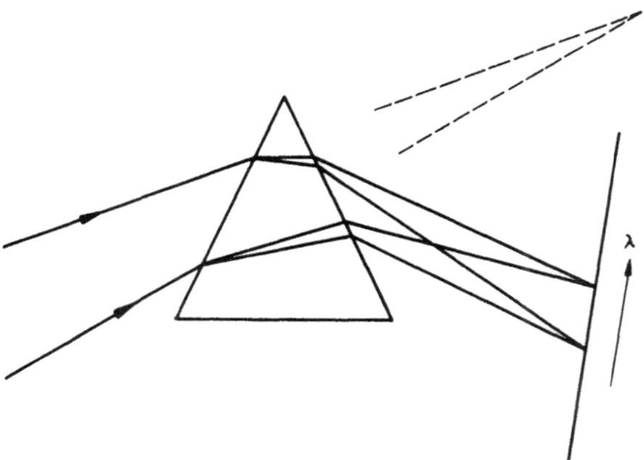

Abb. B 14, 4
Brechung und Dispersion am Prisma

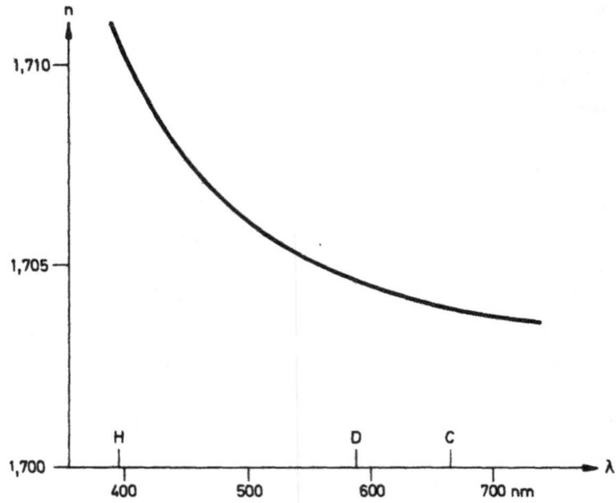

Abb. B 14, 5
Wellenlängenabhängigkeit der Brechzahl eines Flintglases als Beispiel für Dispersion

richtig eingestellt, wenn bei monochromatischer Beleuchtung ein scharfes Bild des Spaltes erscheint.

Das Gitter oder das Prisma ist offensichtlich so anzuordnen, daß die Auffächerung *senkrecht* zur Spaltrichtung erfolgt und die Spaltbilder verschiedener Farbe nebeneinander entstehen. Die Möglichkeit, verschiedene Wellenlängen getrennt nachzuweisen, hängt dann außer von den Eigenschaften des Gitters oder Prismas auch noch von der Breite des Spaltes – und damit seines Bildes – ab. Die *spektrale Auflösung* wird um so besser, je schmaler der Spalt ist, allerdings nimmt dementsprechend die Bildhelligkeit ab. Große Spektralapparate können noch Spektrallinien trennen, deren Wellenlängen sich nur um etwa 1 pm (= 10^{-3} nm) unterscheiden.

Für einfachere Ansprüche gibt es *Hand-Spektroskope,* die einen raschen Überblick über den sichtbaren Teil des Spektrums verschaffen. Sie sind mit *Geradsicht-(Amici-)Prismen* ausgestattet; das sind Prismen-Kombinationen, die im Mittel ihre Brechung,

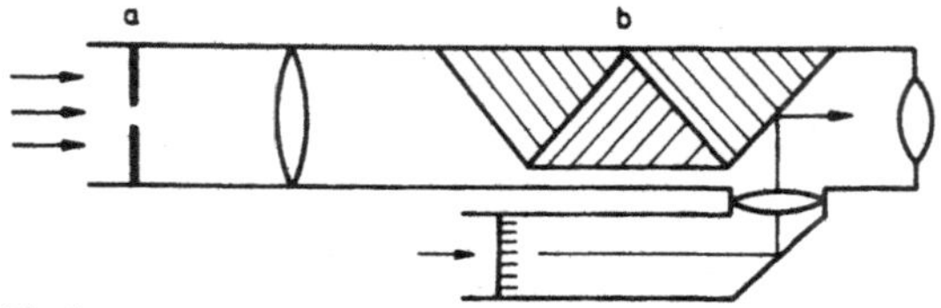

Abb. B 14, 6
Handspektroskop. a Spalt b Geradsichtprisma c eingespiegelte Wellenlängenskala

nicht aber ihre Dispersion gegeneinander kompensieren (Abb. B 14, 6). Im Durchblick gegen die Lichtquelle sieht man das Spektrum und bei manchen Modellen zugleich eine eingespiegelte Wellenlängenskala.

Zu orientierenden Angaben werden in der Spektroskopie häufig die Wellenlängen der wichtigsten *Fraunhoferschen Linien* des Sonnenspektrums (Absorptionslinien bestimmter Elemente) benutzt. Man bezeichnet sie mit großen Buchstaben, → Tab. D 28.

B 15 Brechzahl

(→ Tab. D 30)

Die im folgenden beschriebenen *Refraktometer* dienen zur Messung der Brechzahl von Flüssigkeiten.

a) Brechzahl aus dem Grenzwinkel der Totalreflexion

Prinzip

Aus der Flüssigkeit, deren Brechzahl n_2 bestimmt werden soll, läßt man Licht unter allen möglichen Winkeln in einen angrenzenden festen Stoff (Glas mit $n_1 > n_2$) eintreten. Im Glas kommen wegen seiner größeren Brechzahl nicht alle Winkel vor, sondern bei streifendem Einfall höchstens der Winkel γ_{grenz}, aus dem bei bekanntem n_1 nach Gl. (A 9, 13) die gesuchte Brechzahl n_2 berechnet werden kann (Abb. B 15, 1).

Ausführung

Die ebene Grenzfläche zwischen Flüssigkeit und Glas (einer Sorte – Flintglas – mit hoher Brechzahl, $n_1 \approx 1{,}9$) wird von

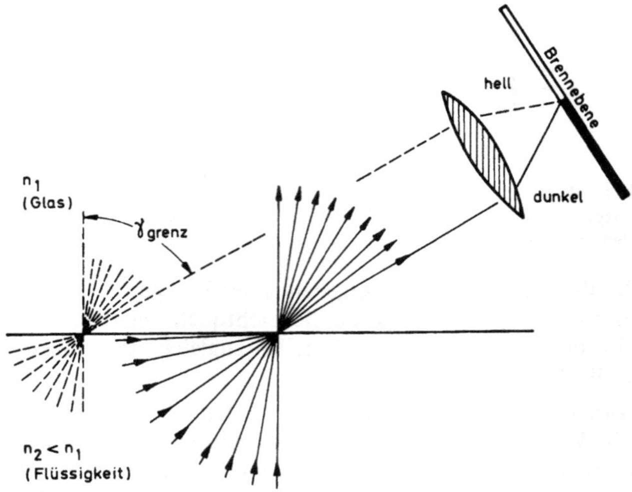

Abb. B 15, 1
Messung der Brechzahl von Flüssigkeiten aus dem Grenzwinkel der Totalreflexion

unten so beleuchtet, daß Licht aller Einfallsrichtungen vorkommt. Die Beleuchtung beschränkt sich nicht, wie in Abb. B 15, 1 angedeutet, auf einen Punkt, sondern die ganze Grenzfläche. Der Winkel γ_{grenz} läßt sich festlegen, wenn man jeweils Parallelbündel in einem Punkt vereinigt. Im Prinzip geschieht das in der Brennebene einer Sammellinse. In ihr erscheint ein Teil des Bildfeldes hell, der andere dunkel. Beide Teile sind durch eine gerade Linie getrennt, aus deren Lage sich γ_{grenz} ergibt. Praktische Refraktometer benutzen ein Glasprisma, hinter dem sich statt der einen Sammellinse ein Fernrohr befindet, durch das der Beobachter die Trennlinie sieht. Die verschiedenen Bauweisen unterscheiden sich durch die Art, den Winkel abzulesen.

I. *Eintauch-Refraktometer* (Abb. B 15, 2). Prisma und Fernrohr sind fest miteinander verbunden, das Gerät wird in die zu untersuchende Flüssigkeit eingetaucht. Im Gesichtsfeld ver-

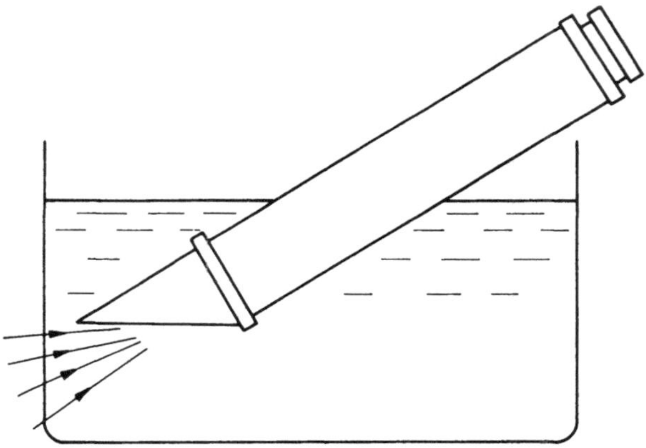

Abb. B 15, 2
Eintauchrefraktometer

läuft die Trennlinie an einer von der Brechzahl abhängenden Stelle senkrecht zu einer Skala. An ihr kann sie direkt abgelesen (oder mit Hilfe einer Tabelle ermittelt) werden.

Diese Messung ist nur in einem kleinen Bereich der Brechzahl möglich, weil sonst die Trennlinie aus dem Gesichtsfeld wandert. Um einen größeren Meßbereich überstreichen zu können, gibt es einen Satz gegeneinander auswechselbarer Prismen (meist 10 für den Meßbereich n = 1,32–1,65). Genauigkeit: Etwa 10^{-2} ‰, d.h. Unsicherheit in der 5. Dezimale.

II. *Abbe-Refraktometer* (Abb. B 15, 3). Meßprisma und Fernrohr sind unmittelbar oder mittelbar (durch Zwischenschaltung eines drehbaren Spiegels) gegeneinander schwenkbar. Man sucht die Einstellung, bei der die Trennlinie durch das Fadenkreuz im Fernrohr geht (Abb. B 15, 3b) und liest auf einer Skala unmittelbar die Brechzahl ab.

Das Abbe-Refraktometer wird nicht in die Flüssigkeit eingetaucht. Man benötigt nur einige Tropfen der Flüssigkeit, die zwischen das Meßprisma und ein zweites, lediglich der Beleuchtung dienendes Prisma eingeschlossen werden. Zum Füllen und

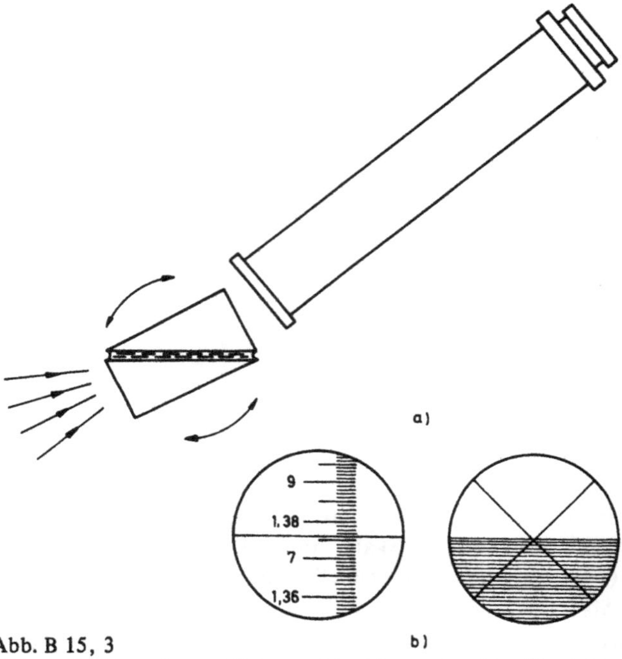

Abb. B 15, 3
Abbe-Refraktometer. a) Schema, b) Ablesung (rechts: Einstellung der Trennlinie im Fadenkreuz, links: Brechzahl-Skala)

Reinigen lassen sich die Prismen auseinanderklappen. – Ältere Modelle enthalten Meß- und Beleuchtungsprisma in der Anordnung, wie sie Abb. B 15, 3 (zwecks Vergleich mit dem Eintauchrefraktometer) zeigt, und sind für beidäugige Betrachtung eingerichtet. In neueren Modellen liegt das Beleuchtungsprisma oben und das Meßprisma unten. Das Licht gelangt ins Beobachtungsfernrohr über einen schwenkbaren Spiegel, durch den sich zugleich die Drehung des Prismensatzes erübrigt. Diese Modelle zeigen Fadenkreuz und Skala durch die gleiche Einblicksöffnung. – Die beiden Prismen sind durch einen Thermostaten temperierbar (die Brechzahl ist temperaturabhängig!) –

Meßbereich 1,3–1,7; Genauigkeit: Etwa 0,1‰ (d.h. Unsicherheit in der 4. Dezimale).

Da die Brechzahl der untersuchten Flüssigkeit im allgemeinen von der Wellenlänge des Lichtes abhängt (Dispersion), müßte – bei beiden Refraktometertypen – mit monochromatischem Licht gearbeitet werden. Bei Beobachtung im weißen Licht würde die Trennlinie farbig gesäumt und unscharf. Um dennoch Tages- oder Lampenlicht benutzen zu können, enthalten die Refraktometer *Kompensatoren,* die die Dispersion wieder rückgängig machen und eine scharfe Trennlinie erscheinen lassen. Sie sind so eingestellt, daß die Brechzahl für $\lambda = 589$ nm gemessen wird (entsprechend der Na-D-Linie, daher: „n_D").

b) Interferometrische Messung von Brechzahl-Differenzen

Bei vielen Anwendungen kommt es darauf an, *Änderungen* der Brechzahl z.B. einer Lösung im Vergleich zum Lösungsmittel festzustellen. Für solche Zwecke ist die genaue Kenntnis der einzelnen Brechzahlen nicht erforderlich, und man kann Methoden benutzen, die unmittelbar ihre *Differenz* zu messen gestatten.

Prinzip

Differential-Refraktometer. Licht einer Quelle wird in zwei Strahlwege geteilt, durchsetzt in gleichen Küvetten die Lösung und das Lösungsmittel und wird dann wieder überlagert. Ein

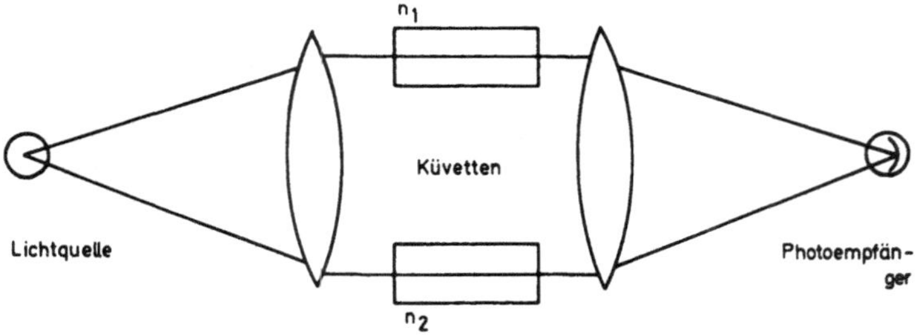

Abb. B 15, 4
Differential-Refraktometer, schematisch

Photoempfänger mißt die resultierende Amplitude (Abb. B 15, 4). Eine Brechzahldifferenz bedingt eine Phasendifferenz zwischen dem Licht beider Wege, die sich in einer Amplitudenänderung äußert (→ Abb. A 7, 11 a). – Genauigkeit für Brechzahl-Differenzen: 10^{-4} ‰, d.h. Unsicherheit in der 7. Dezimale.

B 16 Optische Abbildungen

a) Kamera

Prinzip

Einstufige Abbildung. Das Linsensystem des Kamera-Objektivs entwirft das reelle Bild eines Gegenstandes auf dem photographischen Film, der während einer – von seinen photochemischen Eigenschaften und der Lichtintensität abhängenden – Zeitspanne belichtet wird. Die Kamera dient der Aufnahme von Lichtbildern in, je nach Art des Gerätes, verschiedenem Abbildungsmaßstab, die im Vergleich zum Objekt also verkleinert oder vergrößert sein können.

Ausführung

Funktionelle Einheiten der Kamera sind das optische System (Objektiv und Einrichtung zur Entfernungsmessung) und das mechanische System (Verschluß, Einrichtung für Filmtransport etc.).

Objektiv. Das Objektiv ist zur Korrektur der Abbildungsfehler fast immer ein *Linsensystem.* Es wird durch seine *relative Öffnung* und seine *Brennweite* f gekennzeichnet. Die Beleuchtungsstärke des Filmes, also die einfallende Lichtleistung P, wächst proportional zur Öffnungsfläche an. Ist d der wirksame Objektivdurchmesser, so ist also $P \sim d^2$. Höhere Beleuchtungsstärke erlaubt kürzere Belichtungszeiten t, da der photochemische Prozeß nur von der *Energie,* W = Pt, abhängt. Als relative Öffnung (manchmal auch als „*Lichtstärke*") bezeichnet man das Verhältnis d/f (angegeben in der Form 1 : 2, 1 : 2,8 etc.). Auf dem Objektiv ist die maximale relative Öffnung angegeben. Sie kann durch eine eingebaute Lochblende variablen Durchmessers (Irisblende) verringert werden. Als *Blendenzahl* wird der Kehrwert der relativen Öffnung benutzt (nach obigem Beispiel: 2, 2,8 etc.). Die Blendenzahlen werden in Schritten angezeigt, die jeweils einer Halbierung der Öffnungs*fläche* (Verdoppelung der Belichtungszeit) entsprechen:

1,4 2 2,8 4 5,6 8 11 16 22 ...

Zwischen der ersten und letzten Blende dieser Reihe verhalten sich die Belichtungszeiten wie 1 : 256 (= 2^8).

Die Brennweite f des Objektivs ist maßgebend für den Abbildungsmaßstab. Für das Kleinbildformat $24 \cdot 36\,mm^2$ gelten f = 50–85 mm als Standardbrennweiten. Teleobjektive haben längere, Weitwinkelobjektive kürzere Brennweiten.

Mit zunehmender relativer Öffnung steigt die zur Korrektur der Abbildungsfehler notwendige Linsenzahl. Als Standardobjektive bis 1 : 2,8 genügen Vierlinser, bei größeren Öffnungen werden mehr Linsen benötigt.

Auf dem Film wird nur eine (durch die Abbildungsgleichung bestimmte) Ebene des Objektes *scharf* abgebildet. Es gibt aber ein gewisses Intervall der Gegenstandsentfernung, in dem die Unschärfe des Bildes tolerierbare Grenzen noch nicht überschreitet (Schärfentiefe). Bildpunkte, die auf dem Film als Flecken unter 20 μm Durchmesser erscheinen, werden gewöhnlich noch als „scharf" angesehen. Die Schärfentiefe ist um so größer, je kleiner die relative Öffnung (je größer die Blendenzahl) und je kürzer die Brennweite des Objektivs ist. Beispiel für eine Gegenstandsweite von etwa 1 m: Die *Schärfentiefe* ist bei

Blendenzahl	Brennweite 35 mm	Brennweite 150 mm
2	± 3,5 cm	± 0,2 cm
22	± 35 cm	± 2 cm

Entfernungseinstellung. Der Abstand Objektiv–Film muß, damit ein scharfes Bild entsteht, nach der Abbildungsgleichung, Gl. (A 9, 18), eingestellt sein. Dazu ist das Objektiv in Längsrichtung durch Gewinde oder Balgenauszug verschiebbar. Der

Gewindeauszug genügt gewöhnlich für Objektentfernungen über 1 m (angegeben wird auf Kameras die Entfernung Gegenstand–*Film,* nicht die Gegenstandsweite zum Objektiv!). Für Laborzwecke werden Balgengeräte benutzt, die längere Auszüge und auch Nahaufnahmen (Makrophotographie mit vergrößerndem Abbildungsmaßstab) ermöglichen.

Zur Kontrolle der Entfernungseinstellung und des Bildausschnitts werden überwiegend Spiegelreflexsysteme benutzt, die das Bild über einen Spiegel auf einer Mattscheibe vom Format des Filmbildes sichtbar machen. Nur im Moment der Aufnahme springt der Spiegel beiseite und gibt den direkten Lichtweg zum Verschluß, der den Film abdeckt, frei.

Kameras, die nicht für Nahaufnahmen verwendet werden, kommen auch mit Durchblicksuchern (kleine Fernrohre, die den Bildausschnitt zeigen) aus.

Verschluß. Zentralverschlüsse bestehen aus einer für die Belichtungsdauer aufspringenden Blende dicht hinter oder zwischen den Linsen des Objektivs. Wegen dieser Anordnung sind sie für Spiegelreflexkameras nicht brauchbar. Diese haben *Schlitzverschlüsse:* Dicht vor dem Film läuft in Längs- oder Querrichtung ein Vorhang mit einem Schlitz vorbei, dessen einstellbare Breite die Dauer des Lichteinfalls auf den Film bestimmt.

Die Belichtungszeiten unter 1 s werden als reziproke Sekunden („60" = 1/60 s) in Schritten angegeben, die jeweils einer Verdoppelung entsprechen. Die Erhöhung sowohl der Blendenzahl als auch der Belichtungszeit um eine Stufe läßt also die auf den Film fallende Energie konstant. Die Kombination von beiden richtet sich nach der Änderungsgeschwindigkeit des aufzunehmenden Vorganges und der gewünschten Schärfentiefe.

Belichtungsmessung. Die bei gegebener Blende erforderliche Belichtungszeit hängt von der Empfindlichkeit des Filmmaterials ab. Sie wird durch geeignete photoelektrische Belichtungsmesser (→ Kap. B 17) bestimmt. Die zuverlässigsten Ergebnisse erhält man durch in die Kamera eingebaute Photoempfänger, die die tatsächlich im Bildfeld herrschende Beleuchtungsstärke messen (Lichtmessung durch das Objektiv).

Bei Beleuchtung mit *Blitzlampen* ist deren Zündzeitpunkt mit dem Moment der Verschlußöffnung synchronisiert. Elektronenblitzgeräte zünden praktisch ohne Verzögerung, der Zündkontakt wird im Moment der Verschlußöffnung betätigt. Kolbenblitzlampen dagegen zünden verzögert; für sie ist mitunter ein gesonderter Anschluß (mit automatischer vorzeitiger Kontaktbetätigung) eingebaut. Wenn die Verschlußzeit nicht zu kurz gewählt wird, ist als Belichtungszeit allein die Blitzdauer maßgebend, und die auf den Film fallende Lichtenergie ist nur durch die Blendeneinstellung zu beeinflussen. Neuere Blitzgeräte haben allerdings auch steuerbare Blitzenergien.

Für Farbaufnahmen ist die spektrale Zusammensetzung des Lichtes von Bedeutung. Man charakterisiert sie durch ihre *Farbtemperatur*, das ist die Temperatur eines Körpers, der Wärmestrahlung ungefähr gleicher spektraler Zusammensetzung emittieren würde (→ Kap. A 9, a; z.B. Abb. A 9, 2). Sonnenlicht hat bei klarem Himmel eine Farbtemperatur von etwa 6000 K. Überwiegen ihm gegenüber die roten Spektralanteile, ist die Farbtemperatur niedriger, überwiegen die blauen, ist sie höher. Beispiele: Glühlampen 2500–3000 K, Blitzlampen etwa 6000 K (wie Tageslicht), Tageslicht bei Nebel etwa 8000 K, Licht des blauen Himmels etwa 15 000–25 000 K.

b) Mikroskop

Prinzip

Mehrstufige Abbildung, Objektiv, Okular und Auge entwerfen ein reelles Bild des Gegenstandes auf der Retina des Beobachters. Das Mikroskop dient in erster Linie der Vergrößerung des subjektiven Sehwinkels, unter dem der Beobachter den Gegenstand sieht.

Ausführung

Abbildendes System. Das Objektiv entwirft ein reelles Bild des Gegenstandes. Die Gegenstandsweite wird so eingestellt, daß es ungefähr in der Brennebene des Okulars entsteht. Für den Beobachter wirkt das Okular als Lupe, durch die er das vom

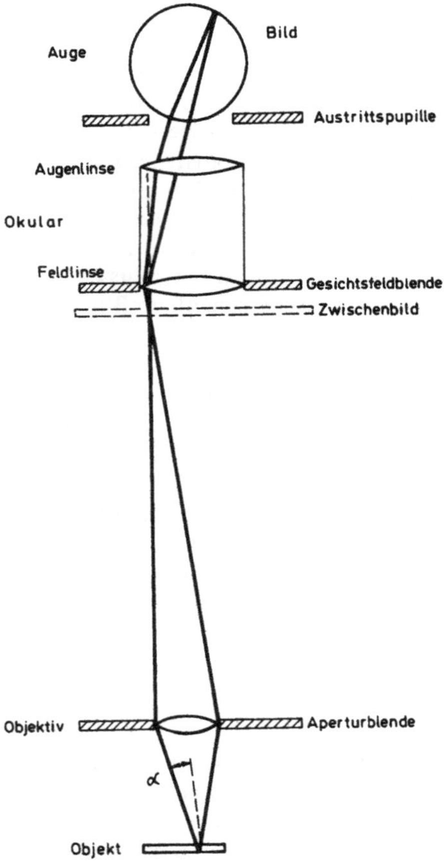

Abb. B 16, 1
Strahlengang im Mikroskop

Objektiv erzeugte Zwischenbild betrachtet. Abb. B 16, 1 zeigt, wie schließlich ein reelles Bild auf der Retina zustande kommt.

Das *Objektiv* ist wegen der notwendigen Korrektur der Linsenfehler, die sich bei der weiten Öffnung der verwendeten Licht-

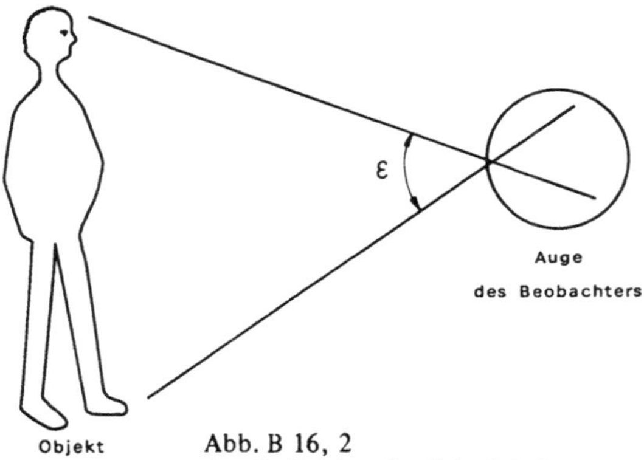

Abb. B 16, 2
Zur Definition des Sehwinkels

bündel stark bemerkbar machen würden, ein Linsensystem (Abb. B 16, 3). Das *Okular* ist unkomplizierter aufgebaut. Einfache Ausführungen (Abb. B 16, 1) enthalten zwei Linsen *(Feld-* und *Augenlinse)* im Abstand etwa der Brennweite der Augenlinse. Von ihnen ist nur die Augenlinse für die Vergrößerung von Bedeutung.

Als *Vergrößerung* bezeichnet man allgemein das Verhältnis der Sehwinkel ϵ, unter denen der Beobachter den Gegenstand mit und ohne optisches Instrument sieht (Abb. B 16, 2):

$$V = \frac{\epsilon \text{ mit Instrument}}{\epsilon \text{ ohne Instrument}} . \qquad \text{(B 16, 1)}$$

Bei mikroskopischen Gegenständen legt man dem Sehwinkel ohne Instrument den Betrachtungsabstand $g_0 = 25$ cm zugrunde. Die Mikroskopvergrößerung ist das Produkt aus Objektiv- und Okularvergrößerung:

$$V = V_{Obj} \cdot V_{Ok} = \frac{t}{f_{Obj}} \cdot \frac{g_0}{f_{Ok}} . \qquad \text{(B 16, 2)}$$

Hier ist $f_{Obj,Ok}$ die jeweilige Brennweite und t die optische Tubuslänge, das ist der Abstand der einander zugekehrten

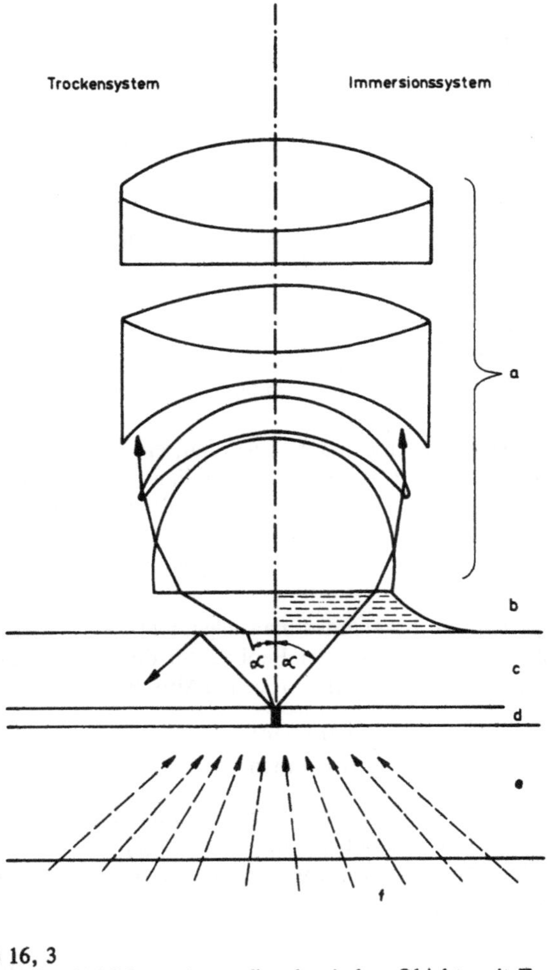

Abb. B 16, 3
Vergleich der Abbildung eines mikroskopischen Objekts mit Trocken- und Immersionssystem
a Objektiv b Immersionsflüssigkeit c Deckglas (Dicke unter 200 μm)
d Präparat e Objektträger f konvergente Beleuchtung vom Kondensor
α wirksamer Öffnungswinkel

Brennpunkte von Objektiv und Okular. Sie ist geringer als die mechanische Tubuslänge l, die (je nach Hersteller) auf 160 oder 170 mm festgelegt ist. Insbesondere stark vergrößernde Objektive sind nur bei der vorgesehenen Tubuslänge l brauchbar.

Das *Auflösungsvermögen* Δs_{min} (→ Kap. A 9, f) des Mikroskops ist durch die Öffnung seines Objektivs bestimmt, genauer durch die *numerische Apertur* A,

$$A = n \sin\alpha \,, \qquad \text{(B 16, 3)}$$

wo α der wirksame Öffnungswinkel (Abb. B 16, 1 und 3) und n die Brechzahl des Mediums zwischen Objekt und Objektiv ist. Der Minimalabstand auflösbarer Objektpunkte ist

$$\Delta s_{min} \approx \frac{\lambda}{A} \,. \qquad \text{(B 16, 4)}$$

Um möglichst große Werte der numerischen Apertur zu bekommen, verwendet man *Immersionsobjektive.* Zwischen sie und das Deckglas wird ein Tropfen einer Flüssigkeit (am besten mit großer Brechzahl, z. B. Monobromnaphthalin, Zedernholzöl, → Tab. D 30) gebracht, wodurch in Gl. (B 16, 3) nicht nur n ansteigt, sondern durch Vermeidung der Totalreflexion von Randstrahlen auch der wirksame Öffnungswinkel (Abb. B 16, 3). Als Richtwert kann gelten, daß eine Vergrößerung, die über $V \approx 1000 \cdot A$ hinausgeht, die Grenzen des Auflösungsvermögens erkennen läßt. Erhöht man sie dennoch weiter, so werden keine neuen Details im Bild mehr sichtbar *(leere Vergrößerung).* Der kleinste auflösbare Abstand ist bei Verwendung von Immersionsobjektiven großer Apertur etwa $\Delta s_{min} \approx 300$ nm, also im Bereich der Lichtwellenlänge.

Auf Objektiven und Okularen ist die Vergrößerung, z. B. in der Form 10× oder 10 : 1, auf Objektiven oft auch die numerische Apertur A angegeben.

Bildhelligkeit, Gesichtsfeld. Blenden in optischen Systemen können allgemein je nach ihrer Anordnung verschiedene Funktionen haben: *Aperturblenden* bestimmen die Bildhelligkeit

Beispiele für Objektiv- und Okulardaten:

	V_{Obj} / Ok	A	Abstand Deckglas–Objektiv (mm)
Objektive			
Trockensysteme	10	0,3	7 –5
	40	0,6–1	0,5–0,2
Immersionssysteme	60	1 –1,4	0,2–0,1
	120	1,3–1,5	$<$0,1
Okulare	5–30		

(z. B. Blende des Photo-Objektivs), *Gesichtsfeldblenden* den im Bild dargestellten Bereich des Objektes.

Im einfachsten Fall – allerdings nicht bei allen Beleuchtungsverfahren – wird der Öffnungswinkel eines Bündels, das von einem herausgegriffenen Objektpunkt in das Mikroskop gelangt, durch die Objektivberandung begrenzt. Sie wirkt demnach als Aperturblende. Erhöht man – bei unveränderten Öffnungswinkel – die Vergrößerung, so wird das Bild immer lichtschwächer.

Das Gesichtsfeld umfaßt alle Objektpunkte, die nicht so weit von der Achse entfernt sind, als daß die von ihnen ausgehenden Strahlenbündel z. B. gegen die innere Tubuswand treffen würden. Bei dem in Abb. B 16, 1 gestrichelt gezeichneten Strahlengang wäre das der Fall, würde er nicht durch die *Feldlinse* geknickt. Die Feldlinse, die bautechnisch ein Teil des Okulars ist, befindet sich etwa an der Stelle des Zwischenbildes. Sie trägt daher zur Vergrößerung des Mikroskops nicht bei, bewirkt aber eine beträchtliche Erweiterung des Gesichtsfeldes. Ihre Berandung ist die wirksame Gesichtsfeldblende.

Kurz unterhalb der Feldlinse des Okulars (bei manchen Bauarten auch kurz oberhalb), wo das Zwischenbild entsteht, kann ein Fadenkreuz, Maßstab (Okularmikrometer zur Längenmessung) oder ähnliches angebracht werden. Es wird vom Beobachter zugleich mit dem Bild scharf gesehen. Okularmikrometer

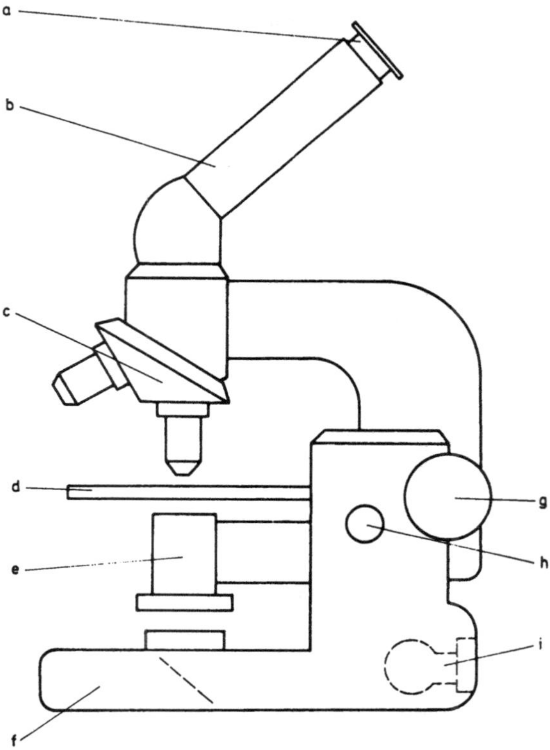

Abb. B 16, 4
Mikroskop
a Okular, auswechselbar b Tubus c Objektive auf Revolver d Objekttisch e Kondensor f Stativ g Höhenverstellung grob h Höhenverstellung fein i Lampe (eingebaut)

sind für jede Objektivvergrößerung durch Vergleich mit einem entsprechend fein geteilten (z.B. 10-μm-Skala) Objektmikrometer zu eichen. Die *gleichzeitige* Beobachtung eines Präparates und eines (notwendigerweise darunter- oder darüberliegenden) Objektmikrometers ist wegen der sehr geringen Schärfentiefe des Mikroskops unmöglich.

Von der als Aperturblende (Eintrittspupille) wirkenden Berandung erzeugt das Okular ein reelles Bild, das dicht oberhalb des Okulars zu schweben scheint *(Austrittspupille)*. Der Betrachter muß, wie beim Blick durch ein Schlüsselloch, sein Auge genügend nahe an die Austrittspupille heranbringen, um das ganze Gesichtsfeld übersehen zu können.

Beleuchtung. Durchscheinende Objekte werden von unten beleuchtet. Das von ihnen ausgehende Licht soll möglichst den ganzen nutzbaren Öffnungswinkel (Abb. B 16, 3) erfüllen, damit das theoretische Auflösungsvermögen auch ausgenutzt werden kann. Zur Beleuchtung werden deshalb – zumindest bei stärkerer Vergrößerung – konvergierende Bündel benutzt, die durch ein unter dem Objekttisch befindliches Linsensystem, den *Kondensor,* erzeugt werden.

Eine spezielle Ausführung stellen Dunkelfeldkondensoren dar, die das Objekt durch Streulicht hell auf dunklem Grund erscheinen lassen.

Lampe und Beleuchtungsoptik sind in größeren Mikroskopen fest eingebaut (Abb. B 16, 4).

Mit den beschriebenen Methoden lassen sich nur Präparate untersuchen, deren Struktur in verschiedener Lichtdurchlässigkeit – oft erst nach Anfärbung – besteht *(Amplitudenstrukturen)*. Die bei gewöhnlicher Betrachtung nicht sichtbaren Unterschiede in der Brechzahl *(Phasenstrukturen)* können mit den Methoden der *Phasenkontrastmikroskopie* sichtbar gemacht (also in Unterschiede der Amplitude umgewandelt) werden.

B 17 Photometrie

Photometrie im engeren Sinne ist der Vergleich von Strahlungsleistungen im sichtbaren Spektralbereich unter Berücksichtigung der Augenempfindlichkeit (→ Abb. A 9, 19; *subjektive Photometrie*). Im weiteren Sinne sind es die Methoden der Strahlungsmessung im optischen Spektralbereich, zu dem auch das Infrarot- und Ultraviolettgebiet zu rechnen sind *(objektive Photometrie)*.

Strahlungsempfänger messen im allgemeinen die Lichtintensität d P/d A als die auf die Empfängerfläche (d A) fallende Leistung (d P), d. h. die *Bestrahlungsstärke.* Die auffallende Leistung müssen sie dazu absorbieren (nicht durchlassen oder reflektieren), sie müssen also für die nachzuweisende Wellenlänge „schwarz" sein. Im sichtbaren Gebiet – für unser Auge – schwarze Körper können im IR oder UV durchaus reflektieren oder durchlässig sein. Umgekehrt kann z. B. IR-Strahlung absorbiert werden, obwohl der Körper im Sichtbaren reflektiert, z. B. weiß aussieht.

a) Thermische Empfänger

Prinzip

Ein schwarzer Empfänger absorbiert die Strahlung und wird dadurch erwärmt. Seine Temperatur steigt, bis die ihm zugestrahlte Leistung gleich ist der von ihm infolge seiner erhöhten Temperatur an die Umgebung wieder abgegebenen (→ Kap. A 3, d). Die Temperaturerhöhung im Gleichgewicht, die ein Maß für die Strahlungsleistung ist, wird mit einem Thermometer (→ Kap. B 8) gemessen. Verschiedene Empfänger unterscheiden sich durch die Art der Temperaturmessung. – Die Empfindlichkeit thermischer Empfänger ist – im Gegensatz zu der photoelektrischer und photochemischer Empfänger – von der Wellenlänge in weiten Bereichen unabhängig.

Ausführung

I. *Bolometer.* Erwärmt wird ein geschwärzter, sehr dünner Metalldraht (Durchmesser 1 μm), dessen Widerstand sich dadurch ändert (Prinzip: Widerstandsthermometer). Anstelle von Metallen werden auch Halbleiter verwendet (Thermistoren). Bolometer haben geringe Wärmekapazität und dementsprechend kurze Ansprechzeit (einige ms).

II. *Thermoelemente* und Thermosäulen. Erwärmt wird die eine Kontaktstelle eines Thermoelements. Thermosäulen sind die Hintereinanderschaltung vieler Thermoelemente, wobei alle gleichartigen Kontaktstellen der Strahlung ausgesetzt sind, die anderen (entgegengesetzter Polarität) von ihr abgeschirmt sind und z. B. auf Zimmertemperatur (Referenztemperatur) bleiben. Thermosäulen haben eine größere Empfangsfläche und Empfindlichkeit als Einzel-Thermoelemente, aber auch eine längere Ansprechzeit (einige s).

III. *Golayzelle.* Erwärmt wird ein unter vermindertem Druck stehendes Gasvolumen. Dadurch steigt der Druck, und eine elastische Wand der Zelle wird verbogen, was mit optischen Mitteln nachgewiesen wird (Prinzip: Gasthermometer).

b) Photoelektrische Empfänger

Prinzip

Diese Strahlungsempfänger nutzen den photoelektrischen Effekt aus. Entweder löst die Strahlung Elektronen aus einer Metalloberfläche aus (*äußerer Photoeffekt:* Photozellen) oder es werden innerhalb eines Halbleiters Ladungsträger freigesetzt (*innerer Photoeffekt:* Photowiderstände, Photoelemente). Die Empfindlichkeit photoelektrischer Empfänger ist stark von der Wellenlänge abhängig.

Ausführung

I. *Photozellen.* In einem evakuierten Glaskolben befindet sich als strahlungsabsorbierende Fläche eine *Photokathode* aus einem Material mit geringer Elektronen-Austrittsarbeit (Alkalien, → Tab. D 10). Eine positive Anode (Schaltung der äußeren Spannungsquelle wie bei einer Diode, Abb. A 6, 17) nimmt den Photostrom auf, der z. B. von einem Galvanometer angezeigt werden kann. Er ist der Strahlungsleistung proportional.

Sehr empfindliche Photoempfänger bedienen sich einer inneren Verstärkung durch sekundäre Erzeugung weiterer Elektronen (*Sekundärelektronenvervielfacher, Photomultiplier*). Die von der Photokathode kommenden Elektronen treffen auf eine Zwischenelektrode (Prallelektrode, Dynode), aus der sie weitere Elektronen auslösen. In weiteren solchen Stufen (Abb. B 17, 1) wird der Sekundärelektronenstrom schließlich auf etwa das 10^6fache des ursprünglichen Photostromes verstärkt und erst dann zur Anzeige gebracht.

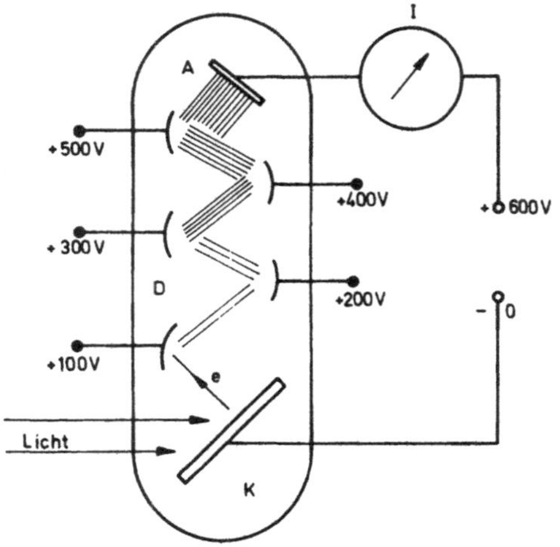

Abb. B 17, 1
Sekundärelektronenvervielfacher, Prinzip.
K: Alkali-Photokathode, D: Dynoden, A: Anode

Photozellen haben sehr kurze Ansprechzeiten; sie folgen Änderungen der Strahlungsleistung praktisch ohne Trägheit. Zur Anzeige rascher Änderungen sind allerdings Galvanometer ungeeignet; man benutzt elektronische Nachweisgeräte und macht die Änderung z.B. auf einem Oszillographen sichtbar.

II. *Photowiderstände.* Halbleiterempfänger (z.B. CdS), deren Widerstand sich bei Bestrahlung ändert. Liegt eine konstante Spannung an, so ergibt sich eine von der Bestrahlungsstärke abhängige Stromänderung, die ihr allerdings nicht streng proportional ist. Weitverbreitet sind technische Anwendungen (*Luxmeter* zur Beleuchtungsstärke-Messung; Belichtungsmessung in der Photographie). – Ähnlich wirken *Photodioden.*

III. *Photoelemente.* Halbleiterempfänger, die bei Bestrahlung eine *Spannung erzeugen,* welche ein Maß für die Strahlungsleistung ist. Im Gegensatz zu Photozellen und Photowiderständen benötigen sie also keine äußere Spannungsquelle.

c) Photochemischer Nachweis

Prinzip

Die Schwärzung eines (entwickelten) photographischen Films hängt vom Produkt Bestrahlungsstärke · Zeit ab, also von der während der Belichtungszeit eingefallenen *Energie*. Der Zusammenhang (Abb. B 17, 2) ist nichtlinear und muß durch Eichung ermittelt werden *(Schwärzungskurve)*. Bei bekannter oder festgehaltener Belichtungszeit kann die Schwärzung als Maß für die Strahlungsleistung dienen.

Ausführung

Relativmethode zum qualitativen oder quantitativen Vergleich von Lichtintensitäten. Die Schwärzung wird aus der Lichtdurchlässigkeit des Films mit Hilfe eines anderen Photoempfängers gemessen. Um den Schwärzungsverlauf in einem Bild (z. B. einer Mikroaufnahme) zu untersuchen, muß der Empfänger eine – gemessen an der Bildstruktur – genügend kleine Fläche haben.

Filme sind für kurzwellige Strahlung, auch für Korpuskularstrahlung, empfindlich. Die Grenze liegt im sichtbaren Bereich, kann aber durch Sensibilisierung bei der Herstellung ins Infrarot verschoben werden. Wegen des Zusammenhangs der Infra-

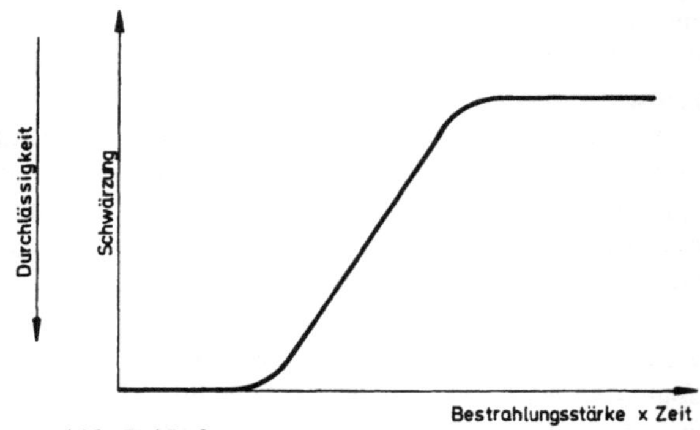

Abb. B 17, 2
Schwärzungskurve eines photographischen Films

rotstrahlung mit der Temperatur (→ Abb. A 9, 2) können „Temperaturbilder" selbststrahlender (also nicht lediglich das Licht einer Quelle reflektierender) Objekte aufgenommen werden. Auf die bei normaler Umgebungstemperatur emittierten Wellenlängen (Größenordnung 10 μm) sprechen photographische Schichten allerdings nicht mehr an. Die *Thermographie,* die „Temperaturbilder" der Körperoberfläche herstellt, kann sich deshalb das photographische Verfahren nicht zunutze machen. Sie tastet die Fläche statt dessen mit thermischen Empfängern (→ Abschn. a) ab oder benutzt flüssige Kristalle, die im Bereich der Körpertemperatur einen Farbumschlag zeigen (→ Kap. A 1, d).

B 18 Lichtabsorption

Die Messung des Absorptionskoeffizienten α eines Stoffes (→ Gl. (A 9, 7)) kann zwei Ziele verfolgen:

I. Das *Absorptionsspektrum,* also α in Abhängigkeit von λ, soll ermittelt werden, um z.B. aus seinem Verlauf Rückschlüsse auf Struktur oder Zusammensetzung des Stoffes zu ziehen. Die Spektralphotometrie ist ein sehr empfindliches Hilfsmittel zur quantitativen Analyse farbiger Substanzen.

II. Die absorbierende Substanz ist ihrer Natur nach bekannt, liegt aber in einer Lösung unbekannter *Konzentration* vor. Sehr häufig gilt nun das Beersche Gesetz, wonach

$$\alpha = \alpha_0 \cdot c \qquad \text{(B 18, 1)}$$

ist, mit einem wellenlängenabhängigen, durch das Absorptionsspektrum der Substanz bekannten Faktor α_0. Dann kann eine Absorptionsmessung zur Bestimmung der Konzentration c dienen *(Kolorimetrie).*

Der wesentliche Unterschied in den apparativen Anforderungen liegt darin, daß I) zur Messung des Spektrums möglichst monochromatisches Licht kontinuierlich einstellbarer Wellenlänge verfügbar sein muß, während II) zur Konzentrationsmessung Licht einer Wellenlänge (oder einiger weniger Wellenlängen) genügt.

a) Herstellung monochromatischen Lichts

Licht kontinuierlich einstellbarer Wellenlänge erhält man aus einer Quelle mit breitem Spektrum, z. B. einer Glühlampe, durch einen nachfolgenden *Monochromator*. Das ist im Prinzip ein Prismen-Spektralapparat (→ Kap. B 14) mit einem zusätzlichen Austrittsspalt, durch den nur nahezu monochromatisches Licht gelangt. Der durchgelassene Wellenlängenbereich läßt sich durch Verschmälern des Spaltes – allerdings auf Kosten der Intensität – den Bedürfnissen entsprechend einengen.

Um aus weißem Licht auf einfache Weise ungefähr monochromatisches Licht einer bestimmten Wellenlänge auszusondern, werden *Filter* benutzt. Sie bestehen aus Kombinationen verschiedener *Farbgläser* (Durchlaßbreiten 50–100 nm) oder aus zwei dicht benachbarten teilverspiegelten Flächen, zwischen denen das Licht vielfach hin und her reflektiert wird, wodurch fast alle Wellenlängen, außer der gewünschten, wegen ihrer Interferenz am Durchgang gehindert werden (*Interferenzfilter*, nach dem Prinzip des optischen Resonators, → Kap. A 7, d; Gl. (A 7, 18). – Durchlaßbreiten um 10 nm).

Für manche Wellenlängen, z. B. die häufig benutzte Natrium-D-Linien (λ = 589 nm) gibt es *Spektrallampen*, so daß sich eine Filterung erübrigt.

b) Absorptionsmessung

Prinzip

Ein Parallelbündel monochromatischen Lichts durchstrahlt die Probe bekannter Dicke x.

I. Die durchtretende Strahlungsleistung P wird bei mindestens zwei Längen x_1 und x_2 gemessen. Aus Gl. (A 9, 7) ergibt sich

$$\alpha = \frac{\ln (P_1/P_2)}{x_2 - x_1}. \qquad \text{(B 18, 2)}$$

II. Wenn es sich um eine *Lösung* handelt, werden die durch gleiche Schichten der Lösung (L) und des Lösungsmittels

(LM) – in identischen Küvetten der Innenlänge x – tretenden Strahlungsleistungen gemessen. Dann ist

$$\alpha = \frac{\ln (P_{LM}/P_L)}{x} \qquad \text{(B 18, 3)}$$

der Absorptionskoeffizient der *gelösten* Substanz.

Der Photoempfänger braucht P nur relativ anzuzeigen, da in beiden Fällen Verhältnisse zweier Strahlungsleistungen zu messen sind.

Ausführung

Für allgemeine Zwecke gibt es *Spektralphotometer*, die nicht nur den sichtbaren Bereich, sondern auch noch Teile des IR- und UV-Gebietes erfassen. Sie arbeiten mit Monochromatoren und photoelektrischer Messung der Strahlungsleistung (→ Kap. B 17, b). Große Geräte vergleichen die Strahlungsleistungen automatisch und gestatten, α oder eine dazu proportionale Größe, meist die Extinktion (Gl. B 18, 5)), direkt abzulesen.

Für kolorimetrische Zwecke sind einfachere *Filter-Photometer* gebräuchlich. Zur Konzentrationsmessung spezieller Lösungen werden auch Vergleichsmethoden benutzt, die eine Standardlösung oder gefärbte Gläser als Normal benutzen.

Oft gibt man nicht den Absorptionskoeffizienten α an (wegen der Basis e in Gl. (A 9, 7) auch *natürlicher Extinktionsmodul* genannt), sondern den aus der Schreibweise $P = P_0\ 10^{-\alpha_D x}$ folgenden *dekadischen Extinktionsmodul*

$$\alpha_D = \alpha/2{,}30\ . \qquad \text{(B 18, 4)}$$

Die Konstante α_0 des Beerschen Gesetzes, Gl. (B 18, 1), wird als dekadischer Koeffizient für eine Konzentration c = 1 mol/l angegeben *(dekadischer molarer Extinktionsmodul)*.

Das unmittelbar zu messende, allerdings von der Schichtdicke abhängende Verhältnis

$$E = {}_{10}\log (P_{LM}/P_L) = \alpha_D \cdot x \qquad \text{(B 18, 5)}$$

wird *dekadische Extinktion* genannt.

Die *Halbwertsdicke* $x_{1/2}$ (Schichtdicke, durch welche die durchtretende Leistung auf die Hälfte abgeschwächt wird) hängt mit den Extinktionsmoduln wie folgt zusammen:

$$x_{1/2} = \frac{0{,}69}{\alpha} = \frac{0{,}30}{\alpha_D} \,. \tag{B 18, 6}$$

B 19 Polarisiertes Licht

Jeder Vektor in einer Ebene kann immer in 2 Komponenten zerlegt werden, gleichgültig welches Koordinatensystem gewählt wird. So ist es auch mit dem elektrischen (oder in gleicher Weise dem magnetischen) Feldvektor einer elektromagnetischen Welle. Abb. B 19, 1 gibt ein Beispiel für diese Zerlegung zu verschiedenen Zeitpunkten der Schwingung an einem bestimmten Ort.

Die an sich willkürlichen Koordinatenrichtungen wird man nach den physikalischen Gegebenheiten wählen. Wenn sich die Welle z. B. in einem anisotropen Kristall ausbreitet (→ Kap. A 9, c), so bestimmt die optische Achse des Kristalls eine der Koordinatenrichtungen auf natürliche Weise, die zweite wird dann senkrecht zu ihr gelegt.

Licht heißt linear polarisiert, wenn der elektrische Feldvektor (entsprechend auch der magnetische) immer in *einer* Richtung schwingt. Um polarisiertes Licht herzustellen, benötigt man zunächst einen *optisch anisotropen* Stoff. In ihm wird unpolarisiertes Licht auf natürliche Weise in zwei polarisierte Anteile zerlegt, deren elektrisches Feld in den durch die Struktur des Stoffes festgelegten Richtungen schwingt. Einen *Polarisator* erhält man daraus, wenn es gelingt, das Licht der einen Schwingungsrichtung durchzulassen, das der dazu senkrechten aber zu absorbieren.

Mit einem Polarisator kann (in Analogie zum Frequenzfilter, → Kap. B 13, d)

I. aus einem Gemisch verschiedener Schwingungsrichtungen eine spezielle Richtung ausgefiltert, also unpolarisiertes Licht polarisiert werden,

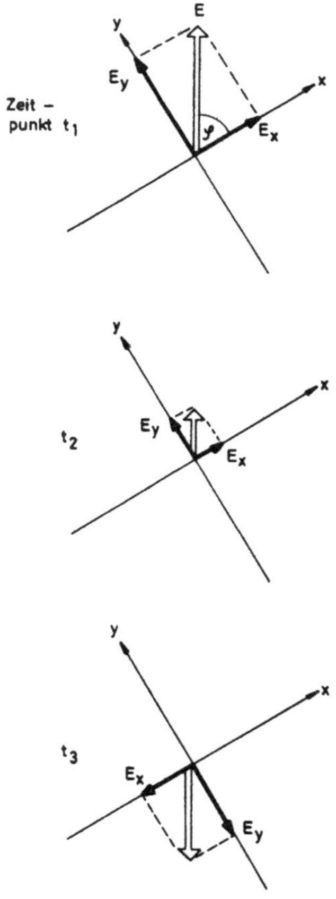

Abb. B 19, 1
Zerlegung des elektrischen Vektors einer Lichtwelle in zwei zueinander senkrechte Polarisationsrichtungen x, y. Zu jedem Zeitpunkt ist $E_x = \hat{E} \cos\varphi$, $E_y = \hat{E} \sin\varphi$; das Verhältnis E_x/E_y ist also unabhängig vom Zeitpunkt der Zerlegung. – (Diese Komponentenzerlegung ist nicht mit der Zeigerdarstellung einer harmonischen Schwingung, → Abb. A 7, 4, zu verwechseln!)

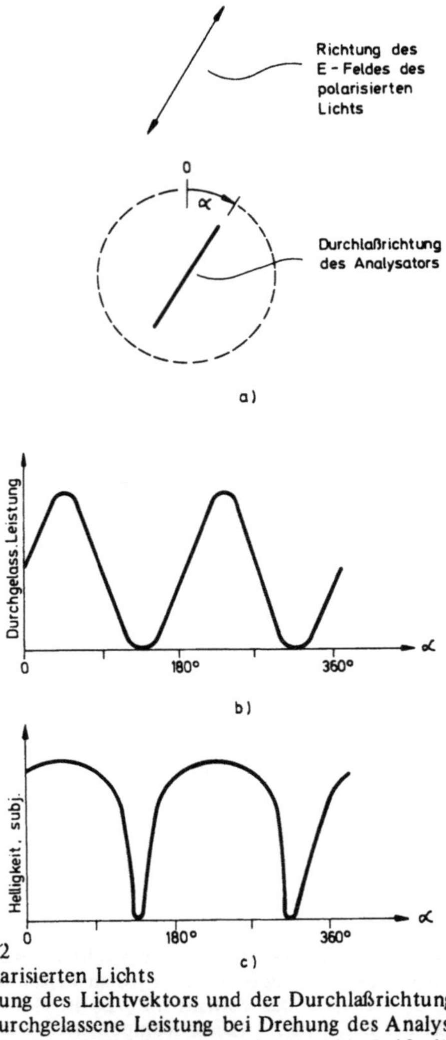

Abb. B 19, 2
Analyse polarisierten Lichts
a) Orientierung des Lichtvektors und der Durchlaßrichtung des Analysators b) durchgelassene Leistung bei Drehung des Analysators ($\sim \cos^2\varphi$, da die Amplitude $\sim \cos\varphi$ ist, → Abb. B 19, 1) c) Subjektive Helligkeitsempfindung (da Abb. A 8, 2 sinngemäß für Licht gilt)

II. die Schwingungsrichtung bereits polarisierten Lichtes festgestellt werden, indem man die Stellung maximaler durchgelassener Intensität oder die dazu senkrechte minimaler Intensität aufsucht (Funktion als *Analysator;* Abb. B 19, 2).

a) Polarisatoren

Manche Kristalle haben die Eigenschaft, Licht *einer* Schwingungsrichtung zu absorbieren und nur das der dazu senkrechten durchzulassen *(Dichroismus; Pleochroismus).* Sie können unmittelbar als Polarisatoren Verwendung finden.

Auf der gleichen Eigenschaft beruhen die weit verbreiteten, einfach zu handhabenden *Polarisationsfilter* (Polaroid-Folien), das sind Kunststoff-Folien mit bestimmten Farbstoffen. Diese bilden submikroskopische Kristalle, die durch Verstrecken der Folie in einer Richtung orientiert werden. Polarisationsfilter genügen den meisten praktischen Erfordernissen. Nur bei speziellen meßtechnischen Aufgaben, die eine möglichst vollständige Polarisation des Lichts nötig machen, greift man auf Nicol-Prismen zurück.

Die Wirkung des *Nicolschen Prismas* („Nicol") und seiner Varianten beruht auf der *Doppelbrechung* im Kalkspat (→ Kap. A 9, c). Durch Kombination zweier Kalkspatprismen unter einem bestimmten Winkel, der die verschiedenen Brechzahlen

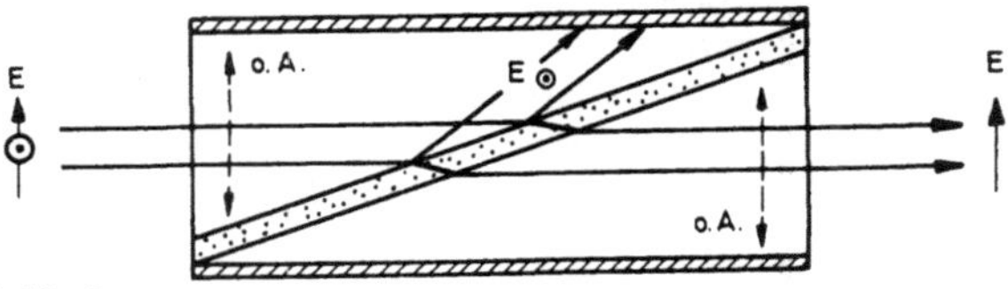

Abb. B 19, 3
Polarisator: Glan-Thompson-Prisma (Variante des Nicol-Prismas). Kalkspat, $CaCO_3$; o. A. gibt die Richtung der optischen Achse an. Brechzahlen: Kitt: n = 1,54; ordentliches Bündel (E ⊥ Zeichenebene, → Abb. A 9, 5): n = 1,658, daher Totalreflexion an der Kitt-Schicht; außerordentliches Bündel (E ∥ Zeichenebene): n = 1,486, daher überwiegend Transmission.
Das Prisma ist seitlich geschwärzt

für das ordentliche und das außerordentliche Bündel berücksichtigt (Abb. B 19, 3), wird eines der Bündel gegen die geschwärzte Wand totalreflektiert und absorbiert, während das andere mit unveränderter Richtung – aber als polarisiertes Licht – durchtritt.
Die *Reflexion* unter dem *Brewsterschen Winkel*, Gl. (A 9, 12), kann ebenfalls zur Polarisation von Licht herangezogen werden.

b) Optische Aktivität

Eine wichtige Anwendung findet polarisiertes Licht zur Messung der optischen Aktivität *(Polarimetrie)*, insbesondere von Zuckerlösungen *(Saccharimetrie)*.

Prinzip

Durch ein Nicol-Prisma polarisiertes Licht durchläuft die zu untersuchende Substanz. Dabei dreht sich seine Polarisationsebene um einen Winkel β, → Gl. (A 9, 8). Diese Drehung wird visuell durch ein zweites, als Analysator wirkendes Nicol-Prisma festgestellt.

Ausführung

Abb. B 19, 4 zeigt das Schema eines *Polarimeters*. Die Beobachtungsoptik wirkt als Fernrohr, durch das die Blende e scharf gesehen wird. Die Schwingungsrichtung wird festgelegt, indem man den Analysator so dreht, daß im Gesichtsfeld Dunkelheit (Intensitätsminimum) herrscht; das ist wegen der Eigenart der Augenempfindlichkeit genauer möglich als die Einstellung auf das Intensitätsmaximum (Abb. B 19, 2). Der Drehwinkel β ergibt sich, indem man an dem Teilkreis, der mit dem Analysator verbunden ist, den Winkel bei Dunkelstellung einmal ohne, dann mit Probe abliest und die Differenz bildet.

Um den Winkel noch genauer festlegen zu können, wird die *Halbschattenmethode* angewandt. Hinter dem Polarisationsprisma befindet sich ein Quarzscheibchen, das das Gesichtsfeld in zwei scharf getrennte Hälften teilt (bei manchen Polarimetern auch in 3 Teile). Quarz ist optisch aktiv; die Schwingungsrichtung des aus dem Nicol-Prisma kommenden Lichts

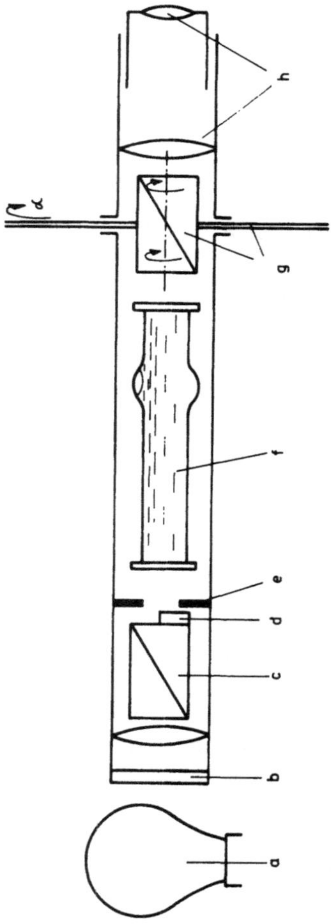

Abb. B 19, 4
Polarimeter, schematisch
a Lichtquelle b Farbfilter c Polarisator d Quarzplättchen für Halbschatten e Blende f Röhre für die Proben-Lösung g Analysator mit Teilkreis, an dem der Winkel α abgelesen wird h Beobachtungsoptik

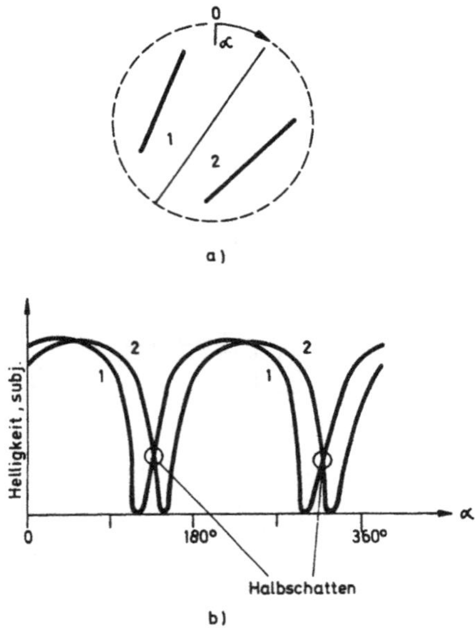

Abb. B 19, 5
Analyse polarisierten Lichts nach der Halbschattenmethode a) Orientierung der beiden Durchlaßrichtungen b) Subjektive Helligkeitsempfindung in den beiden Gesichtsfeldhälften (→ Abb. B 19, 2)

wird durch ihn noch etwas gedreht, so daß die Durchlaßrichtungen in beiden Gesichtsfeldhälften um einen kleinen Winkel (üblicherweise 7°) voneinander abweichen (Abb. B 19, 5). Die beiden subjektiven Helligkeitskurven der Abb. B 19, 2c sind dementsprechend etwas gegeneinander verschoben. Man stellt nun auf den Winkel ein, bei dem beide Gesichtsfeldhälften gleich dunkel sind (Halbschatten). Weil die Helligkeitseindrücke (Abb. B 19, 5b) an dieser Stelle mit entgegengesetzter Tendenz vom Drehwinkel abhängen, ist das sehr genau möglich (auf etwa 0,05°).

Die Drehung der Polarisationsebene ist von der Wellenlänge des Lichtes abhängig; kurzwelliges Licht wird normalerweise stärker gedreht (→ Tab. D 31). Wegen dieser *Rotationsdisper-*

sion muß man mit monochromatischem Licht arbeiten, indem man entweder Spektrallampen oder Glühlampen mit Filter benutzt (→ Kap. B 18, a).

Lösungen bringt man zur Untersuchung in Polarimeterröhren von beispielsweise 100 oder 200 mm Länge, die an den Enden Glasfenster haben. Die spezifische Drehung β_0 der Lösung ist ihrer Konzentration c proportional, $\beta_0 = [\beta_0] \cdot c$. Ist $[\beta_0]$ der Substanz bekannt (→ Tab. D 31), so kann ihre Konzentration polarimetrisch bestimmt werden. Wichtigste Anwendung ist die Zuckergehaltsbestimmung. Man verwendet dazu oft *Saccharimeter*, die nicht wie in Abb. B 19, 4 einen drehbaren, sondern einen festen Analysator enthalten und die optische Drehung durch den Zucker mit Hilfe eines Kompensators aus Quarzkeilen wieder rückgängig machen. Die erforderliche Verschiebung der Quarzkeile wird z. B. in Prozent Saccharose geeicht.

B 20 Ionisierende Strahlung, Dosimetrie

Physikalische wie biologische Strahlenwirkungen sind von der Energie abhängig, die einem Körper durch die Strahlung zugeführt wird (für biologische Wirkungen als *Gesetz von Grotthus-Draper* formuliert). Ein geeignetes Maß ist die *Energiedosis*

$$D_E = dE/dm \;, \qquad \text{(B 20, 1)}$$

die die von der Masseneinheit der Substanz mittelbar oder unmittelbar aus der Strahlung aufgenommene Energie angibt. Einheit: z. B. J/kg; speziell auch rad (= radiation absorbed dose), 1 rad = 0,01 J/kg. Oft ist die Energiedosis aber gering und deshalb schlecht meßbar. Bei ionisierender Strahlung (Röntgen- und γ-Strahlung, Korpuskularstrahlung) gibt man deshalb besser die *Ionendosis*

$$D_I = dQ/dm \qquad \text{(B 20, 2)}$$

an, das ist die in der Masseneinheit der Substanz durch die Strahlung erzeugte elektrische Ladung (Einheit z. B. C/kg).

Für praktische Zwecke ist Luft als Testsubstanz gewählt worden. Die Dosis, die in Luft von 0 °C und 1013 mbar die Ladung $2{,}58 \cdot 10^{-4}$ C/kg (das sind $2{,}08 \cdot 10^9$ Ionenpaare) erzeugt, wird auch als 1 R (Röntgen) bezeichnet.

Ionendosis und Energiedosis sind einander proportional, jedoch ist der Proportionalitätsfaktor für jedes Material ein anderer. Für Luft gilt

$$D_E = 34\, D_I \ , \qquad \text{(B 20, 3)}$$

falls die Einheiten J/kg resp. C/kg verwendet werden. Es entsprechen also 1 C/kg ≙ 34 J/kg oder 1 R ≙ 0,88 rad. Außer für Luft gelten diese Zahlen ungefähr auch für Wasser und Gewebe.

Aufgabe der *Dosimetrie* ist die Messung der während einer bestimmten Zeitspanne aufgenommenen *Dosis* (z. B. in C/kg) oder die Messung der *Dosisleistung*, also der pro Zeit*einheit* aufgenommenen Dosis (z. B. in C/(kg h)). Der Meßvorschrift folgend, sind dazu im Grunde luftgefüllte Ionisationskammern zu verwenden, doch können nach entsprechender Eichung auch andere Strahlungs-Nachweismethoden herangezogen werden.

a) Ionisationskammern

Prinzip

Die zu untersuchende Strahlung erzeugt in der luftgefüllten Kammer Ladungsträger (Elektronen und positive Ionen). Die Kammer enthält zwei Elektroden, an denen eine Gleichspannung liegt. Durch sie werden die Ladungsträger abgesaugt. Im äußeren Kreis wird entweder die transportierte *Ladung* (zur Bestimmung der Dosis) oder der fließende *Strom* (zur Bestimmung der Dosisleistung) gemessen.

Ausführung

Abb. B 20, 1 zeigt als Beispiel eine Ionisationskammer mit ebenen Elektroden, wie sie zu Eichzwecken Verwendung findet. Korpuskularstrahlen, die in der Wand leicht absorbiert werden, können durch ein Fenster (z. B. eine dünne Kunststoffolie) eintreten. Es werden mannigfache andere Formen ausgeführt,

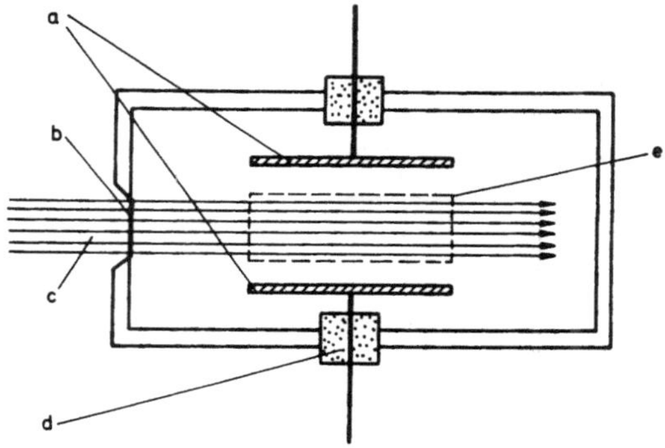

Abb. B 20, 1
Ionisationskammer, schematisch
a Parallelplatten-Elektroden b Fenster c Strahlung d Isolation
e wirksames Volumen, in dem Ionen erzeugt und nachgewiesen werden

auch solche, bei denen das Gehäuse zugleich eine der Elektroden darstellt. Z. B. gibt es Kleinkammern mit einer strahlungsdurchlässigen, topfförmigen Außen- und einer hineinragenden, stiftförmigen Innenelektrode, die Strahlung aus allen Raumrichtungen nachweisen können.

Die Elektroden müssen gut voneinander isoliert sein, weil die Ionisationsströme sehr gering sind (Größenordnung pA). Zu ihrer Messung sind die gewöhnlichen Strommeßmethoden ungeeignet. Man benutzt die folgenden, je nach Meßaufgabe etwas unterschiedlichen Schaltungen:

1. *Dosismessung* nach der *Entlademethode*. Die Kammer, die ja einen Kondensator bestimmter Kapazität C darstellt, wird zunächst durch die Gleichspannungsquelle auf eine bestimmte Spannung U aufgeladen. Dann wird der Kontakt zur Spannungsquelle unterbrochen (Abb. B 20, 2a). Die nun von der Strahlung erzeugten Ladungsträger wandern zu den Platten und erniedrigen deren Ladung um d Q, so daß die Spannung am Kondensator um $dU = dQ/C$ (→ Gl. (A 5, 7)) sinkt. Die Kondensatorspannung wird mit einem Voltmeter sehr hohen Eigenwiderstandes *(Elektrometer)* gemessen.

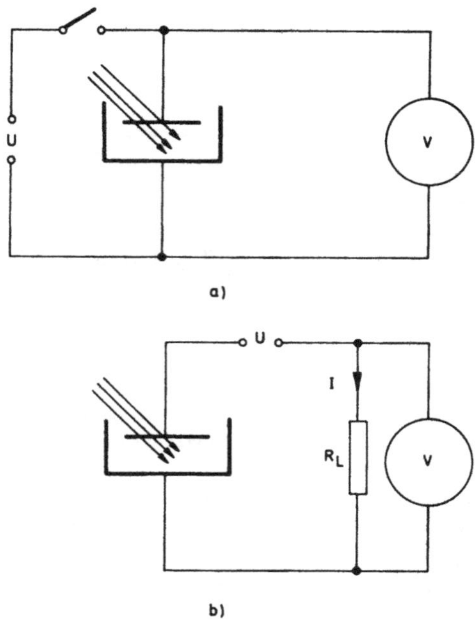

Abb. B 20, 2
Schaltung der Ionisationskammer a) zur Dosismessung (Entladungsmethode) b) zur Messung der Dosisleistung

II. Messung der *Dosisleistung*. An den Elektroden liegt ständig die Gleichspannung und saugt die Ladungsträger ab. Ihr Strom I wird bestimmt, indem man mit einem Voltmeter hohen Eigenwiderstandes den Spannungsabfall $U_L = R_L$ I mißt, den I an einem hohen Lastwiderstand R_L erzeugt. I gibt die pro Zeiteinheit durch die Strahlung erzeugte Ladung an, demzufolge ist U_L der Dosisleistung proportional (Abb. B 20, 2b).

In beiden Anordnungen muß die Gleichspannung hoch genug gewählt werden, um die Ladungsträger abzusaugen, ehe sie sich wieder zu neutralen Atomen zusammenlagern (rekombinieren). Im allgemeinen genügen dazu einige 100 V.

b) Photochemische Dosismessung

Prinzip

Die Schwärzung eines photographischen Films ist der von ihm absorbierten Dosis proportional (→ Kap. B 17, c). Anwendung als Relativmethode insbesondere bei der Strahlenschutz-Überwachung.

c) Zählmethoden

Prinzip

Die durch das Zählervolumen tretende Strahlung, die keineswegs vollständig absorbiert zu werden braucht, löst Einzeleffekte aus, welche elektrisch nachgewiesen und von einem Zählwerk registriert werden. Es sind auf diese Weise einzelne Teilchen oder Strahlungsquanten nachweisbar, allerdings innerhalb der Grenzen des *zeitlichen Auflösungsvermögens* des Zählers, d.h. der Zeit, die er benötigt, um zum erneuten Ansprechen bereit zu sein. Verschiedene Zählmethoden unterscheiden sich durch die zugrunde liegenden Einzeleffekte. Das auslösende Teilchen kann z.B. eine kurzdauernde Gasentladung zünden *(Geiger-Müller-Zählrohr)* oder einen kurzen Lichtblitz auslösen *(Szintillationszähler)*. – Die *Zählrate* (Zahl der Effekte pro Zeiteinheit) ist der Dosisleistung proportional.

Ausführung

I. Das *Zählrohr* (Abb. B 20, 3) enthält in koaxialer Bauweise eine Außenelektrode und einen dünnen Draht als Innenelek-

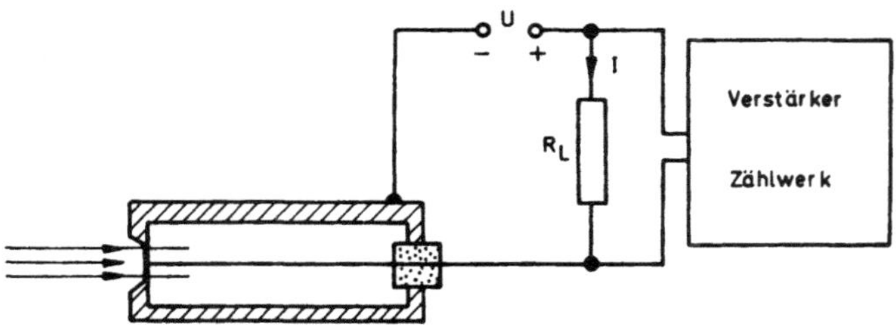

Abb. B 20, 3
Zählrohr

trode, an der der positive Pol einer Gleichspannungsquelle liegt (einige 100 bis 1000 V). Das Rohr ist mit einem Gasgemisch unter vermindertem Druck gefüllt. Für den Eintritt von Korpuskularstrahlen ist wiederum ein besonderes Fenster vorgesehen. Die im einzelnen ziemlich verwickelten Vorgänge laufen darauf hinaus, daß durch ein ionisierendes Teilchen im Zählrohr (unter Umständen auch mittelbar durch Elektronen, die durch ein γ-Quant aus der Wand herausgeschlagen wurden) ein Stoßionisationsvorgang eingeleitet wird, der zu einer raschen Zündung und einem entsprechenden Entladungsstrom führt. Die Eigenart des Zählrohrs besteht darin, daß die Entladung nach kurzer Dauer von selbst wieder erlischt. Jedes Teilchen macht sich also durch einen kurzen Stromimpuls bemerkbar. In einer Schaltung ähnlich der einer Ionisationskammer erzeugt er einen Spannungsimpuls an einem Lastwiderstand R_L, der elektronisch verstärkt und durch ein Zählwerk registriert wird. – Das zeitliche Auflösungsvermögen ist im wesentlichen durch die Löschzeit begrenzt und liegt bei 10^{-4} s.

II. Der *Szintillationszähler* besteht aus einem Festkörper- oder Flüssigkeitsvolumen, in dem durchtretende Teilchen kurzdauernde Lichtemissionen (Szintillationen) anregen. Das Zählermaterial befindet sich möglichst dicht vor einem Sekundärelektronenvervielfacher, der die schwachen Lichtblitze registriert, verstärkt und die entsprechenden Spannungsimpulse an ein elektronisches Zählwerk weitergibt. Im Unterschied zum Zählrohr kann man mit dieser Methode Teilchen nicht nur zählen, sondern auch ihre Energie bestimmen, weil von ihr die Intensität des Lichtblitzes abhängt. – Das zeitliche Auflösungsvermögen von Szintillationszählern ist besser als das von Zählrohren: je nach Material einige 10^{-7} s (NaJ-Kristalle) bis 10^{-10} s (Anthracen).

C. Auswertung und Darstellung von Meßergebnissen

C 1 Fehlerabschätzung

a) Genauigkeitsangaben

Physikalische Meßergebnisse unterscheiden sich von mathematischen Zahlen dadurch, daß sie wegen apparativer Unvollkommenheiten oder der statistischen Natur der Meßgröße nicht beliebig „genau" angegeben werden können. Ein wichtiger Aspekt jeder Messung ist deshalb die Abschätzung des Fehlers, mit anderen Worten der Zahl von Dezimalstellen des Ergebnisses, die zuverlässig sind. Die Meßgenauigkeit drückt man schon in der Schreibweise des Ergebnisses aus, indem man alle zuverlässig bekannten Dezimalstellen mitführt; die letzte Stelle darf unsicher sein. So bedeutet die Längenangabe $x = 1{,}0$ mm eine Meßgenauigkeit von 0,1 mm. Die gleiche Länge, auf 1 μm genau gemessen, wäre dagegen als $x = 1{,}000$ mm zu schreiben.

Die Meßgenauigkeit kennzeichnet man durch Angabe des Intervalls, in dem das Ergebnis liegen könnte. Es wird als absoluter oder relativer Fehler aufgeführt:

		Meßergebnis	Beispiel
Absoluter Fehler	Δx	$x \pm \Delta x$	$2{,}03 \pm 0{,}02$ mm
Relativer Fehler	$\frac{\Delta x}{x}$	$x\left(1 \pm \frac{\Delta x}{x}\right)$	$2{,}03$ mm $\pm$ 1 %

Den relativen Fehler kann man in der Form $\Delta x/x = 0{,}01$ oder 1 % formulieren. $\Delta x/x = 1$ entspricht 100 %.

Es hat keinen Sinn, den Fehler mit übertriebener Genauigkeit anzugeben, also nicht ± 0,0241 mm, sondern ± 0,02 mm; nicht ± 1,04 %, sondern ± 1 %.

b) Fehlerrechnung

Sehr oft ist ein Ergebnis mit Hilfe einer Beziehung zu berechnen, in die *mehrere* nur ungenau gemessene Größen eingehen. Das Endergebnis kann grundsätzlich nicht genauer ausfallen als die Einzelergebnisse. Wie der Fehler des Endergebnisses sich aus den Fehlern der Einzelergebnisse zusammensetzt, zeigen die Regeln der sog. Fehlerfortpflanzung.

Seien x und y zwei mit den Fehlern Δx und Δy gemessene Größen, z das gesuchte Endergebnis.

I. Ist

$$z = x + y \quad \text{oder} \quad z = x - y \, ,$$

so folgt

$$\Delta z = \Delta x + \Delta y \, . \tag{C 1, 1}$$

Es addieren sich die *absoluten* Fehler, auch dann, wenn $z = x - y$ ist. Bei solchen Differenzbildungen können deshalb beträchtliche Ungenauigkeiten in z resultieren, insbesondere wenn x und y etwa gleich sind.

II. Ist

$$z = xy \quad \text{oder} \quad z = \frac{x}{y} \, ,$$

so folgt

$$\frac{\Delta z}{z} = \frac{\Delta x}{x} + \frac{\Delta y}{y} \, . \tag{C 1, 2}$$

In diesem Fall addieren sich die *relativen* Fehler.

Die Gln. (C 1, 1) und (C 1, 2) gelten auch für Summen (Differenzen) resp. Produkte (Quotienten) aus mehr als 2 Meßgrößen sinngemäß.

Falls sowohl Summen als auch Produkte in einer Beziehung auftreten, ist die Fehlerfortpflanzung schrittweise zu verfolgen. Beispiel: Messung einer Wärmeenergie nach Gl. (B 9, 2). Die spez. Wärmekapazitäten c und c_G seien mit hinreichender Genauigkeit (fehlerfrei) bekannt, m, m_G und ΔT sind Meßgrößen. Sei $c = 4{,}000\,J/gK$, $c_G = 1{,}000\,J/gK$; $m = 100\,g$,

$m_G = 10\,g$ und die Fehler $\Delta m = \Delta m_G = 0{,}1\,g$. Dann ist

$$m\,c + m_G\,c_G = 410\,J/K\ .$$

Sein Fehler ist die Summe der beiden Absolutfehler

$$\Delta(m\,c) = \Delta m \cdot c = 0{,}4\,J/K\ ,$$
$$\Delta(m_G\,c_G) = \Delta m_G \cdot c_G = 0{,}1\,J/K\ ,$$

also

$$\Delta(m\,c + m_G\,c_G) = \Delta(m\,c) + \Delta(m_G\,c_G) = 0{,}5\,J/K\ .$$

Diese Angabe wird, da noch eine Multiplikation aussteht, als Relativfehler

$$\frac{\Delta(m\,c + m_G\,c_G)}{m\,c + m_G\,c_G} = \frac{0{,}5}{410} = 0{,}0012 \mathrel{\hat{\approx}} 0{,}1\,\%$$

geschrieben. Der relative Fehler des Endergebnisses ergibt sich schließlich, indem man zu diesen 0,1 % noch den relativen Fehler der Messung der Temperaturdifferenz hinzuzählt.

c) Herkunft der Fehler

Es sind systematische und statistische Fehler zu unterscheiden.

Systematische Fehler rühren von der Unvollkommenheit der Apparatur oder auch von der nur annähernden Gültigkeit der benutzten Beziehungen her. Sie sind zwar im Prinzip zu beseitigen, aber gewöhnlich nicht mit den gerade verfügbaren Mitteln. Systematische Fehler sind auch durch Wiederholung der Messung mit der gleichen Apparatur nicht aufzudecken, eher schon durch Vergleich der mit *verschiedenen* Apparaturen gewonnenen Ergebnisse. Fehlerquellen sind z. B. mangelhafte Eichung (vor- oder nachgehende Uhren, ungenaue Skalenteilungen), Nullpunktsabweichungen sowie zwar der Tenden nach bekannte, aber mit den gegebenen Mitteln nicht meßbare Störeinflüsse (Wärmeleitungsverluste beim Kalorimeter, Fehler bei der Strom-Spannungs-Messung von Widerständen, → Kap. B 12, a).

Es liegt in der Natur systematischer Fehler, daß sie sich nur abschätzen lassen – andernfalls könnten sie ja im Endergebnis als Korrektur berücksichtigt werden. Allgemeine Regeln zu ihrer Abschätzung lassen sich nicht aufstellen. Einen Anhaltspunkt für den Mindestfehler geben die Ablesegenauigkeiten der verwendeten Meßinstrumente oder mitunter auch ihre vom Hersteller angegebenen Meßgenauigkeiten.

Statistische (zufällige) Fehler können von Umwelteinflüssen (Erschütterungen, Temperatur- oder Netzspannungsschwankungen) und von subjektiven Beobachtungsungenauigkeiten herrühren. Sie sind in solchen Fällen im Grunde durch das Meßverfahren bedingt. Eine andere Quelle zufälliger „Fehler" ist die statistische Natur mancher physikalischen Meßgrößen, z. B. der Zählrate (Teilchenzahl pro Zeiteinheit) eines Zählrohres. Wiederholt man eine Messung mit der gleichen Apparatur immer wieder, so kann man den statistischen Fehler (im Gegensatz zum systematischen) herabdrücken. Die n Einzelergebnisse x_n streuen um den *Mittelwert*

$$\bar{x} = \frac{\Sigma\, x_n}{n} \,. \qquad \text{(C 1, 3)}$$

Ihre Häufigkeitsverteilung ist bei genügend großer Zahl n von Messungen eine Gaußsche Glockenkurve (→ Abb. A 3, 1) mit dem Maximum bei $\bar{x}$. Diese Verteilung wird relativ immer schmaler, je öfter man die Messung wiederholt.

Ein Maß für die Breite der Verteilungskurve und damit für den Fehler des Mittelwertes ist die *Standardabweichung,* auch mittlerer quadratischer Fehler genannt. Man bildet zunächst für jedes Einzelergebnis die Abweichung

$$\Delta x_n = x_n - \bar{x} \qquad \text{(C 1, 4)}$$

vom Mittelwert und addiert die *Quadrate* aller Abweichungen zu $\Sigma\,(\Delta x_n)^2$. Die Standardabweichung ist dann

$$\sigma = \sqrt{\frac{\Sigma\,(\Delta x_n)^2}{n-1}} \,. \qquad \text{(C 1, 5)}$$

Sie stellt den (statistischen) absoluten Fehler nach n Messungen dar. Der relative Fehler ist $\sigma/\bar{x}$. – Das Quadrat der Standardabweichung (σ^2) wird *Varianz* genannt.

Bei physikalischen Messungen überwiegen häufig die systematischen Fehler. Dann läßt sich die Meßgenauigkeit nur erhöhen durch aufwendigere Apparaturen, genau geeichte Meßgeräte und Berücksichtigung aller Nebeneffekte bei der Auswertung.

C 2 Beziehungen, die kleine Größen enthalten

Gelegentlich kommen in Gleichungen Ausdrücke der Form $1 + x$ oder $1 - x$ vor, wo x im Vergleich zu 1 ziemlich klein ist ($x \ll 1$), oder die Gleichungen lassen sich auf eine entsprechende Form bringen. Beispiel: Gl. (A 6, 7) für die Klemmenspannung kann man in der Form $U = \frac{E}{1 + x}$ schreiben, mit $x = R_i/R_V$, einer gegen 1 kleinen Größe, falls z. B. ein Voltmeter mit genügend hohem Widerstand R_V angeschlossen ist. – In solchen Fällen sind die folgenden Umformungen nützlich. Sie gelten natürlich nur näherungsweise, aber der Fehler bleibt unter etwa einem Prozent, falls $x < 0{,}1$ ist.

Beispiel

$$\frac{1}{1 \pm x} \approx 1 \mp x\,, \qquad \frac{1}{0{,}9} \approx 1{,}1\,;$$

$$(1 \pm x)^2 \approx 1 \pm 2x\,, \qquad 0{,}9^2 \approx 0{,}8\,; \qquad \text{(C 2, 1)}$$

$$\sqrt{1 \pm x} \approx 1 \pm \frac{x}{2}\,, \qquad \sqrt{0{,}9} \approx 0{,}95\,;$$

allgemein gilt:

$$(1 \pm x)^n \approx 1 \pm n x\,.$$

Bei den folgenden Winkelfunktionen gibt x den Winkel im Bogenmaß (rad) an:

$$x\ (\text{in rad}) = \frac{2\pi}{360}\, x\ (\text{in}\ ^\circ)\,. \qquad \text{(C 2, 2)}$$

Für x < 0,1, entsprechend x < 6°, ist näherungsweise

$$\sin x \approx x\,,$$
$$\cos x \approx 1 - \frac{x^2}{2}\,, \qquad \text{(C 2, 3)}$$
$$\tan x \approx x\,.$$

C 3 Graphische Darstellungen

Der funktionelle Zusammenhang zwischen zwei physikalischen Größen wird *graphisch* augenfälliger als durch eine Tabelle dargestellt. An den Achsen der Zeichnung müssen die *Meßgrößen* und außerdem die benutzten *Einheiten* angegeben sein. Der Maßstab wird so gewählt, daß die darzustellende Kurve nicht zu steil und nicht zu flach verläuft und daß der ganze Bereich gemessener Werte gezeigt werden kann.

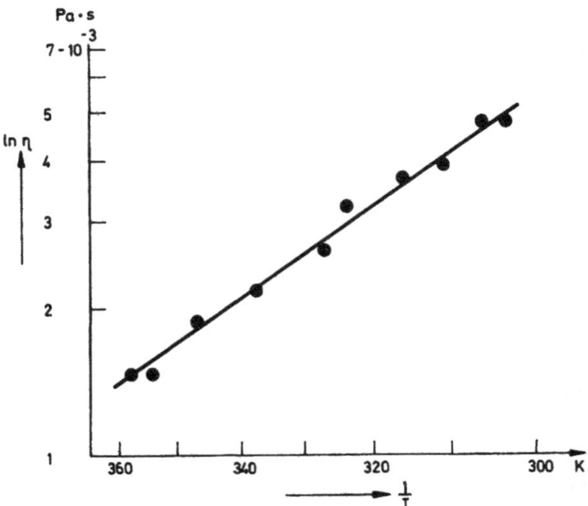

Abb. C 3, 1
Temperaturabhängigkeit der Viskosität in einer Darstellung, die nach Gl. (A 3, 19) eine Gerade erwarten läßt. Ausgezogen ist die Ausgleichsgerade durch die Meßpunkte

Graphische Darstellungen dienen darüber hinaus der Kontrolle und Auswertung von Meßergebnissen. Häufig ist ein bestimmter Kurvenverlauf zu erwarten. In solchen Fällen benutzt man, falls es möglich ist, eine nichtlineare Achseneinteilung in der Weise, daß sich der erwartete Zusammenhang als *Gerade* dar-

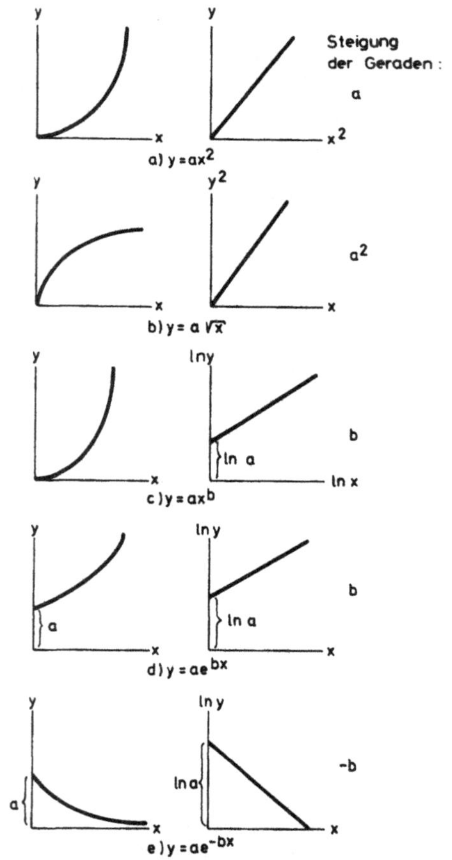

Abb. C 3, 2
Einige Funktionen und Auftragungen, in denen sie sich als Geraden darstellen

stellt, wie z.B. in Abb. C 3, 1. Dann ist leicht eine Art *graphischer Mittelwertbildung* möglich: Man zieht eine die Meßfehler ausgleichende Gerade so zwischen den Meßpunkten hindurch, daß Abweichungen nach beiden Seiten mit möglichst geringer Streuung vorkommen. Die beste Gerade wäre durch ein Minimum des mittleren quadratischen Fehlers nach Gl. (C 1, 5) ausgezeichnet.

Einige Beispiele für nichtlineare Auftragungen, in denen sich der Kurvenverlauf als Gerade darstellt, zeigt Abb. C 3, 2. Oft schreibt man an die Achsen die ursprünglichen Meßgrößen, auch wenn der Einteilung eigentlich eine Funktion von ihnen zugrunde liegt (Abb. C 3, 1). Für häufig benutzte Auftragungsarten gibt es entsprechende Papiere, z.B. Logarithmenpapier mit logarithmisch-linearer oder logarithmisch-logarithmischer Achsenteilung (für Darstellungen nach Abb. C 3, 2c, d, e).

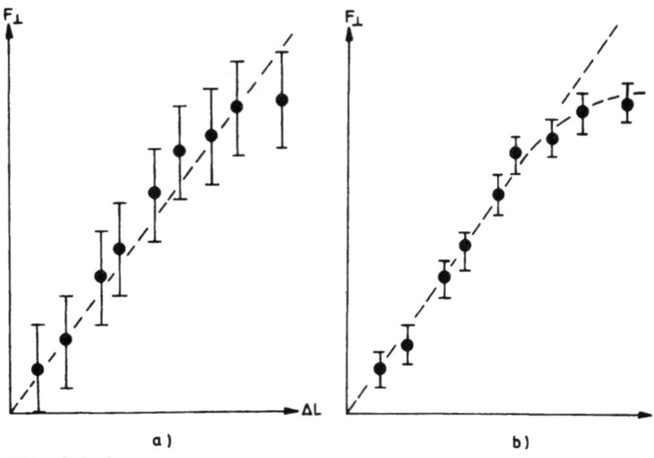

Abb. C 3, 3
Einfluß der Meßfehler auf die Beurteilung von Messungen. Als Beispiel: Prüfung des Hookeschen Gesetzes, Gl. (A 1, 10).
a) Bei großen Meßfehlern kein Widerspruch zur Annahme einer Proportionalität, b) bei kleinen Meßfehlern signifikante Abweichung vom linearen Verlauf

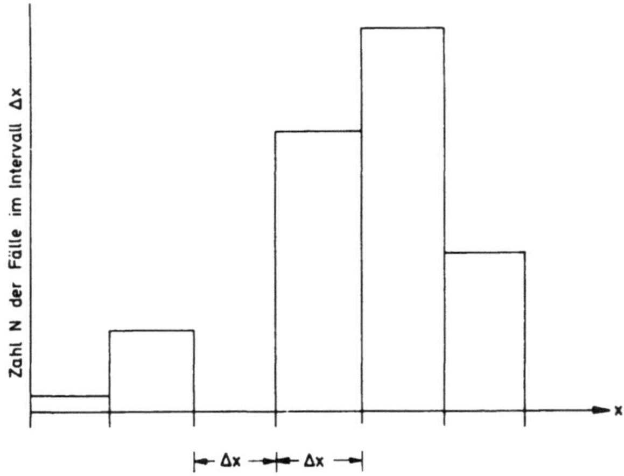

Abb. C 3, 4
Schema eines Histogramms

Nichtlineare (meist logarithmische) Darstellungen werden auch gewählt, wenn sich eine der Größen um mehrere Zehnerpotenzen ändert. Dafür gibt Abb. A 8, 3 ein Beispiel.

Um zu prüfen, ob die Meßpunkte innerhalb der Meßgenauigkeit mit dem angenommenen Kurvenverlauf verträglich sind, kann man die *Meßfehler* in Form von Balken anzeichnen. Im Falle der Abb. C 3, 3 läßt sich je nach Meßfehler z. B. entscheiden, ob die Annahme einer Proportionalität gerechtfertigt ist oder nicht.

Eine spezielle Form graphischer Darstellungen sind *Histogramme,* die eine Häufigkeitsverteilung wiedergeben. In Form von Balken der Breite Δx wird die Zahl N der Fälle (oder auch der Prozentsatz $N/\Sigma N$, bezogen auf die Gesamtzahl der Fälle) dargestellt, in denen die betrachtete Größe x einen Wert im Intervall zwischen $x - \frac{\Delta x}{2}$ und $x + \frac{\Delta x}{2}$ aufgewiesen hat (Abb. C 3, 4). Zeichnet man $N/\Delta x$ als Balkenhöhe auf und macht dann die Intervallbreite infinitesimal klein, so geht das Histogramm in eine *Verteilungsfunktion* über (Beispiele → Abb. A 3, 1 und 2).

D. Tabellen

D 1 Einheitenzeichen

mol	Mol
m	Meter
Å = 10^{-10} m	Ångström
dpt = 1/m	Dioptrie (nur für Brechwert)
g	Gramm
s	Sekunde
min	Minute
h	Stunde
d	Tag
a	Jahr
Hz = 1/s	Hertz (nur für Frequenz)
N = kg m/s^2	Newton
p = 9,807 · 10^{-3} N	Pond
Pa = N/m^2	Pascal
bar = 0,1 N/mm^2	Bar
P = 0,1 Pa s	Poise
J = Nm = Ws	Joule
eV	Elektronvolt
cal	Kalorie
W = Nm/s	Watt
A	Ampere
V = W/A	Volt
Ω = V/A	Ohm
C = As	Coulomb
F = As/V	Farad
H = Vs/A	Henry
K	Kelvin
°C	Grad Celsius
dB	Dezibel

D 1 Einheitenzeichen, Fortsetzung

rad	Radiant (Winkel im Bogenmaß)
°	Grad (Winkel im Gradmaß)
	Minute (Winkel)

SI-Basiseinheiten (système international d'unités), aus denen alle anderen Einheiten abgeleitet werden, sind:

m (Länge); kg (Masse); s (Zeit); A (Stromstärke); K (Temperatur)

D 2 Zehnerpotenzen von Einheiten

Pico	p	10^{-12}	Tera	T	10^{12}
Nano	n	10^{-9}	Giga	G	10^{9}
Mikro	μ	10^{-6}	Mega	M	10^{6}
Milli	m	10^{-3}	Kilo	k	10^{3}
Zenti	c	10^{-2}	Hekto	h	10^{2}
Dezi	d	10^{-1}			

D 3 Naturkonstanten

Plancksche Konstante	h	$6{,}62 \cdot 10^{-34}$ Js
Elektronenmasse	m_e	$9{,}109 \cdot 10^{-31}$ kg
Elementarladung	e	$1{,}602 \cdot 10^{-19}$ C
Faradaysche Konstante	F	$9{,}6487 \cdot 10^{4}$ C/val
Avogadrosche Konstante	N_A	$6{,}0225 \cdot 10^{23}$ mol^{-1}
Gaskonstante	R	8,3143 J/(K mol)
Absoluter Nullpunkt		– 273,16 °C
Vakuumlichtgeschwindigkeit	c	$2{,}9979 \cdot 10^{8}$ m/s
Elektrische Feldkonstante	ϵ_0	$8{,}859 \cdot 10^{-12}$ As/(Vm)
Magnetische Feldkonstante	μ_0	$1{,}256 \cdot 10^{-6}$ Vs/(Am)

D 4 Umrechnungsfaktoren

Kraft	1 kp = 9,807 N
Druck	$1\ N/m^2 = 1\ Pa$ 1 Torr = 133,3 Pa $1\ kp/cm^2 = 98{,}07 \cdot 10^3\ Pa$ $1\ bar = 10^3\ mbar = 10^5\ Pa$
Energie	1 Nm = 1 J = 0,2388 cal 1 cal = 4,187 J 1 mkp = 9,807 J $1\ kWh = 3{,}6 \cdot 10^6\ J$ $1\ MeV = 10^6\ eV = 1{,}60 \cdot 10^{-13}\ J$
Leistung	1 PS = 735,5 W

D 5 Elementarteilchen

Masse und Ladung bezogen auf das Elektron. Wenn die Halbwertszeit $T_{1/2}$ angegeben ist, ist das Teilchen instabil.

		Masse (m_e)	Ladung (e)	$T_{1/2}$
Elektron	e^-	1	−1	
Positron	e^+	1	+1	
Myon (Müon)	$\mu^{-/+}$	207	−/+1	$2 \cdot 10^{-6}$ s ($\to e^{-/+} + \nu + \bar{\nu}$)
Nukleonen:				
Proton	p	1836	+1	
Neutron	n	1839	0	18 min ($\to p + e^- + \bar{\nu}$)
α-Teilchen	α	7291	+2	
Neutrino	ν	0	0	
Antineutrino	$\bar{\nu}$	0	0	
Photon (Lichtquant)	γ	0	0	

D6 Halbwertsdicken für Röntgen- und γ-Strahlung

(Z: Ordnungszahl)

Quantenenergie $h\nu$	λ (pm)	$x_{1/2}$ (mm) Wasser	Al	Pb
		Z =	13	82
10 keV	120	1,3	0,1	0,007
100 keV	12	42	16	0,12
1 MeV	1,2	98	42	8,7
10 MeV	0,12	315	115	12,5

(100 pm = 1 Å)

D7 Elektronenstrahlen

Beschleunigungsspannung U, Wellenlänge λ, Geschwindigkeit v und Reichweite Δx (ungefähr doppelte Halbwertsdicke)

(Z: Ordnungszahl)

U	λ (pm)	v (km/s)	Δx Luft*)	Al	Pb
			Z =	13	82
1 V	1200	595			
10 V	390	1 880			
100 V	120	5 950			
1 kV	39	18 700	50 μm		
10 kV	12	58 500	2 mm	1 μm	0,3 μm
100 kV	3,7	165 000	100 mm	50 μm	15 μm
1 MV**)	0,87	283 000	4 m	2 mm	0,6 mm
10 MV***)	0,12	300 000	60 m	30 mm	10 mm

*) 1013 mbar
**) Radioaktive β-Strahler: einige MeV
***) Betatron: 10–30 MeV

D 8 Abstände in Molekülen und Kristallen

		(pm)
Organische Moleküle:		
C–C-Bindung		154
C=C-Bindung		135
C≡C-Bindung		121
NH_3	N–H	101
H_2O	O–H	95
	H–H	150
H_2		75
O_2		120
K^+Cl^--Kristall		314
K^+J^--Kristall		353
Ge-Kristall (Ge–Ge)		244
Diamant (C–C)		154

D 9 Bindungsenergien von Molekülen

(pro Mol Substanz)

	(kJ/mol)
Heteropolare:	
K^+Cl^-	430
K^+J^-	350
Homöopolare:	
H_2	420
N_2	920
Cl_2	245

D 10 Photoeffekt

Austrittsarbeit aus Metalloberflächen resp. Ionisierungsenergie von Gasatomen (W); maximale Lichtwellenlänge, die gerade noch die Ablösung eines Elektrons ermöglicht (λ_{max})

		W (eV)	λ_{max} (nm)	
Metalle				
	Cs	1,93	645	sichtbar
	K	2,22	560	sichtbar
	Ba	2,52	495	sichtbar
	Fe	4,49	278	
Gase				
	Xe	12,1	103	
	Ar	15,8	79	
	He	24,5	51	

D 11 Elastizitäts- und Schermoduln

10^9 Pa ≈ 10^4 kp/cm²

	E (10^9 Pa)	G (10^9 Pa)
Federstahl	200	80
Kupfer	125	45
Aluminium	70	25
Glas	≈ 50	≈ 20
Polystyrol	≈ 3	

D 12 Schallgeschwindigkeiten

20 °C (in Festkörpern: longitudinal)

	c (m/s)
Luft	343
Äthanol	1180
Wasser	1480
Messing	3490
Aluminium	5080
Stahl	5600

D 13 Dichten

20 °C

	ρ (g/cm^3)
Luft	0,00129
Äther	0,71
Äthanol	0,79
Glyzerin	1,26
Quecksilber	13,55
Holz	0,4–0,8
Kunststoffe	1 –2,2
Glas	2,2–2,5
Stahl	7,9
Messing	8,3–8,5

D 14 Viskositäten

20 °C	
10^{-3} Pa s = 10^{-3} Ns/m² = 1 cP	
	η (10^{-3} Pa s)
Luft	0,018
Äther	0,24
Wasser	1,00
Äthanol	1,12
Glyzerin	1480

D 15 Temperaturabhängigkeit der Dichte und Viskosität von Wasser

t (°C)	ρ (g/cm³)	η (10^{-3} Pa s)
0	0,99984	1,78
5	0,99996	1,51
10	0,99970	1,30
15	0,99909	1,14
20	0,99820	1,00
25	0,99704	0,89
30	0,99564	0,80

D 16 Oberflächenspannungen

20 °C

	σ (N/m)
Äther	$17{,}0 \cdot 10^{-3}$
Äthanol	$22{,}1 \cdot 10^{-3}$
Wasser	$72{,}8 \cdot 10^{-3}$
Quecksilber	$465 \cdot 10^{-3}$

D 17 Spezifische Wärmekapazitäten und Wärmeleitfähigkeiten

20 °C

	c_p $\left(\frac{\text{cal}}{\text{g K}}\right)$	c_p $\left(\frac{\text{J}}{\text{g K}}\right)$	λ $\left(\frac{\text{J}}{\text{s m K}}\right)$
Luft	0,24	0,96	0,025
	($c_V = 0{,}7\ c_p$)		
Äther	0,54	2,25	0,135
Äthanol	0,57	2,40	0,180
Wasser	1,00*)	4,19	0,600
Messing	0,09	0,38	100
Kupfer			400
Stahl	0,11	0,46	15–60
Aluminium	0,21	0,88	240
Glas	0,20	0,84	≈ 1,2

*) *Definition der Einheit cal,* indem c_p für Wasser von 15 °C als 1 cal/g K festgesetzt wird.

D 18 Barometrische Höhenformel und Dampfdruck des Wassers

(Den Dampfdruck bei gegebener Temperatur entnimmt man der Tabelle als Luftdruck bei der Siedetemperatur.)

Höhe (m)	Luftdruck (Torr)	(mbar)	Siedetemperatur des Wassers (°C)
–		4 000*)	143,7
–		3 000*)	133,5
–		2 000*)	120,3
0	760	1 013	100,0
1 000	674	899	96,7
2 000	596	795	93,3
3 000	526	701	90,0
4 000	462	616	86,6
5 000	405	540	83,2
10 000	198	264	66,1
20 000	41	55	34,5

*) Anwendung derartiger Überdrucke z. B. in Sterilisations-Autoklaven.

D 19 Absolute Luftfeuchtigkeit bei Sättigung (100% relative Feuchte)

t (°C)	p_D (mbar)	c (g/m³)
0	6,1	4,8
10	12,2	9,4
20	23,3	17,3
30	42,2	30,3

p_D Sättigungsdampfdruck des Wassers = Partialdruck in der Atmosphäre; c Wasserkonzentration in der Atmosphäre

Die *relative Feuchte* ist das Verhältnis des tatsächlichen Dampfdrucks p zum Sättigungsdruck p_D bei der herrschenden Temperatur.

D 20 Schmelz- und Siedetemperaturen (bei 1013 mbar) und kritische Temperaturen

	Schmelz-		Siede- Temperatur		krit.
	(K)	(°C)	(K)	(°C)	(K)
Helium			4,3		5
Sauerstoff	55	−218	90,3	−183	154
Stickstoff	63	−210	77,4	−196	126
Äther		−120		34,6	467
Äthanol		−114,4		78,3	516
Wasser		0		100	647
Zinn		232		2 600	
Eisen		1 535		2 800	
Platin		1 769		4 000	

D 21 Siedepunktserhöhung und Gefrierpunkterniedrigung von Lösungen

	S Siedepunkts-erhöhung	G Gefrierpunkt-erniedrigung
	$\left(\frac{K}{mol/l}\right)$	
Wasser	0,515	1,86
Benzol	2,64	5,1

D 22 Löslichkeit von Gasen in Flüssigkeiten

20 °C. Maximaler Gasgehalt der Flüssigkeit in Vol.-%

	Äthanol	Wasser
Stickstoff	1,4	1,7
Sauerstoff	1,4	3,1
Luft		1,9
Kohlenmonoxid	2	2
Kohlendioxid	293	88

D 23 Konzentrationsmaße

a) Bezogen auf Stoffmenge
n: Molzahl, z: Wertigkeit, $\nu = n/z$

Molarität	$c = \frac{n}{V}$	mol Substanz pro l Lösung
Normalität	$\frac{\nu}{V}$	val Substanz pro l Lösung
Molenbruch	$x = \frac{n}{\Sigma n}$	mol Substanz pro mol der Summe aller beteiligten Substanzen (dimensionslos; auch in %)
Molalität	$m = \frac{n}{\text{Masse}}$	mol pro kg Lösungsmittel

b) Bezogen auf Volumen

Volumengehalt	$\varphi = \frac{V}{\Sigma V}$	(dimensionslos; Vol.-%)

c) Bezogen auf Masse

Massengehalt	$w = \frac{m}{\Sigma m}$	(dimensionslos; %)

Der Gehalt 1 entspricht 100%. Beispiel: $w = 0{,}12 = 12\%$.

D 24 Spezifische elektrische Widerstände (Resistivitäten) und Leitfähigkeiten

	ρ $\left(\frac{\Omega\ mm^2}{m}\right)$	ρ (Ω cm)
NaCl in wäßriger Lösung:		
10 Gew.-%		8,3
20		5,1
Aluminium	0,025	$2{,}5 \cdot 10^{-6}$
Kupfer	0,015	$1{,}5 \cdot 10^{-6}$
Glas, Porzellan		$> 10^{12}$
Kunststoffe		$> 10^{15}$

	$\sigma = 1/\rho$ $\left(\frac{1}{\Omega\ cm}\right)$
KCl in wäßriger Lösung*):	
1 n (74,60 g/l Lösung)	0,1021
0,1 n	0,01167
Wasser (mehrfach destilliert, „Leitfähigkeitswasser“)	$\approx 5 \cdot 10^{-8}$

*) Als Eichlösung für Leitfähigkeitsmessungen geeignet.

D 25 Dielektrizitätszahlen

20 °C
(Messung mit Gleichspannung oder Wechselspannung niedriger Frequenz)

	ϵ
Luft	1,0006
Benzol	2,3
Äthanol	24
Wasser	81
Kunststoffe	2,5–3
Glas	5 –7

Bei hohen Frequenzen sinkt ϵ; bei optischen Frequenzen wird schließlich $\epsilon = n^2$

Beispiel Wasser:	$1 \cdot 10^{10}$ Hz	$\epsilon \approx 65$
	$5 \cdot 10^{10}$ Hz	$\epsilon \approx 20$
	10^{15} Hz	$\epsilon = 1{,}76 = n^2$

D 26 Elektrochemische Spannungen

Normalpotentiale (elektrochemische Spannungsreihe)
1-normale (1 n) wäßrige Lösungen. 20 °C

		(V)
Li ⇌	Li^+	– 3,02
K	K^+	– 2,92
Fe	Fe^{++}	– 0,44
Pb	Pb^{++}	– 0,13
H_2	$2\,H^+$	0
Cu	Cu^{++}	+ 0,34
Ag	Ag^+	+ 0,81
Au	Au^+	+ 1,5
Pb^{2+}	Pb^{4+}	+ 1,8
$4\,OH^-$	$2\,H_2O + O_2$	+ 0,41
$2\,Cl^-$	Cl_2	+ 1,36

Anstelle der Wasserstoffelektrode werden in der Praxis meist andere Bezugselektroden verwendet. Gegenüber der Wasserstoffelektrode haben sie folgende Spannungen:

	(V)
Kalomelelektrode	
(mit 1 n KCl)	+ 0,286
(mit 3,5 n KCl)	+ 0,252
Ag/AgCl–Elektrode	
(mit 1 n KCl)	+ 0,226
(mit 3,5 n KCl)	+ 0,199

Technische Spannungsquellen

	(V)
Bleiakkumulator	
$PbO_2(+)/Pb(-)$	2,0
Trockenelement (Leclanché)	
C(+)/Zn(–)	1,5

D 27 Thermospannungen (bei Zimmertemperatur)

	ϑ (μV/K)
Eisen – Konstantan*)	52,7
Kupfer – Konstantan	42,8
Silber – Konstantan	41,0
Kupfer – Eisen	10,1
Platin – Platinrhodium**) (für hohe Temperaturen geeignet)	6,4

Legierungen: *) Kupfer (55 %) – Nickel (45 %)
**) Platin (90 %) – Rhodium (10 %)

D 28 Wellenlängen einiger Fraunhoferscher Linien

	λ (nm)		Element
A	759,4	rot	O
B	686,7	rot	O
C	656,3	rot	H
D	589,6 589,0	gelb (Dublett)	Na
E	527,0	gelbgrün	Fe
F	486,1	blaugrün	H
G	430,8	blau	Ca
H	396,9	violett	Ca

D 29 Wellenlängen im sichtbaren Spektrum einiger Elemente

		λ (nm)	
Wasserstoff	H_γ	434,0	violett
	$F = H_\beta$	486,1	blaugrün
	$C = H_\alpha$	656,3	rot
Natrium	D_2	589,0	gelb
	D_1	589,6	gelb
Quecksilber		404,7	violett
		407,8	violett
		435,8	blau
		491,6	blaugrün
		546,1	grün
		576,9	gelb
		579,1	gelb

D 30 Brechzahl und Dispersion

20 °C

	Brechzahl n_D	Dispersion $n_H - n_C$
	λ_D = 589 nm (gelb)	λ_H = 397 nm (violett) λ_C = 656 nm (rot)
Wasser	1,333	0,012
Äthanol	1,362	0,014
Zedernholzöl	1,505	
Monobromnaphthalin	1,658	
Optische Gläser	1,4–1,9*)	0,015–0,07
Diamant	2,417	

*) Quantitatives Beispiel für den Verlauf der Dispersionskurve: Abb. B 14, 5.

D 31 Optische Aktivitäten

Drehung der Polarisationsebene

	λ = 656 nm (rot) C	589 nm (gelb) D	486 nm (blau) F
Quarz, 1 mm dick	17,3	21,7	32,7°
Wäßrige Rohrzuckerlösung (1 g/100 ml Lösung), 10 cm dick	0,530	0,665	1,009 °

D 32 Erdbeschleunigung

Ort	Geogr. Breite	g (m/s^2)
Quito	0°	9,773
Honolulu	22°	9,790
Mainz	50°	9,811
Reykjavik	64°	9,823

D 33 Fehler durch den Auftrieb bei Wägung in Luft

Stoffe, deren Dichte kleiner als die der Gewichtsstücke ist, werden zu leicht, solche, deren Dichte größer als die der Gewichtsstücke ist, werden zu schwer bestimmt.

(Der Fehler ist angegeben für Gewichtsstücke mit $\rho_G \approx 8\,g/cm^3$, z. B. Messing.)

ρ (g/cm^3)	Relativer Fehler
0,5	−2,3‰
2	−0,5‰
8	0
12	+ 0,05‰

Sachverzeichnis

α-Strahlung 17, 319
α-Teilchen 336
Abbe-Refraktometer 291
Abbildung, opt. 198, 294
– durch brechende Fläche 200
– durch Linsen 202
Abbildungsgleichung 201, 203
Abbildungsmaßstab 202, 295
Aberration, chromatische u. sphärische 207
Abgleich (elektr.) 278
Abklingkonstante 151
Abklingzeit 152
Ableitung (Differentialquotient) 73
Ablenkung v. Elektronenstrahlen 97, 267
Abreißmethode 238
Abschirmung (elektr.) 95, 274
Absorption von Kernstrahlung 20
– von Licht 188, (Mssg.) 310
Absorptionskoeffizient 309
Absorptionsspektrum 188, (Mssg.) 309
Abstände von Atomen (Tab.) 338
AC 273
Achsen in graph. Darstellungen 330
–, optische 190
–, Rotations- 79
Adhäsion 238
adiabatisches System 35
adiabatische Zustandsänderung 51, 174
Aggregatzustände 24
Akkumulator 124, 349
Aktivierungsenergie 62
Aktivität, Kernstrahlung 17
–, optische 191, (Mssg.) 316, (Tab.) 352
Alkoholmeter 229
Aluminium, Halbwertsdicken 337
Amici-Prisma 288
amorphe Stoffe 25
Ampere (Einh.) 334, 335
Amperemeter 253
Amplitude 142
Amplitudenmodulation 170
Amplitudenstruktur 304
Analoganzeige 265
Analog-Digital-Wandler 265
Analysator (opt.) 315
Aneroidbarometer 234
Angström (Einh.) 9, 334
Anisotropie 25
–, optische 189, 312
Anker (Uhr) 221
Anode 136, 138, 139
–, rotierende 138
Anodenstrom 135
Anpassung 175
Anregung, Elektronen 14
–, Kern 18
Antenne 106, 107, 179, 273
–, Spiegel- 165
Antikathode 138
Apertur 301
–, numerische 301
Aperturblende 301
Äquipotentialfläche 91, 92
Aräometer 228
Arbeit 31
– im elektrischen Feld 92
Arbeitspunkt 137, 263
Archimedisches Prinzip 43, 226, 228

Arrhenius-Gerade 63, 330
Assoziation 23
Astigmatismus 206
Atmosphäre 61
Atom 9
Atomabstände (Tab.) 338
Atombau 9
Atomgewicht = rel. Atommasse
Atomkern 15
Atommasse, relative 15
Atommodell 10, 11
Atomradius 9
Aufenthaltswahrscheinlichkeit 10, 24
Auflösung, räumliche 199
–, – (Mikroskop) 301
–, spektrale 288
–, zeitliche 323
Auftrieb, statischer 42, 226, 228
–, –, in Luft (Tab.) 353
–, dynamischer 85
Augenempfindlichkeit 209
Augenlinse (Mikroskop) 299
Ausbreitungsgeschwindigkeit einer Welle 153
–, Licht 187
–, Schall 174
Ausdehnung, Wärme- 248
Ausdehnungskoeffizient 249
Ausgleichsgerade 332
Austrittsarbeit 134, 187, 306, (Tab.) 339
Austrittspupille 304
Autoklaven 343
Avogadrosche Konstante 45, 335

β-Strahlung 18, 319, (Tab.) 337
Bahngeschwindigkeit 77
Bahnkurve 72
Bandbreite 145
Bandpaß 145
Barometer 232, 234
barometrische Höhenformel 61, (Tab.) 343
Basis (Transistor) 129
Basiseinheiten (SI) 335
Bauch (steh. Welle) 169, 176
Beckmann-Thermometer 249
Beersches Gesetz 309
Beleuchtungsstärke 209
Belichtungsmessung 125, 296, 307
Belichtungszeit 296
Benetzung 238, 241
Benzol 21
Bernoullische Gleichung 84
Beschleunigung (Def.) 72
– u. Kraft 74
Beschleunigungsarbeit 34
Besetzungszahl 13
Bestrahlungsstärke (Def.) 38; 169, 209
– (Mssg.) 305
Betatron 20, 337
Beugung 161, 285
– am Gitter 160, 285
– an Öffnung 163
Beugungsscheibchen 200
Beweglichkeit 58, 70, 127
Bewegung, beschleunigte 75
– starrer Körper 77
–, thermische 59, 102, 126
Bewegungsgesetze 74
– (Rotation) 79
Bewegungsvorgänge, mikroskopische 24, 44
Bezugssystem 75
Bild, reelles u. virtuelles 204
Bildfeldwölbung 206
Bildkonstruktion 204
Bindung, chemische 21
Bindungsabstände (Tab.) 338
Bindungsenergie 23, 35, 39, (Tab.) 338
Biokalorimeter 252
biologische Spannungsquellen 71, 124
Blei, Halbwertsdicken 337
Bleiakkumulator 124, 349
Blende (opt.) 295, 301

Blendenzahl 295
Blindwiderstand 38, 117
Blitzlampe 297
Blut 241
Bogenentladung 133
Bohr-Rutherfordsches Atommodell 10
Bolometer 186, 305
Boltzmann-Faktor 50, 59
-- -Konstante 45
– -Verteilung 48
Boyle-Mariottesches Gesetz 51, 66
Brechung 175, 194
Brechungsgesetz 194
Brechungsindex = Brechzahl
Brechwert 201, 203
Brechzahl (Def.) 187; (Mssg.) 289; (Tab.) 352
Bremsstrahlung 108, 184
Brennpunkt 164, 165
Brennweite 201
Brewsterscher Winkel 195, 316
deBroglie-Welle 10
Bruch 27, 28
Brumm 274

Celsiusskala 45
Comptoneffekt 20
Couette-Hatschek-Viskosimeter 243
Coulomb (Einh.) 334
Coulombkräfte 21, 25
Coulombmeter 254
Coulombsches Gesetz 99
Curie (Einh.) 17

D-Linie 293, 351
D-Regler 216
Dampf 64, 248
Dampfdruck 64
Dampfdruckerniedrigung 65
Dampfdruckkurve 66
Dämpfung (Schwingung) 151, 152
Dämpfungskonstante 151
dB 174, 178
Deckglas 300
Dehnung 27
Demodulation 186, 281
Detektor 186
Dewar-Gefäß 55, 252
Dezibel 174, 178
DC 273
Dialyse 58
Diathermie 104
Dichroismus 315
Dichte (Def., Mssg.) 225, (Tab.) 340
Dielektrikum 102
Dielektrizitätszahl 102, (Tab.) 348
Differentiagleichung 149
Differential-Refraktometer 293
Differentiation 71, 73
Differenzfrequenz 280
Diffusion 51, 52, 70
– durch Membran 57
Diffusionskonstante 53
Diffusionsspannung 70
Diffusionsstrom 53
Digitalanzeige 265
Digitalvoltmeter 265
Diode 122
–, Halbleiter 128
–, Röhre 134
Dioptrie (Einh.) 201, 334
Dipol, elektr. 22, 23, 29, 101, 179
–, magnet. 88, 94, 95, 99, 101, 179
–, molekularer 22, 23, 29
Dipolantenne 106, 107, 185
Dipolmoment 97, 102
Dipolstrahler 179
Direktionsmoment 231
Dispersion (opt.) 187, 189, 287, 293, (Tab.) 352
–, Rotations- 318, (Tab.) 352
Dissoziation 67, 130

Donnan-Spannung 71
Doppelbindung 21, 23
Doppelbrechung 315
Doppelschicht 68
Dosenbarometer 234
Dosimetrie 319
Dosis 319
Dosisleistung 320
Dotierung 29
Draht (Widerstand) 109
Drehanode 138
Dreheisenamperemeter 258
Dreheisenvoltmeter 261
Drehmoment (Def.) 78; 96, 223, (Mssg.) 229
– auf Magnet 96
Drehspulamperemeter 256
Drehspulmeßwerk 257
Drehspulvoltmeter 261
Drehung der Polarisationsebene 191, 316
–, spezifische 319
– starrer Körper 77
Dreipunktschaltung 218
Drift 58, 70, 126
Druck (Def.) 26, 231, (Mssg.) 231
–, hydrostatischer 56, 80, 84, 232
– in Atmosphäre 61, 81
– in Flüssigkeiten 80
– in Gasen 50, 82
–, Kolben- 82
–, osmotischer 55
–, Schall- 172
–, Stau- 84
–, Umrechnung der Einheiten 336
Druckaufnehmer 235
Dualismus-Teilchen-Welle 9
Duane-Huntsches Gesetz 184
Dunkelfeldbeleuchtung 304
Durchsichtigkeit 188
Dynamometer 230
Dynode 307
Ebene, schiefe 43
Edelgase 13
Effektivwerte 38, (Def.) 142
Eigenfrequenz 149, 175
–, Pendel 221
–, Scheibe 220
Eigenschwingungen 166
Eingangswiderstand 263
Einheiten, Zehnerpotenzen 335
–, Zeichen 334
Einkristall 29
Einschwingvorgang 152
Einsteinsche Beziehung 39
Eintauchrefraktometer 290
Eintauchviskosimeter 245
Eintrittspupille 304
Einweggleichrichtung 123
Eisen, weichmagnetisches 258
Elastizität 25
Elastizitätsmodul 26, (Tab.) 339
Elektrizitätsleitung 126
Elektrizitätsmenge = Ladung
Elektroden 279, (Tab.) 349
Elektrodenspannung 69, (Tab.) 349
Elektrokardiogramm 141
Elektrolyse 130, 255
Elektrolyte 68
Elektrometer 321
Elektronen 17, 126, 335
–, Beschleunigungsenergie 34
–, Leucht- 14
–, Valenz- 13
Elektronenemission 133
Elektronenhülle 11
Elektronenkanone 139
Elektronenlawine = Stoßionisation
Elektronenoptik 136
Elektronenpaar 21
Elektronenröhren 134
Elektronenschale 13
Elektronenstrahl 10, 139
Elektronenstrahlung (Tab.) 337
Elektronenwolke 11
Elektronvolt (Einh.) 34, 336

Element, chem. 13
–, galv. 69, 124, 131
Elementarladung 335
Elementarteilchen (Tab.) 336
Elementarwellen 162
Emission, Hüllen- 179
–, induzierte 14, 180
–, Kern- 179
–, Molekül- 179
–, spontane 14
Emissionsspektrum (Mssg.) 283
Emitter (Transistor) 129
Empfangsantenne 185
Empfindlichkeit, Auge 209
–, Ohr 177
–, Waage 225
Energie 30
–, Aktivierungs- 62
–, elektrische 36, 37
–, innere 34
–, kinetische 34, 39
–, potentielle 26, 32
–, Schwingungs- 151
–, Umrechnung der Einheiten 336
Energiedosis 319
Energieformen 31
Energie-Masse-Äquivalenz 39
Energieniveau 12
Energiequant 11
Energiesatz 30
Energieterm 12
Energietransport 36, 173
Energieverteilung 48, 59
Entdämpfung 219, 221
Entladung (Gas-) 132
Entropie 53
Erdanziehung 76
Erdbeschleunigung 221, (Tab.) 353
Erdung (elektr.) 275
Ergometer 43
Erhaltungssatz der Energie 30
– des Impulses 77
Ersatzwiderstand 113
Erwärmung (elektr.) 104
Exponentialfunktion 19, 188, 331
Extinktion (Def.) 311
Extinktionsmodul 311

Fadenkreuz 292
Fall (mit Reibung) 246
Farad (Einh.) 98, 334
Faraday-Käfig 95
Faradaysches Gesetz 131, 255
Faradaysche Konstante 131, 335
Farbempfindung 208
Farbfilter 310
Farbtemperatur 297
Faseroptik 207
Feder 33, 148
Federkonstante 149, 231
Federwaage 230
Feedback 212
Fehler, absoluter u. relativer 325
–, mittlerer quadratischer 328
–, statistischer 327
–, systematischer 327
Fehlerfortpflanzung 326
Fehlerrechnung 326
Fehlordnung 29
Feld, elektrisches 87
–, homogenes 92, 98, 101
–, magnetisches 87
Feldenergie, elektr. 35
–, magn. 36
Feldkonstante, elektr. 36, 335
–, magn. 36, 100, 335
Feldlinien 89
–, elektr. 90, 91, 97
–, magn. 93, 94, 99
Feldlinse 299, 302
Feldstärke (Def.) 89
Fermi (Einh.) 9
Fernfeld 106
Fernsehröhre 138
Fernwirkung 88
Ferromagnetismus 102
Festkörper, Struktur 25

Festpunkte = Fixpunkte
Feuchte (Tab.) 344
Ficksches Gesetz 53
Film, photograph. 308, 323
Filter, Farb- 310
–, Frequenz- 143, 145, 282
–, LC- 282
–, Polarisations- 315
Filterphotometer 311
Fixpunkte 248
Flintglas 288
Fluoreszenz 186
Fluß, magnetischer 100, 104
flüssige Kristalle 29, 309
Flüssigkeit, benetzende 238, 241
–, nicht-newtonsche 241
–, newtonsche 241
Flüssigkeits-Struktur 24, 29, 63
Fokus = Brennpunkt
Fokussierung von Elektronen 136
– von Licht 198
Folgenuklide 19
Formelastizität 27
Fourier-Theorem 115, 142
Fraunhofersche Linien 289, (Tab.) 350
Freiheitsgrad 44
Frequenz (Def.) 142, 280, (Mssg.) 280
–, Kreis- (Def.) 142
Frequenzanalyse 142
Frequenzfilter 143, 145, 282
Frequenzgang 215, 217
Frequenznormal 220
Führungsgröße 211
Fundamentalpunkte = Fixpunkte

γ-Strahlung 18, (Mssg.) 319
–, Halbwertsdicken (Tab.) 337
galvanisches Element 69, 124, (Tab.) 349
galvanische Kette 69
Galvanometer 257
Gangunterschied 157
Gase, ideale 46
–, – (Molvolumen) 255
–, – (Theorie) 46
–, reale 46, 66
–, spez. Wärmekapazität 45
–, Zustandsgrößen 46
Gasentladung 132, 324
Gasgesetze 51
Gaskonstante 45, 335
Gasthermometer 51, 248, 306
Gasverflüssigung 65
Gaußsche Verteilung 47, 328
Gefrierpunktserniedrigung 65, 345
Gegenkopplung 213
Gehalt, Massen- u. Volumen- 346
Geiger-Müller-Zähler 323
Genauigkeitsangaben 325
Generator 121
Generatorschaltung 218
Gerade, ausgleichende 332
Geradsichtprisma 288
Geräusch 141
Geschwindigkeit (Def.) 72
Geschwindigkeitsprofil 244
Geschwindigkeitsverteilung 47
Gesichtsfeldblende 302
Gewicht (Def.) 75; 224
– u. pot. Energie 32
Gitter, Beugungs- 283, 285
–, Kristall- 24
–, Röhre 135
Gitterkennlinie 136
Gitterkonstante, Kristall 25
–, Optik 285
Glan-Thompson-Prisma 315
Glas 25
Gleichgewicht, Donnan- 71
–, Drehmomente 224, 229
–, dynamisches 57, 59
–, Kräfte 229
–, Phasen- 64
–, Sedimentations- 61
–, statisches 34, 30
–, Strahlung 186

–, thermisches 44
Gleichrichtung 122, 186, 256
Gleichspannung, (Erzeug.) 122, (Mssg.) 260
Gleichverteilungssatz 44
Glimmentladung 133
Glühelektronen 134
Glühemission 134
Golay-Zelle 186, 306
Götze-Fokus 138
Gradient 53, 54
Graphische Darstellungen 330
Gravitationsfeld 88
Gravitationsgesetz 76
Gravitationskonstante 76
Grenzflächenspannung, elektr. 68
–, mech. 237
Grenzfrequenz 268
Grenzschicht (Halbleiter) 127
Grenzwinkel (opt.) 197
Grotthus-Drapersches Gesetz 319
Grundfrequenz 143
Grundzustand 11

Hagen-Poiseuillesches Gesetz 86, 245
Halbleiter 29, 127, 307
Halbschattenmethode 316
Halbwertsbreite 152
Halbwertsdicke 312
Halbwertszeit 19
Handspektroskop 289
harmonische Vorgänge 142
hartmagnetisches Material 103
harte Strahlung 20, 185
Häufigkeit v. Isotopen 16
Häufigkeitsverteilung, Gaußsche 328
–, graph. Darst. 333
Hauptebene 204
Hauptpunkt 204
Hauptquantenzahl 13
Hauptsatz, 1. 30
–, 2. 51, 53
Heisenbergsche Unschärferelation 10
Helligkeit 208
Hemmung (Uhr) 222
Henry (Einh.) 100, 334
Henry-Daltonsches Gesetz 67
Hertz (Einh.) 142, 334
Hintereinanderschaltung 112, 118, 120
Histogramm 333
Hochpaß 145
van t'Hoffsches Gesetz 56
Höhenformel, barometr. 61, (Tab.) 343
Hohlspiegel 165, 199
Holographie 160
Hookesches Gesetz 26, 27, 148, 229, 332
Höppler-Viskosimeter 247
Hörschwelle 177
Hubarbeit 32
Huygenssches Prinzip 161
Hydratation 29
hydraulische Kraftübertragung 82
hydrostatischer Druck 56, 80, 84, 232

I-Regler 216
Immersion 301
Induktion, elektromagn. 104, 121, 237
Induktionsgesetz 104
Induktivität (Def.) 100; 117
Influenz 98, 101
Informationsübertragung (räumlich) 198
– (zeitlich) 171
Infrarotbild 309
Infrarotspektrum 23
Infrarotstrahlung 198, 309
Infraschall 178
Innenwiderstand 114, 213, 262
innere Reibung 27
Impuls (Def.) 77
Impulssatz 77
Integration 30, 31, 37

Intensität (Strahlung) 39, 169
– (Schall) 173
Interferenz 40, 158, 293
Interferenzfeld 159
Interferenzfilter 310
Ionen 9, 126
– in Lösungen 29, 58, 67, 68
Ionendosis 319
Ionisationskammer 320
Ionisierung v. Gasen 132, 320
– d. Strahlung 20
Ionisierungsenergie 12, 14, (Tab.) 339
Irisblende 295
irreversibler Vorgang 51, 54
Isobare (eines Nuklids) 15
– (Zustandsänderung) 51
Isochore 51
Isolation, Wärme- 55
Isolator 102
Isomere, optische 191
Isotherme 51, 66
Isotop 15

Joule (Einh.) 34, 334
Joulsche Wärme = Stromwärme

Kalkspat 189, 315
Kalomelelektrode 69, (Tab.) 349
Kalorie (Einh.) (Def.) 342, (Umrechn.) 336
Kalorimeter 252
Kamera 294
Kapazität (Def.) 98; 102, 116
Kapillarität 240
Kapillarviskosimeter 245
Kardinalpunkte = Brenn-, Haupt- u. Knotenpunkte
Kathode 133, 136, 138
Kathodenstrahlröhre 138, 267
Kelvin (Einh.) 45, 335
Kennlinie 126, 128, 131, 132, 135, 137
Keplersches Gesetz 77
Kernaufbau 15
Kernladungszahl 9
Kernstrahlung 17, 19
Kernumwandlung 18
Kinematik 71
Kippspannung 141, 269
Kirchhoffsche Regeln 87, 112
Kirchhoffsches Gesetz 185
Klang 141
Klemmenspannung 114
Knall 141
Knoten (elektr. Netzwerk) 109
– (stehende Welle) 169, 176
Knotenpunkt (opt.) 202
Koaxialkabel 274
Kobalt (Strahlung) 19
Kohärenz 165, 179
Kohärenzlänge 166
Kohäsion 238
Kolbendruck 82
Kollektor (Transistor) 129
Kolloide 241
Kalorimetrie 309
Kommutation 122
Kompaß 94
Kompensationsmethode 262
Kompensator (opt. Disp.) 293
– (opt. Pol.) 319
Komplexe 29
Komponenten, Fourier- 142
– eines Vektors 72, 223, 313
Kompressibilität 174
Kompression (Gas) 51
Kondensation 66
Kondensator 87, 91, 98
–, Aufladung 121
–, Feldenergie 35
–, Impedanz 116
Kondensor (opt.) 300, 304
Kontaktspannung 125
Kontinuitätsgleichung 87
Konvektion 55
Konzentration v. Lösungen (Mssg.) 309, 316
Konzentrationskette 70

Konzentrationsmaße (Tab.) 346
Koordinaten 71, 75
Korpuskularstrahlung 17
Kraft (Mssg.) 229
– und Beschleunigung 74
– im Feld 89, 95
– auf Ladung 89
– zwischen Ladungen 99
– auf Magnet 96
– auf Strom 97
–, Umrechnung der Einheiten (Tab.) 336
Kräftepaar 78
Kraftlinien = Feldlinien
Kraftstoß = Impuls
Kraftübertragung 43, 82
Kreisbewegung 74, 76, 77
Kreisfrequenz (Def.) 142
Kristalle 24
–, flüssige 29, 309
Kristallgitter 24, 26
–, Abstände (Tab.) 338
kritischer Punkt 66
kubisches Gitter 25
Kugelfallviskosimeter 246
Kugelfläche, Brechung an 200
Kugelwelle 154
Kurzschlußstrom 114
Kurzwellen 104, 193

Ladung 88, (Mssg.) 254
–, beschleunigte 34, 107
Ladungsträger 126
Ladungstransport 126
Ladungsverschiebung 102
Lambertsches Gesetz 188
Laser 180
Lautsprecher 236
Lautstärke 176
LC-Filter 218, 282
LC-Kreis 119, 149, 218, 282
Lebensdauer 19
Leclanche-Element 349
Leerlaufspannung 114
Leitfähigkeit 29, (Def.) 278, (Mssg.) 278, (Tab.) 347
Leitungen 156
Leitwert (Def.) 113
Leistung 30, 37
–, elektr. 26, 38
–, ged. Schwingg. 153
–, Umrechnung der Einheiten 336
Lenzsche Regel 104
Leuchtelektronen 14
Licht, monochromatisches (Herstellg.) 310
–, weißes 141, 166
Lichtabsorption (Mssg.) 309
Lichtbogen 133
lichtelektrischer Effekt = Photoeffekt
Lichtempfindung 208
Lichtgeschwindigkeit 107, 187, 335
Lichtleiter 208
Lichtstärke (Objektiv) 294
Linien, Fraunhofersche 289, (Tab.) 350
Linienspektrum 14, 180
Linsen, elektrische 137, 139
–, magnetische 137
–, (opt.) dicke 204
–, – dünne 203
Linsenfehler 205
Linsensystem 203
logarithmisches Papier 332
– Pegelmaß 174, 178
Lorentzkraft 96, 237
Loschmidtsche Zahl = Avogadro-Konstante
Löslichkeit von Gasen 67, (Tab.) 345
Lösung 55, 65
Lösungstension 68
Lösungswärme 35
Luft, Halbwertsdicke 337
Luftdruck (Tab.) 343
Luftfeuchte 65, (Tab.) 344

Luftsäule (akust.) 175
Luftwiderstand 87
Lux (Einh.) 209
Luxmeter 307

Magnete 95, 99
Magnetfeld 87
Magnetisierung 102, 258
Makromoleküle 24
Manometer 232
Mantel-Thermoelement 251
Masche 110
Maschinen, elektr. 237
–, mech. 43
Masse 74, (Mssg.) 223
Masse-Energie-Äquivalenz 39
Massendefekt 39
Massendichte (Def.) 225
Massengehalt (Def.) 346
Massenwirkungsgesetz 62
Massenzahl 15
Materiewelle 10
Maxwell-Boltzmannsche Verteilung 48
Maxwellsche Gleichungen 105
Membran, elastische 234
–, permeable 57, 71
Membranmanometer 234
Membranspannung 71
Meßbereiche, Amperemeter 258
–, Voltmeter 261
Meßfehler 325
–, Kennzeichnung 332
Meßgenauigkeit 325
Meßwerk 256, 258
Meßzelle 279
Metalle (Leitf.) 127, (Tab.) 347
Mikrophon 235
Mikroskop 297
Mikrovoltmeter 265
Mikrowellen 165
Mikrowellenspektrum 23
Mitkopplung 180, 213
Mittelwert v. Einzelergebnissen 328
– aus graph. Darst. 332
–, zeitl. 140
–, quadratischer (zeitl.) 140
Modulation 170
Mohr-Westphalsche Waage 226
Mol 45
Molalität 346
Molarität 346
Molekularbewegung = therm. Bewegung
Moleküle 21
–, polare 23
Molekülbindungen 21
Moleküldeformationen 44
Molekülorbitale 21, 22
Molekülspektren 23
Molekülstruktur 23
Molenbruch 346
Molvolumen (id. Gas, H_2) 255
Moment, elektr. u. magn. = Dipolmoment
Monochromator 310
Multimeter 263
Müon = Myon
Myon 336

n-Halbleiter 127
Nachricht 171
Nachweis schwacher Signale 171
Näherungsformeln 329
Nahordnung 24
Nahwirkung 88
Natrium-Licht 180, 293, (Tab.) 351
Naturkonstanten (Tab.) 335
Nernstsche Gleichung 70
Netzfrequenz 121
Netzgerät 124
Netzspannung 121
Netzwerk 109
Neutrino 18, 336
Neutron 15, 336
Neutronenüberschuß 18
Newton (Einh.) 75, 334
Newtonsche Flüssigkeit 241

Newtonsche Gleichung 83, 241
Newtonsches Grundgesetz 74
Newtonsche Ringe 40
nichtlineare Achsenteilung 331
nichtsinusförmige Vorgänge 143
Nicol-Prisma 315
Niveau-Schema 12
Normalität 346
Normalpotentiale (Tab.) 349
Nukleonen 15
Nuklide 15
Nuklidkarte 16
Nullpunkt (Temp.) 248, 250
–, absoluter 45, 335

Oberfläche 80
oberflächenaktive Stoffe 29
Oberflächenenergie 40
Oberflächenladung 101, 102
Oberflächenspannung 40, (Mssg.) 237, (Tab.) 342
Oberfrequenz 143
Oberschwingung 143
Objektiv (Kamera) 294
– (Mikroskop) 298, 300
Objektmikrometer 303
Öffnung (opt.) 294, 298, 301
–, relative 294
Öffnungsfehler 206
Ohm (Einh.) 334
Ohmsches Gesetz 38, 59, 108, 126
Oktave 177
Okular 299
Okularmikrometer 302
optische Achse 190
optische Aktivität 191, (Mssg.) 316, (Tab.) 352
Orbital 11
Ordnung (Beugung) 285
Ordnungszahl 9
Ortskurve 217
Ortsvektor 71
Osmose 55
osmotischer Druck 69
Ostwald-Viskosimeter 245
Oszillation = Schwingung
Oszillator 181, 218
Oszillatorschaltung 218
Oszillograph 186, 266
Oszillographenröhre 138

π-Bindung 21, 23
p-Elektron 11
p-Halbleiter 127
P-Regler 216
p-Zustand 11
Parallelschaltung 87, 112, 120
Partialdruck 65
Pascal (Einh.) 334, 336
Pauli-Prinzip 13
Pegelmaß 174, 178
Pendel 221
Periodendauer 142
Periodensystem 13
periodische Vorgänge 142
Permenentmagnete 99, 103
Permeabilität (Membran) 58, 71
Phase einer Schwingung 145
Phasendiagramm eines Stoffes 66
Phasendifferenz 147, 156
Phasengleichgewicht 248
Phasenkontrastmikroskopie 304
Phasenstruktur 304
Phasenumwandlung 64
Phasenverschiebung zwischen Strom u. Spannung 37, 40, 116
Photochemische Prozesse 187
Photodiode 307
Photoeffekt 20, 125, 133, 187, 306, (Tab.) 339
Photoelement 125, 307
Photometrie 304
Photomultiplier 306
Photon 14, 336
Photospannung 125
Photowiderstand 307
Photozelle 306
Physik, klassische 11

piezoelektrischer Effekt 222, 235
Plancksche Konstante 9, 335
Plancksches Strahlungsgesetz 182
Planetenbewegung 77
Plastizität 27
Plattenkondensator 91, 98
Platzwechsel 63
Pleochroismus 315
p-n-Übergang 128
pneumatische Kraftübertragung 82
Poggendorfsche Methode 262
Poise (Einh.) 83, 334
Poissonsches Gesetz 51
Polarimeter 316
Polarisation v. Elektroden 130, 132, 279
– v. Licht 108, 166, 179, 191, 312
– v. Materie im Feld 102
Polarisationsebene, Drehung 191, (Mssg.) 316, (Tab.) 352
Polarisationsfilter 315
Polarisator 312, 315
Pond (Einh.) 334, (Umrechng.) 336
Positron 17, 336
Potential, elektr. 89
– = Spannung 71
Potentialdifferenz = Spannung 92, 108
Potential, Normal- (Tab.) 349
Potentiometer 114
Prisma 283, 287, 310
–, Nicolsches 315
Proton 15, 336
Protonenüberschuß 18
Prozent, Umrechnung 346
PS (Einh.) 336
Punktladung 90, 98
Pyknometer 226

quadratische Abhängigkeit 331
Quantenenergie 14
Quantenphysik 11
Quantenzahl 11
Quantenzustand 11
Quarz, opt. Aktivität 319, (Tab.) 352
–, piezoelektr. Effekt 175, 222, 235
Quarzkeilkompensator 319
Quarzsender 175
Quarzuhr 222, 280
Quecksilber, Dampfdruck 232
–, Dichte 340
Quecksilberlampe 198
Quecksilbermanometer 234
Quecksilberspektrum 351
Quecksilberthermometer 249
Quellspannung = Leerlaufspannung

rad (Dosis) 320
Radiant (Einh.) 329, 335
Radioaktivität 17
Radionuklide 17
Rakete 77
Randwinkel 238
Randbedingungen 169, 176
Raoultsche Gesetze 67
Rauschen 171
Reaktionsenergie 35
reelles Bild 204
Reflexion, Licht 39, 193, 194
–, Schall 175
–, Wellen allg. 156
Reflexionsgesetz 194
Reflexionskoeffizient 195
Refraktometer 290
Regelbereich 214
Regelfaktor 214
Regelgröße 211
Regelkreis 211
Regelschwingungen 219
Regelung 209
Regler 210
Reibung, innere 83
Reichweite (Elektronen) 337
Reihenschaltung = Serienschaltung 112, 118, 120

Rekombination 322
Resistivität 109, 249, (Tab.) 347
Resonanz 120, 152
Resonanzkurve 152
Resonator 166
–, akust. 175
–, opt. 180
Reziprozität Sender–Empfänger 185
Richtwirkung 165
Röhren 134
Röhrenvoltmeter 263
Röntgen (Einh.) 320
Röntgen-Bremsstrahlung 108, 184
Röntgenröhre 137
Röntgenspektrum 15, 184
Röntgenstrahlung, charakteristische 15
–, Erzeugung 137, 184
–, Halbwertsdicken (Tab.) 337
–, (Mssg.) 319
–, Nachweis 186, 319
Röntgenstreuung 160
Rotation 74, 77
– (Molekül) 23, 44
Rotationsdispersion 318
Rotationsviskosimeter 242
Rückkopplung 180, 210
Rückstoß 77
Rundfunk 170

σ-Bindung 21, 23
s-Elektron 11
s-Zustand 11
Saccharimeter (opt.) 316
Saccharometer (Dichte) 229
Sägezahnspannung 269
Saite 166, 175
Sammellinse 203
Sättigung (Strom) 135
Schale, abgeschlossene 13
Schall 172
Schalldruck 172, (Mssg.) 236
Schallempfänger 176
Schallempfindung 176
Schallgeschwindigkeit 174, (Tab.) 340
Schallschnelle 172
Schallsender 175
Schallstärke 173
Schallwellen, Erzeugung 175
–, Nachweis 176
Schaltung, integrierte 130
Schärfentiefe (Kamera) 295
– (Mikroskop) 303
Schatten 161
Scherung 27
Schermodul (Def.) 27, (Tab.) 339
schiefe Ebene 43
Schlieren 193
Schmelzen 66
Schmelzdruckkurve 248
Schmelztemperatur (Tab.) 344
Schmelzwärme 35
Schubspannung (Def.) 27; 83
Schwankungen 140
schwarzer Körper 185
schwarzer Strahlungsempfänger 305
Schwärzung (Film) 308
Schwebemethode (Dichte) 229
Schwebung 280
Schwerebeschleunigung 221, (Tab.) 353
Schwerelosigkeit 76
Schwerkraft = Gravitation
Schwerpunkt 77
Schwingkreis 120, 149, 180, 222, 282
Schwingquarz 222
Schwingung 140
Schwingungen v. Atomen 44
–, elektrische 120, 149
–, erzwungene 120, 148, 152
–, freie 148
–, gedämpfte 151
– v. Molekülen 23, 44

Schwingungsdauer 142
Schwingungsgleichung 149
Sedimentation 61
Sehwinkel 299
Sekundärelektronen 20, 133
Sekundärelektronenvervielfacher 306
Selbstdiffusion 54
Selbsterregung 218
Selbstinduktion = Induktivität
semipermeable Membran 57
Sender 179
Senderschaltung 218
Sensibilisierung (Film) 308
Serienschaltung 112, 118, 120
Shunt 258
SI-Einheiten 75, 335
Siebglied 124
Sieden 65
Siedepunktserhöhung 65, (Tab.) 345
Siedetemperatur 65, (Tab.) 344
Signalübertragung 169
Snelliussches Gesetz 194
Solarzellen 126
Solvatation 29
Spannung, biolog. 124
–, Donnan- 71
–, elektr. (Def.) 92; 108, (Erzg.) 121, (Mssg.) 260
–, galvanische 68
–, Klemmen- 114
–, Kontakt- 125
–, Leerlauf- 114
–, mechan. (Def.) 26
–, Membran- 71
–, Photo- 125
–, Sägezahn- 269
–, Thermo- 124
–, Zersetzungs- 131
Spannungs-Dehnungs-Diagramm 28
Spannungsquellen 113, 121
Spannungsreihe 69, (Tab.) 349
Spannungssprung 120
Spannungsteilung 114
Spektrallampen 310
Spektrallinien 283
Spektralphotometrie 309, 311
Spektrometer 284, 287
Spektrum 142, 144, 180
–, Absorptions- 188
–, Bremsstrahlung 184
–, elektromagn. 198
–, Energie- 18
–, γ-Strahlung 18
–, gedämpfte Schwingung 153
–, Hüllenstrahlung 14
–, kontinuierliches 182
–, Licht (Mssg.) 283, (Tab.) 351
–, Linien- 180
–, Molekül- 23
–, Temperaturstrahler 183
Spiegel 199
Spiegelreflexkamera 296
Spiralfeder 231
Spitze-Spitze-Spannung 142, 272
Spule 36, 94, 99, 101, 117
–, Feldenergie 36
–, Impedanz 117
Stalagmometer 239
Standardabweichung 328
starre Körper 77
Statistik (mikroskop. Bewegungen 44
Staudruck 84
Stefan-Boltzmannsches Gesetz 182
Steighöhe (Kapillaren) 241
Stellgröße 211
Stevenssches Gesetz 178
Stoffmengendichte (Def.) 225
Stoßanregung 14
Stoßionisation 133, 324
Strahl (Welle) 154
Strahlenbündel 154
Strahlkrümmung 193
Strahlung d. Atomkerns 17
–, elektromagn. 14, 107

– d. Elektronenhülle 14
–, ionisierende (Mssg.) 319
Strahlungsdiagramm 107
Strahlungsfeld 106
Strahlungsgesetze 182
Strahlungsleistung 39, 208, (Mssg.) 305
Strahlungsquellen, elektromagn. 179
Streuung 158, 188
Strichfokus 138
Strichgitter 285
Strom, elektr. 58, 88, 108
–, Flüssigkeiten u. Gase 82
–, Kurzschluß- 114
–, Teilchen- 49, 53, 60
–, Wärme- 54
Strommessung 253
–, oszillographisch 260
Stromrichtung (Def.) 99
Stromschleife 99
Stromstärke, elektr. (Def.) 99, 109, (Mssg.) 253, 321
–, Flüssigkeiten u. Gase (Def.) 85
–, sehr kleine 321
Strömung 82, 108
–, ideale 84
–, laminare 83, 86
–, reale 85
–, turbulente 83, 85
Strömungsprofil 85, 244
Strömungswiderstand 86, 108
Stromwärme 38, 104
Stromwirkungen 253
Struktur in versch. Aggregatzuständen 24
–, Kristall- 191
–, mirkokristalline 28
–, optische 304
Strukturuntersuchung 160
Stufenfunktion 120, 214
Suspension 61, 241
Synchronuhr 222
System, abgeschlossenes 30, 77
–, adiabatisches 35
Szintillation 324
Szintillationszähler 324

Teilchendichte 225
Teilchenstrom 49, 53, 60
Temperatur, absolute 45
–, kritische 65, 67, (Tab.) 344
–, (Mssg.) 248
Temperaturausgleich 55
Temperaturbild 309
Temperaturskalen 45, 248
Temperaturstrahlung 55, 182
Tensid 29
Termschema 12
Thermistor 305
thermoelektrischer Effekt 125
Thermoelement 125, 186, 250, 305, (Tab.) 350
Thermographie 309
Thermokraft 251
Thermometer 248
Thermospannung 124, (Tab.) 350
Thermosäule 305
Tiefpaß 122, 145
Tonhöhe 176
Torr (Einh.) 234, (Umrechng.) 336
Torsion 231
Torsionsmodul (Def.) 27, (Tab.) 339
Totalreflexion 197, 207, 289
Trägerwelle 170
Tragflügel 85
Trägheit 76
Trägheitskraft 75, 149
Trägheitsmoment (Def.) 79; 80
Transformator 40, 95, 103, 122
Transistor 129
Transistorvoltmeter 263
Translationsbewegung 44, 72
Transmission (Licht) 39, 195
Trennschärfe 283
Trennungsenergie 23

Triggerung 269, 271
Triode 136
Tripelpunkt 66
Trockenelement 349
Tropfen 238
Tubus 303

Übergangsfunktion 214
Überlagerung von Schwingungen 147, 280
– von Wellen 156
Übertrager 218
Uhren 220, 222
Ultraschall 175, 178
Ultraschallsender 235
Ultraviolett 198
Umkehrbarkeit elektrodyn. Wirkungen 237
– Empfänger–Sender 185
Umrechnung zwischen Einheiten (Tab.) 336
Umwandlungsenergie 35, (Mssg.) 252
unperiodische Vorgänge 143
Unruh 220
Unschärferelation 10

Vakuummantelgefäß = Dewar
Vakuummeter 232
Valenzelektronen 13
Varianz 329
Vektoren 72, 89, 313
Verbraucher 114
Verdampfungswärme 35
Verflüssigung v. Gasen 65
Verformung, elast. u. plast. 27
Vergrößerung (Def.) 299, (Mikroskop) 299
Verschiebungsgesetz 182
Verschluß (Kamera) 296
Verstärker 136, 268
Verteilungsfunktionen 46, 48, 333
Vervielfacher 306
Vielfache von Grundeinheiten 335
Vielfachinstrumente 259, 262
Vielstrahlinterferenz 158
virtuelles Bild 203
Viskoelastizität 242
Viskosität 63, 83, (Mssg.) 242; 330, (Tab.) 341
Volt (Einh.) 334
Voltameter (Ladung) 254
Voltmeter 261
–, elektronische 263, 265
Volumenarbeit 32
Volumenausdehnung 248
Volumengehalt 346
Vorspannung 263
Vorwiderstand 133

Waage 223
–, Feder- 230
–, hydrostatische 226
–, Mohr-Westphalsche 226
van der Waals-Kräfte 14, 26
Wägung, Fehler (Tab.) 353
Wahrscheinlichkeit 10
Wanderungsgeschwindigkeit = Drift
Wärmediffusion 54
Wärmeenergie 34, 44, (Mssg.) 251
Wärmekapazität (Def.) 43; 45
–, molare 35, 45
–, spezifische 35, 45, (Mssg.) 252, (Tab.) 342
Wärmeleitfähigkeit 54, (Tab.) 342
Wärmeleitung 54
Wärmestrahlung 55, 182
Wärmestrom 54
Wasser, Dampfdruck (Tab.) 343
–, Dichte (Tab.) 341
–, Halbwertsdicken (Tab.) 337
–, Leitfähigkeit (Tab.) 347
–, Molekülbau 22, 23
–, Siedetemperatur (Tab.) 343
–, Viskosität (Tab.) 341
Wasserstoff, Molekül 21

–, Molvolumen 255
Wasserstoffatom 11
Wasserstoffbrückenbindung 22
Wasserstoffelektrode 69, (Tab.) 349
Wasserwert 252
Wasserzersetzung 255
Watt (Einh.) 334
Weber-Fechnersches Gesetz 178
Wechselfeld und Materie 103
Wechselfelder, Verknüpfung 104
Wechselspannungen (Erzeug.) 121, (Mssg.) 260
Wechselstrom 132, (Mssg.) 256, 258
Wechselstromleitwert 120
Wechselstromwiderstand 115
Weglänge, freie 46, 55
Weg-Zeit-Diagramm 73
Wehnelt-Zylinder 138, 139
weiche Strahlung 20, 185
weichmagnetisches Material 103, 258
Wellen 153
–, ebene 154
–, elektromagn. 107, 178, (Erzeug.) 179, (Nachweis) 185
–, fortschreitende 168
–, geführte 156, 274
–, Kugel- 154
–, longitudinale 174
–, Materie- 10, 11
–, Schall- 172
–, stehende 11, 166
–, transversale 108
Wellenausbreitung 154
Wellenfläche = Wellenfront
Wellenfront 154
Wellenlänge 153, (Mssg.) 283
Wellenwiderstand 156, (Def.) 173
Wellenzahl (Def.) 179
Wheatstonesche Brücke 276
Widerstand, elektr. 108, (Def.) 275, (Mssg.) 275
–, differentieller 127
–, induktiver 117
–, kapazitiver 117
–, ohmscher 116
–, spezifischer 109, 249, (Tab.) 347
–, Wechselstrom- 115
Widerstandsthermometer 249, 305
Wiederholung einer Messung 327
Wiensches Gesetz 182
Winkel (rad – grad) 329
Winkelbeschleunigung (Def.) 78
Winkelfunktionen (Näherung) 329
Winkelgeschwindigkeit (Def.) 77
Wirbel 83
Wirkleistung 38
Wirkungslinie einer Kraft 223
Wirkungsquantum 9
Wirkwiderstand 117

Xenonlampe 133, 183

Zähigkeit = Viskosität
Zähler 265, 323
Zählrate (Def.) 323
Zählrohr 323
Zeigerdarstellung harm. Vorgänge 143, 146, 215
Zeit (Mssg.) 220
Zeitkonstante 121
Zentralkraft 76
Zentrifugalbeschleunigung 76
Zentrifugalkraft 76
Zentrifuge 61
Zerfallsgesetz (Radioakt.) 19
Zerfallsreihe 18
Zersetzungsspannung 131
Zerstreuungslinse 203
Zucker, Konzentrationsbestimmung 319
–, opt. Aktivität (Tab.) 352
Zündspannung 132
Zustand, Elektron 11

–, Kern 18
–, thermodynamischer 51
Zustandsänderungen 51
Zustandsdiagramm 65, 66
Zustandsgleichung 50, 65
Zustandsgrößen 46
Zweikanal-Oszillograph 273
Zweistrahlinterferenz 158
Zweiweggleichrichtung 123
Zwischenbild 302

Bei Fragen zur Produktsicherheit wenden Sie sich bitte an:
If you have any questions regarding product safety,
please contact:

Walter de Gruyter GmbH
Genthiner Straße 13
10785 Berlin
productsafety@degruyterbrill.com